海の教科書

波の不思議から海洋大循環まで

柏野祐二　著

ブルーバックス

装幀／芦澤泰偉・児崎雅淑
カバー写真／柏野祐二
目次・章扉・本文デザイン／ next door design
本文図版／さくら工芸社

まえがき

たいていの読者の皆さんは、浜辺に立って海を眺めたことがあると思います。また、潮干狩りをしたことがある読者もいるかと思います。そうして海に接していると、不思議に思ったことはないでしょうか。たとえば、波はどこでどのように生まれたのか、潮が満ちたり引いたりするのはなぜだろうといった疑問です。実際、私は五歳の時に父に「波はどうして起きるの？」と質問して、困らせた記憶があります。しかし、それらの疑問に対して答えられる人は少ないのではないでしょうか。

また、日本は海に囲まれた国です。そして日本人は多大な恩恵を海から受けています。しかしながら、海のことを学んだ日本人はいったいどれくらいいるのでしょうか。たとえば、二〇一一年三月一一日に東日本大震災が起こり、多くの方々が津波により亡くなられました。ところが、その津波について学んだ方はほとんどいないのではないでしょうか。

日本人にとって海はなじみが深いにもかかわらず、日本の学校教育における海洋教育の位置づけは非常に低く感じます。かく言う私も、小学生から高校生までの間は海に関して学ぶ機会は無く、大学に入って海洋学を学んで初めてその重要性を認識したものです。現時点でも、文部科学省が作成している学習指導要領（文部科学省ウェブサイトのhttp://www.mext.go.jp/a_menu/shotou/new-cs/youryou/から入手できます）には、小学校・中学校では海に関する記述はほとんどありません。高校の地学に至ってやっと登場しますが、それも地質学や天文学の記述に比べるとはるかに少ないのです。こんな状況で、海に囲まれた国の国民として良いのかという疑問を私はずっと持ち続けていました。

最近、日本海洋学会などの海洋に関する団体が積極的に活動して海洋教育の重要性を訴えてきており、政府レベルでも少しずつ改善の様子が見られてはいます。しかし、教育の現場、さらには一般国民の間にはまだまだ海洋教育は浸透していないように思います。

私は海洋観測船に計二〇回乗り、主に熱帯の海を観測してきました。その熱帯の海と空はとても美しく、また研究テーマとしても興味深いものでした。その海の現場と学問の面白さを世の中に伝えることができれば、そしてより多くの人に海に関心を持っていただければと思い、このたびペン（今の時代はキーボードですが）を執ることにしました。

このような背景から、この本の位置づけとしては海洋学の専門書ではなく、読み物として通読できるような入門書とし、数式はほとんど使いませんでした。また、読者の海に対する興味が深まるように、海洋学の新しく興味深い研究成果を取り入れることを心がけて執筆しました。

なお、私の専門が海洋物理学（海のさまざまな現象を物理学的な観点から研究する学問）であることから、内容がほとんど海洋物理学になっています。しかし、海洋学は物理だけでなく、化学や生物、地質などさまざまな分野から成り立っています。したがって、もし海洋物理学以外の海洋学の分野にご興味をお持ちの方は、それぞれの分野で良書が多数出版されていますので、そちらを参照していただければと思います。

海は一見すると、海水があるだけの単調な姿に見えますが、実はとても変化に富んでいて面白いものです。そしてその変化は地球環境のみならず、経済活動にも影響を与えています。それを理解することは我々日本人にとって、とても重要です。本書を読むことで、海の面白い姿、そしてその重要性が多くの読者に伝わることを願っています。

なお、本書の執筆に当たっては、本文の全部もしくは一部のレビュー、および資料や図表の提供などで、次の皆様にご協力いただきました。深く感謝いたします。

(五十音順、敬称略) 荒木健太郎、石田明生、石原靖久、市川洋、伊藤進一、大島慶一郎、佐々木英治、佐藤孝子、竹内謙介、中村啓彦、野中正見、長谷川拓也、深町康、福島毅、細田滋毅、堀井孝憲、升本順夫、茂木耕作、安田珠幾、山形俊男、早稲田卓爾

最後に、本書の執筆のチャンスを与えてくださった講談社の皆様に感謝いたします。

柏野祐二

これから「海と空しかない世界」の旅に皆さんを誘います。青く澄みきった海、鏡のように大空を映す海、クジラやイルカが泳ぐ海。海洋学は雄大な自然を相手にする、心躍る学問です。海は人類社会にも、陰に陽に大きな影響を与えています。いったい、海は我々にとっていかなる存在なのでしょうか？　本書の最初となるこの章では、海を学ぶ面白さと重要性を説いていきます。

第二章

海を調べる……37

人類は有史以前から海とかかわってきました。古代の人々にとって、海を渡ることは常に死と隣り合わせの冒険だったことでしょう。人類はいかにして航海の困難を克服し、海洋学という学問を確立してきたのでしょうか。「海洋探検」から「海洋観測」へ、漂流ビンから人工衛星まで。この章では、海洋学の発展史を追うとともに、現代の海洋学における観測手法を紹介します。

第三章

海水の性質 ……77

皆さんは海水と聞いて、何を思い浮かべるでしょうか? たいていの人は「塩辛い」ということが頭に浮かぶと思います。もちろん、それも海水の重要な性質ですが、それ以外にもいろいろ面白い性質を持っています。海を学ぶにあたっては、まず海水の性質を理解する必要があります。この章では海水(水)の性質、およびその効果等について見ていきましょう。

第四章

海の姿が明らかになってきた

地球儀の上ではしばしば単調な水色で塗られている海は、実はさまざまな流れが横たわり、渦を巻く、変化に富んだ世界です。地球表面積の七割を占める海について、人類はどれほどのことを知っているのでしょうか？　第二章で紹介した多様な観測手法によって、海がどんな流れや温度分布等を持つのかが明らかになってきています。この章では、そんな海の構造を説き明かします。

第五章 海洋大循環はなぜ起こるか……143

前章で世界や日本の海がどうなっているかを見てきました。その中で、大洋の中には時計回りや反時計回りの環流があることや、極域から低緯度に流れる水の塊などについて触れましたが、どうしてそのようなことになっているのか不思議に思っている方も多いでしょう。そこでこの章では、こうした疑問に答えていきます。そのために、海洋の循環がなぜ起こるのか、その物理的な仕組みを詳しく見ていきましょう。

第六章 海の波の不思議……181

陸上で暮らしている人にとって最も身近な海洋現象は、岸に打ち寄せる波ではないでしょうか。その波がどのように生まれて、どのように伝わってきたか、ご存じですか？　風が吹けば波が立つのは当たり前だ、そこに未知のメカニズムなどない、と思う人もいるかもしれません。しかし実は、波はとても面白い性質を持っていて、不思議な現象なのです。この章では、海の波について解説しましょう。

第七章　潮汐とそのメカニズム

潮の満ち引き（潮汐）は月の運動が起こすのだ、という説明がよく聞かれるかもしれません。でも、世界には満潮と干潮での海面の高さの差が一五メートルにも達する地域がある一方、そんなに変化しない所もあります。このような不思議な現象を、月の運動だけで説明できるのでしょうか？　この章では、世間であまり知られていない潮汐の実態とそのメカニズムを少し詳しく解説しましょう。

第八章　エルニーニョ現象とその仲間たち

最近、異常気象が起こるとエルニーニョと関係しているのではとテレビ等でも話題になるほど、「エルニーニョ」という言葉も市民権を得ました。でも、エルニーニョとは実際どんな現象なのか？　気象庁は「エルニーニョ現象」という言葉も使っているけれど、「エルニーニョ」と「エルニーニョ現象」は同じなのか、違うのか？　疑問は尽きません。この章ではそんな疑問に答え、また最近見つかったエルニーニョ現象の仲間とも言える現象を見ていきましょう。

第九章　凍る海……

第八章で熱帯の熱い海と空、そしてそこで発生するエルニーニョ現象等について見てきました。では、逆に寒い地域の冷たい海は、地球環境にどのような影響を及ぼすのでしょうか？　また、「地球温暖化で海の氷が溶けている」という説明は本当なのでしょうか？　この章では、海氷ができる冷たい海として、北極海、南極海、そして日本に接しているオホーツク海を見ていきます。

第一章

海洋、その面白さと重要性

赤道無風帯であるパプアニューギニア北方海域で見られた、鏡のような海（筆者撮影）

これから「海と空しかない世界」の旅に皆さんを誘います。青く澄みきった海、鏡のように大空を映す海、クジラやイルカが泳ぐ海。海洋学は雄大な自然を相手にする、心躍る学問です。海は人類社会にも、陰に陽に大きな影響を与えています。いったい、海は我々にとっていかなる存在なのでしょうか？　本書の最初となるこの章では、海を学ぶ面白さと重要性を説いていきます。

海洋研究の面白さ

まず、海洋研究の面白さから見ていきましょう。海洋学は地球科学の一つの分野です。地球科学は地質学や地震学、気象学などの複数の学問から成り立っています。地球科学は地球のさまざまな現象を調べるために自然という現場に出る機会が多い学問です。ここで言う現場とは、火山学ならば研究対象となる火山であり、気象学ならば大気になります。海洋学の場合はもちろん海が現場です。

現場に出る学問、特に自然を相手にする学問の場合、実験室にとどまっていたのではわからないさまざまなことに出くわすことがあり、それが研究対象となります。東日本大震災の時には、さかんに「想定外」という言葉が使われました。現場に出ていると想定外のことがよく起こり、それを乗り越えてデータを集めて研究することに学問としての面白さがあるのです。

事実は小説より奇なりという言葉がありますが、海洋学にもそれが当てはまります。海洋学の世界でもコンピュータシミュレーションが計算機の発達とともにさかんに行われるようになりました。その結果、コンピュータによりシミュレーションされた海があたかも現実の海のように解析・研究されるようになりました。ところが、実際現場に行ってみると違っていたということはよくあるのです（もちろんその場合は、シミュレーション結果より観測結果の方が一般には信用されます）。海洋のコンピュータシミュレーションは、さまざまな海洋の物理や化学、生物の過程を取り入れて行われますが、それらの過程は科学的にわかっていないものも多く、かつ全て取り込まれていないため、実際の海洋と違う結果を出すことがあるのです。実際の観測データを調べると、あらためてそれを思い知らされると同時に、現場を持つ学問の面白さを実感させられます。

現場に行くことが多い地球科学の中で、海が他の現場と大きく異なるのは、船が必要であり、大変行きにくいことです。特に深海となると水圧が高いため、人がそこに行くには特殊な潜水船が必要です。船や潜水船の運用は決して研究者一人でできることではなく、大勢の船の乗組員や技術者の支援が必要で、また船を動かす燃料も必要です。一般に数千トンクラスの船で観測する場合、人件費や油代などの運航費は一日あたり数百万円にもなります。

海洋観測においても、深海の大きな水圧に耐える機器を用いる必要があります。さらには深海で観測する場合は、高い精度が求められます。たとえば気温の観測であれば一般に一〇分の一℃単位で計測しますが、深海の海水の温度計測においては、温度の時間・空間変化が非常に小さいことから一〇〇〇分の一℃以上の精度を必要とするのです。このため、海洋観測機器はチタンなどの特殊な金属を用いて堅牢に作られており、かつ精巧であることから、一般に高価なものとなります。以上のことから、船舶を用いた海洋観測は多大なコストがかかります。このため、現場に出る海洋学の研究は、大勢の人と大きな予算を必要とする大がかりな仕事であり、国家レベルのプロジェクトで行われることもあります。

また、海洋の現象にはさまざまなものがありますが、エルニーニョ現象（第八章参照）のような広域の現象や、地球温暖化のような地球規模の現象の場合は、一隻の船で日本近海だけを観測するのでは不十分です。このような現象の場合、複数の船舶やブイを用いて、公海や他国の経済水域なども含めた広い海域において、国際プロジェクトのもとで行うことがしばしばあります。その際はそれぞれの国々の研究者と国際共同研究を行うことになるため、さまざまな国の研究者と（もちろん英語で）調整する仕事があります。国際会議に参加することも多く、まさに世界を飛び回ることになります。

海洋学には現場に行かずに、物理学の理論を使って現象を解き明かす分野や、コンピュータシミュレーションを行う分野などもあり、それぞれ研究としては面白いものです。が、船に乗って海の現場に出ることには、研究としての面白さ以上に、多くの人と予算を動かす大きな仕事ができる、という魅力もあるのです。

もちろん海の現場は良いことばかりではありません。何十日も船の上で過ごすことは決して楽ではありません。たとえば、船が揺れて船酔いになっても船から逃げ出すことはできませんし、プライベートもかなり制限されます。熱帯の海での観測は汗水垂らして、日焼けで真っ黒になっての仕事になりますし、極域での観測は寒さとの戦いになります。しかし、その苦労を乗り越えて得たデータは自分の子供と変わらないくらい可愛いもので、そのデータを使って論文を書いて世界に出て行くことに筆者はやりがいを感じます。

わかっていないことだらけの海洋

学問の一つの分野として海洋学（特に海洋物理学）が大きく進歩しはじめたのは第二次大戦の前後からです（日本に海洋学会が出来たのは一九四一年のことです）。たとえば、第二次大戦のヨーロッパ戦線で応用された波浪予測の研究や、海洋大循環の理論の構築といった大きな進歩がその時期にありました。また、それまでは散発的に観測航海が行われて、それに基づいた研究が進められてはいますが、国際的に共同で実施された観測研究は戦後までなく、今のようなシステマティックなものでもありませんでした。第二章で述べるようなWOCE（世界海洋循環実験）など、多くの国が参加している国際プロジェクトのもと全世界で海洋観測が行われ、高性能のコンピュータで細かな渦まで表現するようなシミュレーションが行われるようになったのは、なんと一九九〇年代に入ってからです。

海は広いうえに行きにくく、コストも高いので観測が難しいのです。また光をほとんど通さないので、宇宙のように光学（電波）望遠鏡で海中を見ることもできません。このため、得られている知見は気象学などの他の地球科学に比べて多くなく、学問としても遅れて成熟してきたように感じます。言い方を換えると、まだまだわかっていないことが多く、これからの学問と言えるでしょう。

たとえば一九九九年に、インド洋にエルニーニョ現象に似た現象（インド洋ダイポールモード現象）が見つかりました（この現象については第八章で詳しく述べます）。この年代にはすでに人工衛星も、スーパーコンピュータも、精度良く観測できる観測機器も存在していたにもかかわらず、インド洋全体にまたがる大規模な海の変化が二〇世紀の末まで知られていなかったことは驚きです。それは海における観測が難しく、観測データが不足していたことに起因しています。観測が困難な深さ数千メートルの深海ではなく、深さ五〇〇メートル程度の比較的浅いところでも、二一世紀になってから新しい海流が発見されたことがあります。深海は地球最後のフロンティアという言葉がありますが、学問の世界においても海はやっぱりフロンティアなのです。

気候と海洋

読者のほとんどの方は、テレビや新聞で日々の天気予報をチェックしていると思います。もちろん、今年の夏は暑いか涼しいかといった長期予報も気にしているでしょう。その長期予報を行うためには、海洋の影響は無視できないのです。というのは、短期的な気象の変化ならば大気の運動だけである程度予測できるのですが、一週間以上の長期的な予測の場合、海の変化が大気に大きく影響するからです。

海洋全体の熱容量は大気全体の熱容量の一〇〇〇倍にもなります。これは海洋全体でわずか一〇〇〇分の一℃の温度変化が大気全体の一℃の変化と等しい、すなわち海洋全体の持つ熱の中でわずか一〇〇〇分の一℃分の熱が大気に放出されただけでも、大気全体で温度が一℃上がることを意味します。この数字を見れば海の変化が大気にどのくらい影響を与えるか想像がつくでしょう。

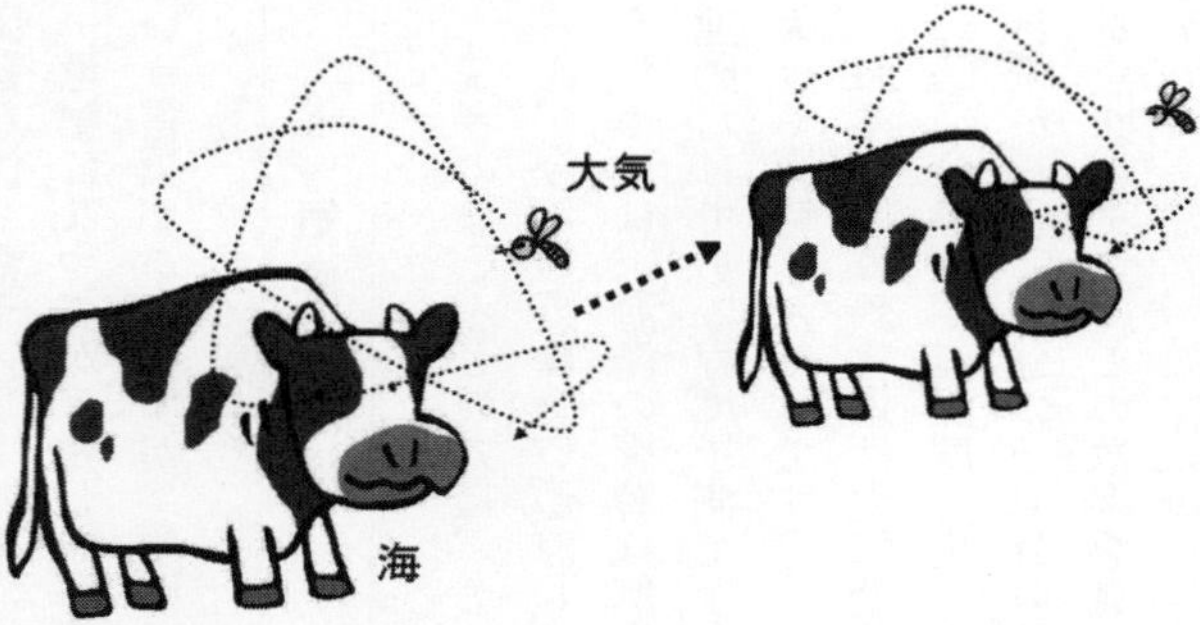

図1－1. 海（ウシ）と大気（アブ）の振る舞いのたとえ。ウシがゆっくり左から右に動くと、それにあわせてアブがせわしく動き回る。気候変動においては、海と大気はこのウシとアブと同様に振る舞う。（提供：竹内謙介元水産大学校教授）

この熱容量の違いのため、海は大気と違って変化がゆっくりしています。海面の波や潮位は日々変化していますが、広い海全体での温度の変化は、海面においても何十日もの時間を要するのです。海をウシにたとえると、大気はその周りを飛ぶアブといったところです（図1-1）。ウシは動きがアブに比べ遅いですが、その動きに伴って激しくアブがウシの周りを動きまわります。海の変化もウシの動きのようにゆっくりですが、その変化に応じて大気がアブのように大きく変化します。地球温暖化やエルニーニョ現象など、時間・空間のスケールが大きい現象ほど、このゆっくりした海の変化が無視できなくなります。

　地球温暖化については、海は大気に放出された二酸化炭素のかなりの部分を吸収するだけでなく熱も吸収するので、地球温暖化をやわらげる役割を担っています。しかし、海が変化する速度は遅いのでいったん変化しだすと、元には簡単には戻りません。特に深海の水温が上昇するとそれを下げる仕組みがほとんどないので、なかなか冷めません。海は地球において人間が住みやすくなるよう、気候を調整していますが、地球温暖化などによって海を変化させてしまうと、その調整する機能が壊れる恐れがあります。したがって我々人類は、海の変化をしっかり監視し、その変化の仕組みを解明するだけでなく、海を大きく変化させないようにするべきなのです。

日々の天気予報や気象予報士制度のおかげで、多くの日本人が気象に興味を持つようになりました。以上のように海と気象は密接につながっていますから、気象に興味を持っている人であれば、海洋にも興味を持ってもらえればと思います。

海と空しかない世界

学問的な面白さではないのですが、大自然を相手にしていると、さまざまな現象や出来事に出くわし、それがまたこの種の学問を続けるモチベーションになります。たとえば、読者の中にはアメリカのグランドキャニオンや、日本の上高地などに行った方がいると思います。そういった大自然を目の当たりにすると、自然の雄大さに圧倒されます。外洋の海はまさに海と空しかない世界で、その広大さに圧倒されます。

筆者は熱帯の海をフィールドとしてきました。熱帯の海は、我々が住む中緯度の海より青く澄んでいてとてもきれいです。そこでは温かい海水が大気を温めるため、大気の対流が活発で巨大な積乱雲ができ、激しい嵐であるスコールが起こります。スコールが過ぎ去ったあとには、きれいで大きな虹がよく出ます。めったに起こりませんが、風が広範囲で弱くなる時があり、そのとき海面は鏡のように空を映します（本章扉写真）。晴れた日の夕方には、美しいサンセットが見られ、それと前後して夕焼け空が赤やピンクに染まって刻一刻と色を変えていきます。夜には、満天の星が天然のプラネタリウムになります。日本では見られないマゼラン雲や南十字星も見られます。

一方、北極海に行くと洋上でホッキョクグマ（シロクマ）やクジラ、セイウチなどに出会えます。めったに晴れないのですが、夜に空が晴れると空いっぱいに広がる雄大なオーロラを見ることができます。

海の上でこのような美しい海と空を眺めていると、心が洗われるような気持ちになると同時に、この仕事をしてきて良かったと実感します。

日本国としての海の重要さ

ここからは、日本として海がいかに重要であるかを説明します。

1　地理的条件

まず、日本の周りの海はどうなっているかをみましょう。日本は本州、北海道、九州、四国の四つの大きな島を含め、計六八五二もの島からなっています。これだけの多くの島からなる国は、世界では他にインドネシア、フィリピン以外にはありません。このため海岸線の長さも長く、約三万五〇〇〇キロメートルもあります。我が国が管轄している領海[注1]と排他的経済水域(Exclusive Economic Zone、略してEEZ)は、その総面積は四四七万平方キロメートルもあり、日本の国土の面積の約一二倍にも達します(図1-2)。この面積は世界で第六位です。日本は陸地が狭い国ですが、海まで含めると世界第六位の大国とも言えるでしょう。後述しますが、その広大な海の中にはさまざまな資源があり、我が国を今後豊かにする可能性を秘めているのです。

2　防衛

海はさまざまなところで日本に恩恵をもたらしていますが、特に重要なのは防衛という観点でしょう。日本は海に囲まれているため、もし他国が日本を攻めようとするならば、海を越える必要があります。

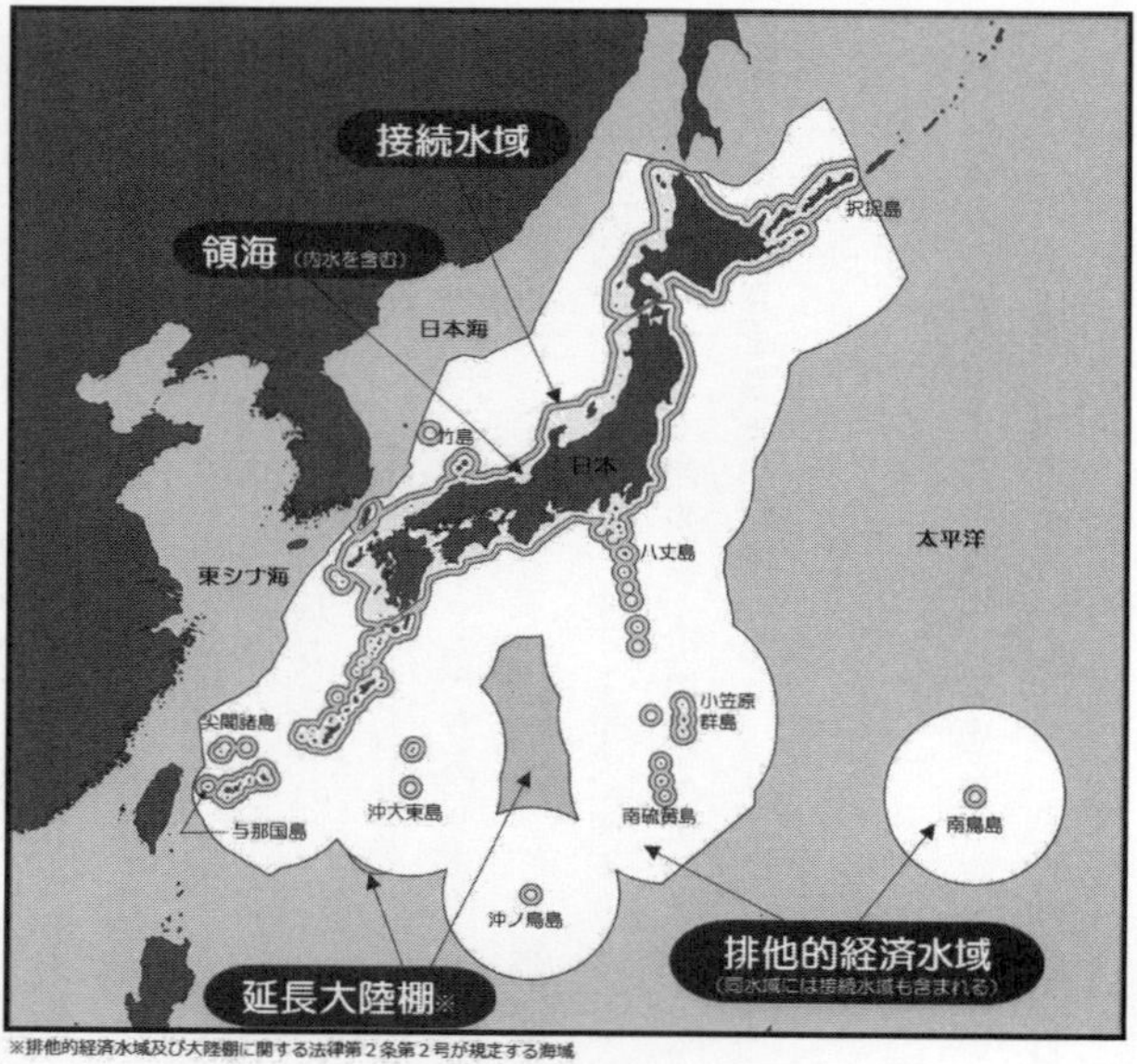

※排他的経済水域及び大陸棚に関する法律第２条第２号が規定する海域

図1－2．日本の領海と排他的経済水域。（海上保安庁のウェブサイトより、http://www1.kaiho.mlit.go.jp/JODC/ryokai/ryokai_setsuzoku.html）

海は陸地と異なり、大軍で攻めるには艦船を用意しなければならないので、簡単に海を越えて攻めることはできません。実際日本本土が大軍で攻められたのは、鎌倉時代の元寇《げんこう》と、第二次大戦の沖縄戦のみです。第二次大戦で米国による九州や本州への上陸作戦が計画されていたとのことですが、実際は行われずに終戦を迎えています。まさに、日本は海という堀に囲まれた天然の城とも言えるのです。

しかし、言い方を換えると海を守らなければ（制海権を失えば）日本を守ることはできません。第二次大戦で、制海権を失い海上輸送路を守れなかったために米国の潜水艦に多くの輸送船を撃沈されて、海外から日本本土への補給路を断たれて日本が戦争遂行能力をなくしたことは有名な話です。日本は多くの資源を海外に依存しているので、海を守れないと日本国内の経済活動がストップするのです。

3　海運

日本は資源や食料など多くのものを海外からの輸入に頼っています。また、日本国内で生産した物品の多くは逆に海外に輸出されています。その輸送量を重量で見ると、九九パーセント以上は船による輸送です。このことから、もし船による輸送が止められたならば、日本の動脈・静脈が止まることになり、日本は国として立ちゆかなくなることは容易に理解できるでしょう。

輸入品の中でも特に重要なのは中東からの原油です。この原油はいわゆるオイルロードと呼ばれる航路（図1-3）を通って日本に運ばれており、このオイルロードは南シナ海を通過しています。ところが南シナ海には、中国、台湾、フィリピン、ベトナム、マレーシア、ブルネイがそれぞれ領有を宣言している南沙諸島という島々があり、その周辺ではこれらの国々の対立が目立っています。もしここで紛争が起これば南シナ海は通れないことから、輸送コストが高騰するでしょう。日本からはるかに離れた海ですが、そこでの動向が日本の経済に影響を与えるかもしれな

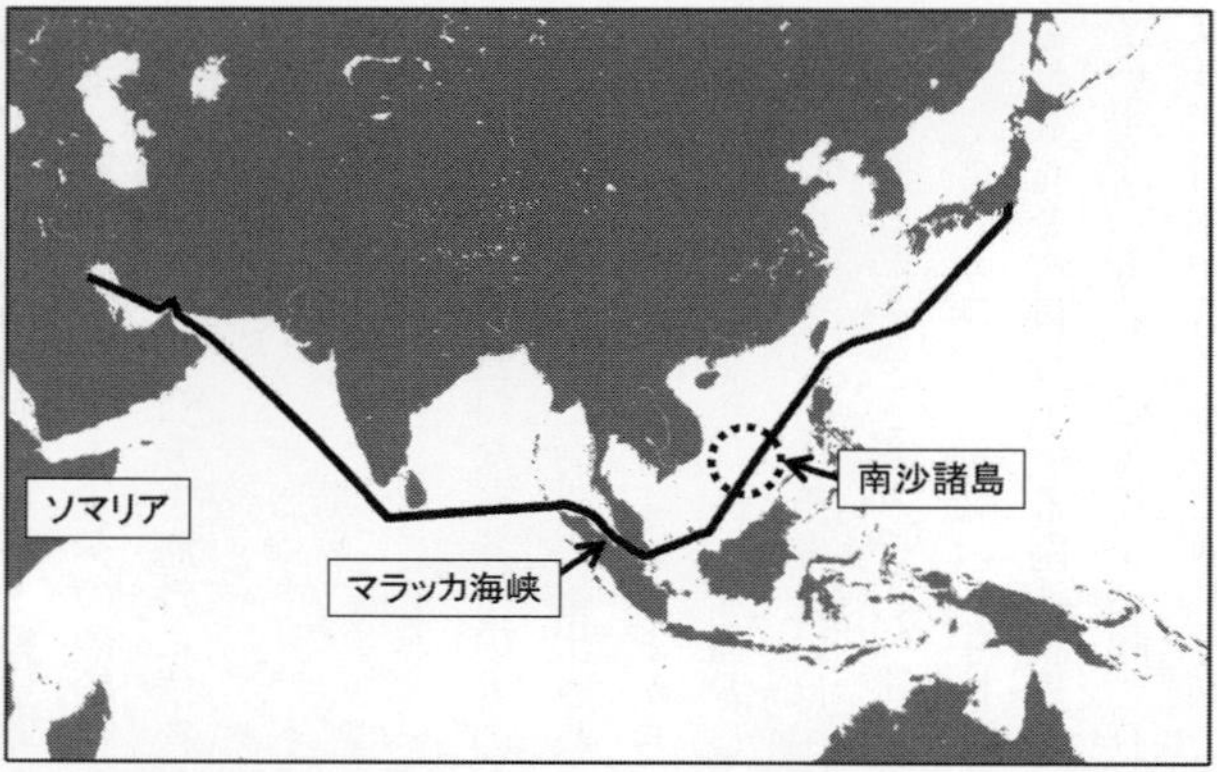

図1－3．中東から日本に原油を運ぶルートであるオイルロード。点線の◯は南沙諸島の位置を示す。

いのです。

また、海洋における運送において、最近問題になっていることの一つに海賊問題があります。「二一世紀になっても海賊がいるなんて」と思われる方もいるかと思いますが、現実にアフリカのソマリア沖をはじめ、マレーシアとインドネシアのスマトラ島の間のマラッカ海峡などによく出没します。このような海域での運航の際には海賊対策も必要となります。

海運についてもう一点記すべき点があります。日本人船員の数です。一九七四年には二七万八〇〇〇人もいた船員は、二〇一四年には六万四〇〇〇人まで減っています。これは、船の操船が自動化されていることもありますが、外国人船員を多く雇っていることが原因です。もし国際紛争が起き、これら外国人乗組員が乗船を拒否するような事態になると、日本の海運にとって大変な問題となるでしょう。
海運は日本の生命線とも言えるものですが、上記のような問題や燃料の高騰などに左右されるのです。

4　水産

二〇一三年度における日本の食糧自給率は、生産額ベースで六五パーセントで、そのうち魚介類が占める割合は一二パーセントです。また、二〇〇七年では国民一人あたり世界一の魚介類の消費量です。最近でこそ肉食の方にウェイトが移りつつありますが、日本では魚を食べるという文化が古くからあり、海からの直接の恩恵を受けていると言えるでしょう。

日本近海には良い漁場がたくさんありますが、特に日本東方海域が世界三大漁場の一つとなっていて、そこでカツオやアジ、イワシ、サケ、サンマなどさまざまな魚が捕れます。というのは、黒潮系の南方から来る海水と親潮系の北方から来る海水が出合う場所だからです。日本全体の漁獲量の中で東日本の北海道から千葉県までの七道県で約五割を占めています。

ところで、この二〇年の間に日本全体で漁獲量が激変しています。一九九〇年では養殖も含め一一〇五万トンあった水揚げが、二〇一二年には四八六万トンまで減りました。これは一九八〇年代に三〇〇万トン以上捕れていたマイワシがほとんど捕れなくなったことに起因します。昭和の初めのころ、北海道の日本海沿岸でニシンが大量に捕れ、ニシン御殿が建つくらいニシン漁が賑わったものですが、昭和三〇年代に入って捕れなくなっています。最近ではウナギが捕れなくなって高騰していることが新聞を賑わせています。

魚は変温動物で水温の変化に敏感なため、ちょっとした海流・海水温の変化が漁獲量に影響している可能性もあります。しかし、乱獲による可能性も否定できないでしょう。今後は、水産資源が枯渇しないよう国レベルで資源管理をすることが重要になると思われます。

5　海洋資源

日本は国土が狭い一方、管轄する海は世界有数の広さをもっています。そしてその広い海の底には、多くの資源が眠っていると言われています（図1-4）。最も注目されているのは、メタンハイドレートです。このメタンハイドレートは、メタン分子と水分子の化合物で、燃える氷とも言われています。燃えると水しか残らないため、石油などに比べるとクリーンな資源です。日本の近海には、このメタンハイドレートが日本の天然ガスの消費量の一〇〇年分にもなるくらい眠っていると言われています。

日本の近海で他に注目すべき資源としては、海底熱水鉱床が挙げられます。これは地下のマグマの成分が海底からしみこんだ海水に溶け出して、熱水として海中に吹き出した際に急冷されて

図1－4. 日本の海底資源。（平朝彦・辻喜弘・上田英之『海底資源大国ニッポン』[14] より。なお、肩数字の 14 は巻末の参考文献に対応している。）

海底にできるもので、金・銀・銅・鉄・亜鉛・鉛などが豊富に含まれています。

その他にもレアアースやマンガン団塊などいくつか興味深い資源が日本の近海には見つかっています。

海洋の資源は海底の資源に限りません。海水そのものである海洋深層水も資源として注目されています（なお、ここで言う海洋深層水とは水深二〇〇メートルより深い水を指します）。日本は水深一三〇メートル以浅の大陸棚の面積があまり多くなく、沿岸から離れてすぐに深くなるところが多いので、海洋深層水の取水がしやすいのです。

海洋深層水がなぜ注目されるかというと、表層の海水に比べプランクトンのえさとなる栄養塩やミネラルに富んでいること、クリーンであること、そして冷たいことが理由です。このため、深いところに生息する魚の養殖に適しているほか、ミネラルウォーターや薬品などさまざまな分野で海洋深層水の実用化が進んでいます。また、表層の海水と温度に二〇℃以上の差があることを利用しての海洋温度差発電も試みられています。

6　観光・レジャー

海は、観光・レジャーの面でも日本人にとっては重要です。たとえば毎年真夏になると、何百万人もの人たちが各地の海に行って海水浴を楽しんでいて、その経済効果は大きいです。また、沖縄や世界遺産となった小笠原諸島の美しい海も観光やダイビングなどのマリンスポーツの対象になっています。大型客船によるクルーズや釣りを楽しむ方も多いでしょう。つまり、観光資源の面でも日本の海は豊かなのです。

しかし、最近日本人、特に若者の海離れが進んでいます。たとえば海水浴客の数ですが、二〇一二年には一九八五年の四分の一である九九〇万人まで落ち込んでいます。原因としては、最近の日本人のレジャーの嗜好が変わっていることや、東日本大震災の影響もあるのでしょう。しかし、海の観光資源を生かしていくことは、日本人の海離れを止めると同時に、経済活動を活発にするために重要であるので、国としてのさらなる海洋の振興対策を期待したいと思います。

7　海からの災害

ここまで海から受ける恩恵について記してきましたが、マイナスの面である海からの災害についても記します。記憶に新しいのは、二〇一一年三月一一日の東日本大震災において発生した大津波で、多くの人命や財産が失われたことです。

東日本大震災クラスの大津波はさすがにめったにないのですが、それでも人命を奪うような津波は一〇〜三〇年に一度は日本を襲っています。さかのぼると、北海道奥尻島に大被害をもたらした一九九三年の北海道南西沖地震や、一九八三年の日本海中部地震、はるか南米から伝わってきて三陸海岸を襲った一九六〇年のチリ沖地震の津波などが挙げられます。次の地震まで一〇～三〇年過ぎると、その時のことを忘れてしまうのかもしれませんが、そうならないよう、特に教育面でしっかり後世に教訓を残していくべきです。

海からの災害は津波だけではありません。過去に大きな災害をもたらしたものとしては、高潮が挙げられます。一九五九年の伊勢湾台風の時には三・五メートルもの高潮が伊勢湾を襲い、四〇〇〇名以上の人命が失われています。

日本における海洋教育

ここまで読んでいただければ、日本にとって海が非常に重要であり、日本人にとって関わりが深く、そして学問の対象としても面白いことは理解していただけたのではないでしょうか。しかしながら、日本の海洋教育の現状は残念ながらお寒い限りです。文部科学省は小学校から高校までの学習指導要領を作成しており、ウェブサイトにも公開していますが、それには海洋という単語自体、高校の地学以外ではほとんど出てきません。高校の地学でも、地質学や固体地球物理学、気象学、天文学がほとんどを占めており、海洋学に関する記述は大変少ない状況です。このように海に囲まれた日本の国民が海を学ぶ機会がほとんどないことは、国として大きな問題です。

加えて、船員など海に関わる人や水産物の消費が年々減っているなど、海洋に関する国民の関心も弱くなってきているようです。

最近、日本海洋学会や海洋政策研究所といった海洋に関する団体が海洋教育問題に取り組んでいますが、国民のレベルでは海洋教育についてはまったく不十分です。我が国は先進国で唯一「海の日」を制定しているほどの国ですから、国レベルでもっと海に関する教育・啓蒙活動が積極的に行われるべきだと思います。

以上の背景から、本書では興味深い海のさまざまな現象やその物理について説明していきます。

注1：領海と排他的経済水域

沿岸国のさまざまな権利を決めた条約として、国連海洋法条約という海の憲法とも言える条約が一九九四年に発効しました。日本も一九九六年に批准しています。この条約の中で、領海や排他的経済水域などの定義がなされています。

領海とは、最も潮位が低くなった時の海岸線（これを領海基線と言います）から一二海里（一海里＝一八五二メートル）以内の海を言います。ただし、日本のように湾が多い場合は湾の入り口を線で結んで、そこから一二海里となります。領海は完全にその国が主権を持っている海域です。排他的経済水域とは、その名の通り沿岸国が排他的に経済的な活動や資源について管轄できる海域のことで、領海基線から二〇〇海里以内と定められています。そこでは沿岸国が優先的に漁を行うことや、資源の採取を行うことができます。

第二章

海を調べる

世界の海で観測を行う海洋地球研究船「みらい」（筆者撮影）

人類は有史以前から海とかかわってきました。古代の人々にとって、海を渡ることは常に死と隣り合わせの冒険だったことでしょう。人類はいかにして航海の困難を克服し、海洋学という学問を確立してきたのでしょうか。「海洋探検」から「海洋観測」へ、漂流ビンから人工衛星まで。この章では、海洋学の発展史を追うとともに、現代の海洋学における観測手法を紹介します。

海洋観測の歴史(1)——大航海時代まで

私たちの祖先は、海とどのようにかかわってきたのでしょうか。おそらく魚を捕ることや、いかだを作ってわずかに移動をするくらいは、だいぶ以前から行っていたでしょう。となると、潮の満ち引きがどのような周期で起こるか、波が風によって強くなったり弱くなったりすることを、昔から人類は知っていたと想像できます。

今から二〇〇〇年以上前には太平洋の小島にポリネシア人が渡っていたことがわかっています。当時はもちろんエンジンを備えた船はありませんから、風を帆で受けて走るか人力で漕ぐカヌーで渡ったはずです。また、洋上での自分の位置は天測、すなわち星を使う方法で確認したでしょう（実際、一九七六年にホクレア号という近代的航海設備を持たない船が太平洋のタヒチからハワイまでの航海に成功しており、その方式で長い航海ができることを実証しています）。その時代においては、海面付近にどのような流れがあるのかを調べるためには、船が意図した方向に進まずに流されることで調べるか、流木などを海に流していたかもしれません。

具体的な海流が歴史に登場したのは、一五一三年のことです。アメリカの東海岸に沿って北東方向に流れるメキシコ湾流（英語ではGulf Streamで、Mexicoは付きません。よって、以後本書では単に「湾流」と呼ぶことにします）という海流があります。湾流の存在を示したのは、スペイン人のポンセ・デ・レオンが一六世紀に行った航海でした。その時代はいわゆる大航海時代と呼ばれる、コロンブスやバスコ・ダ・ガマらがヨーロッパから出航し、アメリカ大陸などを船で探検していた時代です。湾流は流れが速く、ヨーロッパからアメリカ大陸に向かうには逆潮で、一方アメリカ大陸からヨーロッパに戻るには追い潮なので、船乗りにとってその存在はアメリカとヨーロッパを往復するために知っておかなければならないものだったのです。一七六九～一七七〇年にかけて海運会社が調べた結果を基に、雷が電気であることを発見したベンジャミン・フランクリンが湾流を載せた海図を作成しています（図2-1）。

一方、日本の南を流れる黒潮が歴史に登場したのはもう少し遅く、一六五〇年のことで、ワレニウスという地理学者が記した『一般地理学書』に記されています。日本の書物に黒潮の名が最初に現れたのは、一七八二年に発刊された『伊豆海島風土記・八丈島』（佐藤行信著）です。しかし、黒潮が近くを流れる八丈島は鎌倉時代には相模国に属しており、室町時代には統治機関が置かれているので、その当時から日本人は黒潮の存在を知っていたはずです。日本に開国を迫った米国のペリー提督も何度か黒潮を横切る航海を行っており、黒潮の観測データを残しています。

海洋観測の歴史(2)——近代海洋学の始まり

その後、第二次大戦までにいろいろな観測が行われ、近代的な海洋学が始まりました。その中で近代海洋学の発展に大きく貢献したと言えるのが次の三つの航海です。

1 チャレンジャー号航海（一八七二〜一八七六年）

チャレンジャー号はイギリス海軍の軍艦（二三〇六トン）で、補助蒸気機関を持った帆船です。当時のイギリスが海洋科学における指導的地位を維持すべく、イギリスの王立協会主導の下、世界中の海洋、特に深海の観測を行うことを目的として、世界周航を行いました。一八七二年一二月にイギリスのポーツマスを出港し、一八七六年五月に帰港するまで、世界一周六万八八九〇海

図2－1. ベンジャミン・フランクリンが作成した湾流の地図。（米国大気海洋庁のウェブサイト、http://oceanexplorer.noaa.gov/history/readings/gulf/media/gulf_bf.html より）

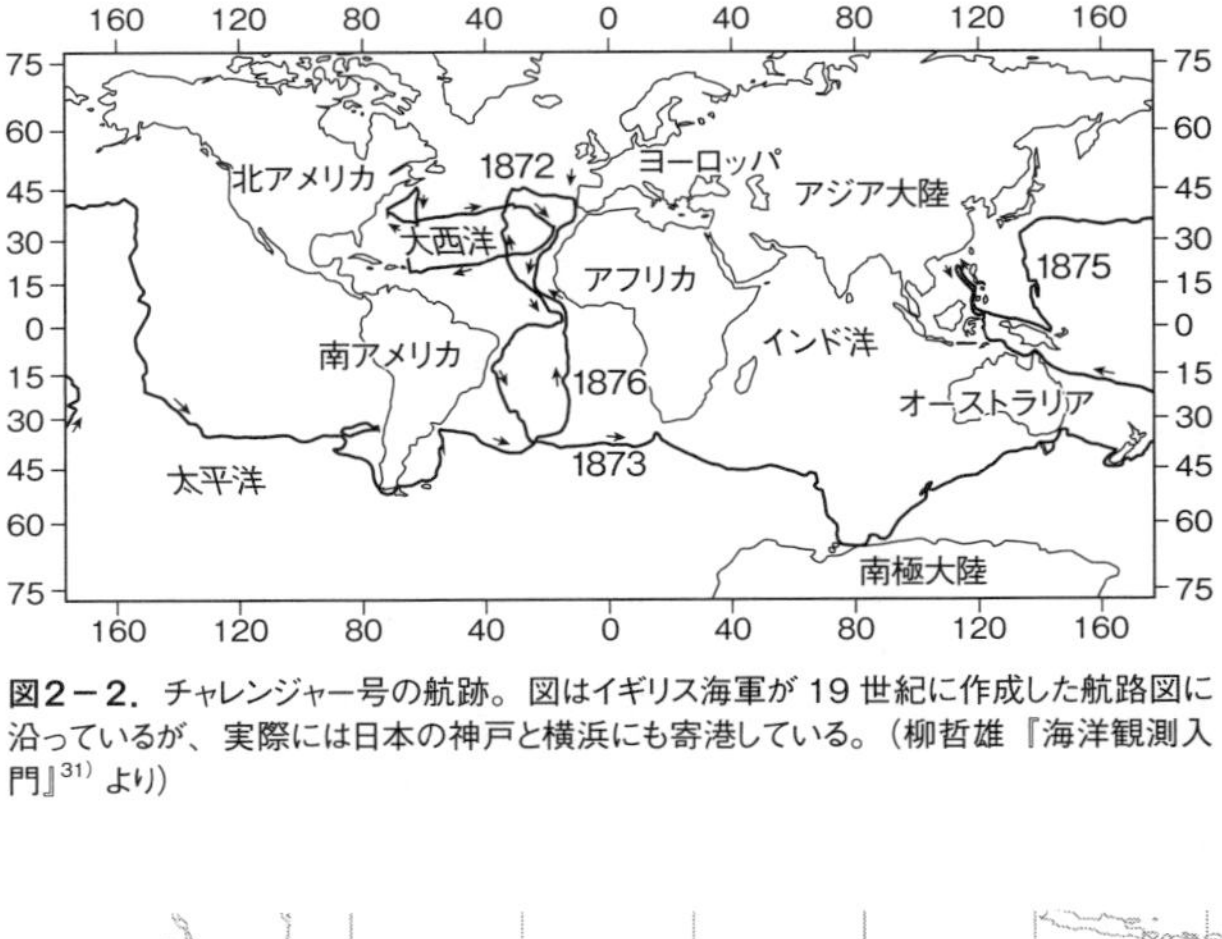

図2－2. チャレンジャー号の航跡。図はイギリス海軍が 19 世紀に作成した航路図に沿っているが、実際には日本の神戸と横浜にも寄港している。（柳哲雄『海洋観測入門』[31] より）

里（＝一二万七六〇〇キロメートル）、一二五一日間にもおよぶ航海です。一八七五年には日本の神戸と横浜にも寄港しています（図2-2）。

観測は物理や化学、生物、地質といったさまざまな項目において行われました。まず、物理面ですが、深さ二〇〇〇メートル以深では水温の季節変化が小さいことを、化学面では世界中どこの海でも、海水に溶けている物質の組成比がほぼ一定であることを発見しています。この成果は、現在でも塩分測定の根拠となっています（第三章参照）。それ以上に大きな成果は多数の深海生物の発見で、現在でも引用されるほど重要なものでした。それまで深海には生物はいないと信じられてきたのですが、どこの大洋の深海や海溝にも生物がいることが実証されたのです。これら採取された七〇〇〇個体もの生物サンプルは、世界中の海洋生物学者に分析され、半数は新種であることがわかるなど多大な成果を残しました。

海洋地質学においても、海底が平坦ではなく起伏に富んでいることや、当時は興味を引かなかったものの、現在は資源の観点で注目を浴びているマンガン団塊の発見という成果を挙げています。

2　フラム号航海（一八九三〜一八九六年）

スペインとポルトガルが争っていた大航海時代の一四九三年、ローマ法王がスペインに西半球、ポルトガルに東半球におけるさまざまな特権を分け与えました。このため英国やオランダなどのその他の国は、東洋に航海するために、北極海を通過する航路の開拓を始めましたが、なかなか成功しませんでした。

しかし、ノルウェー人のフリチョフ・ナンセンは、シベリアの木材や、シベリア沖で氷により壊されたジャネット号の遺品がグリーンランドで見つかったという事実に注目し、北極海を横断する流れがあるはずだと考えました。そこで、氷に閉じ込められても壊れない構造の船を建造し、五年分の食料を積み込んで、あえて氷に閉じ込められて長期間漂流することで、北極点を目指すという航海を計画したのです。その結果建造されたのがフラム号（四〇二トン）です。

フラム号は一八九三年夏にノルウェーの港を出港してシベリア北岸沿いに東に向かい、九月にシベリアの北で氷に閉じ込められました。それから一年半、北極点の方向に漂流しながら、気象・海洋・生物などあらゆる観測を行いました。漂流の途中の一八九五年三月に、ナンセンは仲間一人とともに船を下りて、氷の上を犬ぞりで北極点に向かうという探検を行いました。ナンセンらは残念ながら北極点にはたどり着けませんでしたが、北緯八六度一三分まで到達しました。遭難しかけながらも、一八九六年六月に英国の探検隊に救助されその年の八月に無事帰国し、またフラム号も北極海の横断に成功して同じ時期にノルウェーに戻ってきました。

この航海では、いくつも海洋学的に重要な発見がなされています。その最も大きなものは、風によって生じる海の流れの向きが風の吹く向きと一致せず、風の吹く方角に対して右に二〇〜四〇度ずれるという現象です。この現象は第五章に詳しく説明するコリオリ力によるもので、一九〇五年にフォン・エクマンにより理論的な研究がなされています。また、船がエンジンを全力にしてもなかなか進まない「死水《しすい》」という現象も発見されています。

地理学的には、北極海は深い海盆の海であり、陸が存在しないこともナンセンは発見していますナンセンは目的とした北極点には到達できませんでしたが、多くの発見により科学的・地理学的に重要な貢献をしました。

3　メテオール号航海（一九二五〜一九二七年）

第一次大戦後、経済的に疲弊したドイツは国として科学振興を図るために、測量艦メテオール号（一二五〇トン）を使って大西洋を詳しく調べる航海の計画を立てました。一九二五年四月、ドイツのウィルヘルムスハーフェンを出港し北緯二〇度〜南緯六〇度の南大西洋を七往復する航海で、音響測深装置などの近代装備を用いて、初めての組織化された綿密な海洋調査を行いました。結果として大西洋の詳細なデータが集められたことで、大西洋の流れの水平・鉛直構造が明らかになり、また大西洋中央海嶺などの大西洋の海底地形の地図を作り直しました。

海洋観測の歴史(3)——第二次大戦後～一九八〇年

第二次大戦後に行われた観測では、まず太平洋赤道潜流の発見という大きな出来事がありました。太平洋の赤道上には貿易風という東風（西向きの風）が吹いていて、表層の流れはその風により駆動される西向きの南赤道海流という海流が流れています（第八章参照）。赤道潜流とは、その南赤道海流の下層で、深さ五〇メートル（東太平洋）～一五〇メートル（西太平洋）以深を東に流れる海流です。

一九五二年八月、米国のタウンゼント・クロムウェルらが、太平洋の西経一五〇度の赤道周辺で、深さ六〇メートル付近に浮標（パラシュートのようなもの）を付けた自由漂流ブイを投入して浮標の付近の深さの流れを観測したところ、西向きに流れる表面とは逆方向の流れがあることに気がつき、赤道潜流と名付けました。それは流速が毎秒約五〇センチメートルを超えた強い流れでした。このため赤道潜流は発見者の名前を取ってクロムウェル海流とも呼ばれます。

我が国は戦前海軍が主に西太平洋で観測を行っていましたが、戦後国際復帰してから、国際海洋観測プロジェクトに参加して本格的に海洋観測をはじめました。最初のものは、一九五五年に行った米国・カナダとの共同観測プロジェクトＮＯＲＰＡＣ（Cooperative Survey of the North

Pacific：北太平洋共同観測）です。その名の通り、北太平洋の北緯二〇度以北を三ヵ国の一九隻の観測船により共同で観測航海を行いました。日本からは気象庁、海上保安庁、東海区水産研究所（現在の水産総合研究センター中央水産研究所）と三つの大学が参加しています。当時は第二次大戦の敗戦で海洋学も衰退していましたが、この観測プロジェクトがきっかけとなって日本の海洋学が息を吹き返すこととなりました。

その後、大きな国際共同観測で注目すべきものとしては、一九六五年から始まったCSK（Cooperative Study of the Kuroshio and adjacent regions：黒潮および隣接海域共同調査）という国際プロジェクトです。日本が中心となった初めての国際共同海洋観測プロジェクトで、米国、ソ連、台湾、韓国、香港が参加しました。観測は黒潮が流れる日本南岸や東シナ海だけでなく、日本海や黒潮の源流域であるフィリピン海まで広い範囲で行われました。このプロジェクトの大きな成果としては、宇田道隆・蓮沼啓一両博士による亜熱帯反流（図4-10参照）の発見です。黒潮の源流である北赤道海流は西向きにフィリピン海を広く流れていますが、亜熱帯反流はその北赤道海流の中を逆方向の東向きに流れる海流で、日本人が発見した海流として広く世界に知られています。また、黒潮の構造や蛇行などについても数々の知見が得られました。このCSKは一九七九年まで続く長いプロジェクトとなりました。

一九七〇年代初頭には海洋観測により中規模渦（メソスケール渦）が発見されました。中規模渦という名前は、そのスケールが大規模な海流のスケールより一桁小さいことに由来しています。それまでは海の中は平穏で、特に深層の流れは一方向にゆっくり流れているものと考えられていました。ところが、一九五九〜一九六〇年にかけて深層にブイを流して流速を調べたところ、毎秒一〇センチメートルもの流れがあることがわかり、それを詳しく調べるために米国はMODE（Mid Ocean Dynamics Experiment：外洋力学実験）観測と呼ぶ海洋観測実験をフロリダ沖にて一九七一年と七三年に行いました。また、それと前後してソ連が海洋の乱流を調べることを目的に、一九七〇年に大西洋の熱帯域において、POLYGON（ポリゴン）観測と呼ぶ海洋観測実験を行いました。どちらの観測からも直径約二〇〇キロメートルで、鉛直的にほぼ直立した円柱状の構造の渦が見つかったのです。その後、渦は全世界の海洋の至る所に見つかり、海の中は渦だらけだということがわかりました。

一九七八年には、初めて海洋観測を目的とした人工衛星SEASAT（シーサット）が打ち上げられ、海洋観測も宇宙時代を迎えました。人工衛星による海洋観測では、海面の様子しかわからないという欠点はありますが、広い海洋全体を宇宙空間から写真を撮るがごとく一気にデータを取得できるという大きなメリットがあるため、以降米国だけでなく、日本や欧州でもさまざまな海洋観測衛星が打ち上げられています。

海洋観測の歴史(4)——一九八〇年〜現在

地球規模の気候変動の観測研究については、古くは一九五七〜一九五八年の国際地球観測年が最初ですが、その後一九八〇年に国連のプログラムとしてWCRP（World Climate Research Programme：世界気候研究計画）が発足しました。その直後の一九八二〜一九八三年に大きなエルニーニョ現象が太平洋熱帯域に発生しました。当時の研究の結果、エルニーニョ現象は海洋だけでも大気だけでも起こるものではなく、海洋と大気がお互いに影響を及ぼしながら（これを大気海洋相互作用と言います。第八章参照）発生することがわかり、熱帯の大気海洋相互作用の研究があらためて必要という気運が高まりました。これを受けて、TOGA（Tropical Ocean Global Atmosphere program：熱帯海洋と全球大気研究計画）という熱帯域における大気・海洋の相互作用に関する研究プロジェクトが、WCRPのもとで一九八五〜一九九四年に実施されました。このプロジェクトの画期的な点は、これまでは別々に研究を行ってきた海洋学者と気象学者が力を合わせて熱帯の気候変動の研究に取り組んだことです。

特にTOGAプロジェクトの中で注目すべきものは、TOGA／COAREという西部熱帯太平洋における大気・海洋の集中観測です。西部熱帯太平洋は世界で最も海面水温が高い海域で、そこでは活発な大気海洋相互作用が起こっているものと考えられていました。そこで米国をはじめ、日本、フランス、オーストラリア、ニュージーランド、中国の六ヵ国から一四隻の船がパプアニューギニアの北方海域である赤道東経一五六度付近に集結して、海洋・気象観測を一九九二年一一月〜一九九三年二月にかけて実施しました。近くのパプアニューギニアのマヌス島には、気象レーダーも設置されてこの付近の積乱雲の観測も併せて行われました。

ＴＯＧＡプロジェクトの成果として、大気海洋相互作用に関する多くの知見が得られましたが、それ以上に重要なことはこのプロジェクトを契機として熱帯太平洋全体におけるブイのネットワークや海面水位変動観測網などの観測網が構築されたことです。この観測網のため、エルニーニョ現象の監視とその予報が可能となりました。気象観測網はこれまでも陸上に構築されていましたが、人が住まない海洋において気象・海洋の観測網が出来たことは、非常に画期的でした。今でもその維持が行われています。

一九八七年には、全世界の海洋の大規模な循環（海洋大循環と言います）について、ウォーレス・ブロッカーが「海のコンベアベルト」（第五章参照）を提唱し、その変化が世界の気候に大きく影響を及ぼすことを示しました。世界の気候変動の予測はＷＣＲＰの目標でもあるので、ＷＣＲＰは気候変動をコンピュータによりシミュレーションして予測することを目指して、ＷＯＣＥ（World Ocean Circulation Experiment：世界海洋循環実験）という世界規模の海洋研究プロジェクトを

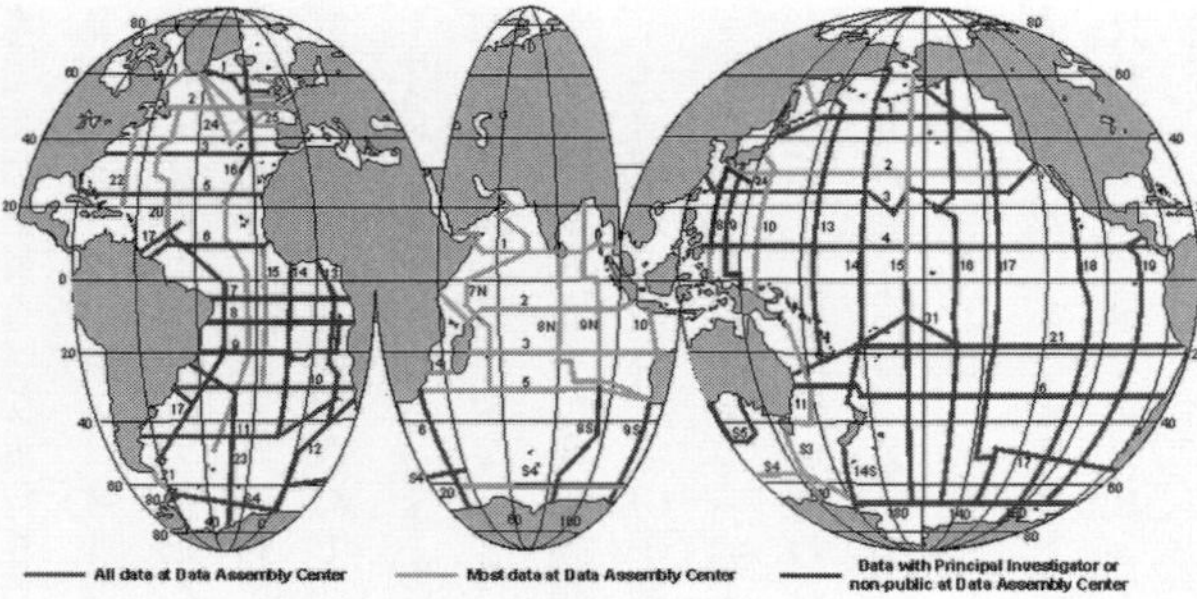

図2－3．WOCE観測線。（米国大気海洋庁のウェブサイト、http://www.nodc.noaa.gov/woce/wdiu/diu_summaries/whp/figures/whpot.htm より）

	正確さ（Accuracy）	精密さ（Precision）
圧力（dbar）	3	0.5
温度（℃）	0.002	0.0005
塩分（PSU）	0.002	0.001

表2－1．WOCEのCTD観測において要求された観測精度。

一九九〇年に立ち上げました。

気候変動予測を行うためには、気候に及ぼす海の影響を理解しなければならず、そのためには海洋大循環をより正確に理解する必要があります。その目的のために決められた観測線（図2-3）で、海洋を海面から海底直上まで高精度で観測することとなりました。この観測線には太平洋を横・縦断するような長いものも含めて何十本もあり、とても一つの国・機関でできるような観測ではありません。このため、これまでにない多数の国・機関が参加した一大プロジェクトとなったのです。我が国も気象庁や海上保安庁、水産庁、東京大学などの大学、海洋科学技術センター（現在の海洋研究開発機構）といったオールジャパン体制でこのプロジェクトに参加しました。

その観測で要求された精度[注1]（正確さと精密さ）を表2-1に示します。気象観測で使う温度計の精度が〇・一℃であることを考えると、非常に高い精度です。深さ何千メートルもの海の深層は表層と違って温度や塩分の変化が小さく、深層の海の流れを調べるにはその小さな変化を捉える必要があることから、このような高精度観測が必要なのです。

ＷＯＣＥプロジェクトの観測フェーズは一九九五年に終わりましたが、気候変動予測モデルの開発やデータの取りまとめのフェーズが二〇〇二年まで続きました。現在でも、このＷＯＣＥプロジェクト中に観測を行った観測線を再訪して高精度で観測することで、ＷＯＣＥプロジェクト当時と比べどれだけ海が変化しているかを調べる研究が行われています。

最後にアルゴ計画を紹介しましょう。毎日の天気予報のために、主に陸上での気象観測データをもとに天気図が作られていますが、海洋においては天気図に当たる水面下の水温や塩分、海流の分布図はこれまで作られていませんでした。そのようなものを海に対して作るには、世界中の海に観測点を設けて定期的に海洋観測を行わなければなりませんが、船舶を用いてそれを行うとなると膨大な数の船舶を常時観測点に割り当てなければなりません。したがって、船舶の代わりに海の中を漂いながら観測を行うフロートを開発して世界中の海を観測するプロジェクトとして、アルゴ計画が二〇〇〇年に立ち上がりました。日本をはじめ三〇ヵ国以上の国がこの計画に

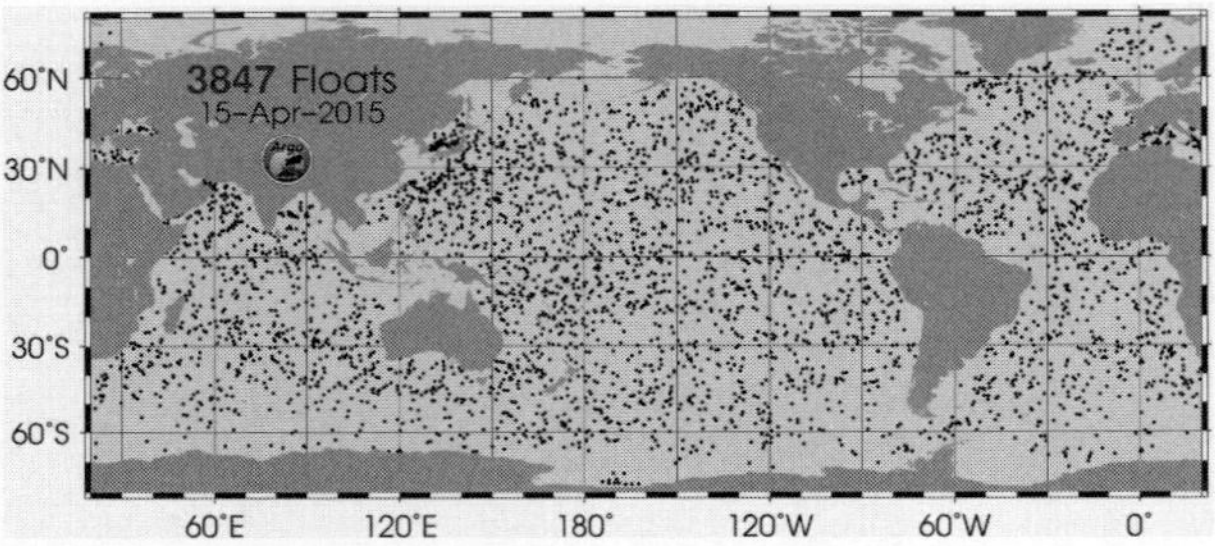

図2－4．2015年4月の時点におけるアルゴフロートの分布。（提供：JAMSTEC）

参加しています。

アルゴ計画では、海洋中の中規模渦より大きな空間スケールの全球海洋の変動を監視することを目的としているため、三〇〇キロメートル四方の領域にフロートが一個以上あることを目指して、世界各国の船により世界中の海に投入されています。データは二四時間以内に品質がチェックされた後、インターネットを通じて公開されています。

アルゴ計画を始めた時は、トータルで三〇〇〇個のフロートが北極海・南極海の氷海を除いて展開されることが目標でしたが、二〇一五年四月の時点では全世界で三八〇〇個ものフロートが展開されています（図2-4）。今では二〇〇〇メートル以深でも観測できる大深度観測用のフロートや氷海でも観測可能なフロートなども開発されつつあり、ますます海洋全体のモニタリングの性能が上がっています。

海洋観測のデザイン

海を調べる手法としては大きく分けると、(1)船に乗って調べたい場所に行き観測する、(2)人工衛星や観測ステーションなどによりリモートで観測する、の二つになります。どちらを選ぶか、また選んだ中で実際どのように観測を行うかについては、調べる対象によりさまざまです。たとえば海の中の温度や塩分を調べるのであれば、船で現場に行ってＣＴＤ（Conductivity Temperature Depth Profiler：電気伝導度-温度-水深プロファイラー）という機器を使って観測するのが一般的です。エルニーニョ現象のような大規模な現象の時間変化を調べる場合は、一隻の船で観測するのは困難なため、複数のブイや人工衛星など人が観測現場にいなくてもできるリモートな観測が一般的です。沿岸の潮位を調べたいときは、潮位計を観測する場所に設置することになります。すなわち、目的に応じてどのような観測を行えば良いかをデザインする必要があります。観測はコストがかかるので、効率良いデザインを考えることで、人的資源や船の運航、観測機器に要する費用等を節約します。

直接現場の海で観測する場合には、船をその場所まで走らせる必要がありますが、観測船の航行速度は速い船でもせいぜい一五ノット[注2]程度（一ノット＝時速一八五二メートルなので、時速二八キロメートル程度）です。もしその速度の船で日本から出発して赤道まで約四五〇〇キロメートルを航走すると、片道で一週間もかかります。一ヵ月の航海の場合、半分は日本との往復に時間を要することとなり、現場（この場合赤道）での観測時間は半分の二週間しかありません。船の運航費が一日あたり何百万円もかかることを考えると、観測する場所が母港から離れるほど効率が良くありません。船で使える時間をシップタイムと言いますが、このシップタイムをいかに有効に使うかを考えることが、船を使う観測の計画を立てる際に重要になります。

船で観測する場合、その船を動かし、また船に備え付けてあるクレーンなどの重機を扱う乗組員や、観測機器を扱い化学分析などを行う技術者（観測支援員）が必要です。シップタイムは運航費を考えるととても貴重なため、二四時間体制で当番制（これをワッチと言います）をしいて観測を行うことが多く、一日八時間労働を考慮すると、必要な作業の三倍の人員を要します。言い方を換えると、それらの人員を考慮した観測をデザインする必要があります。

観測機器についても考える必要があります。WOCEプロジェクトのところで述べましたが、深海では温度や塩分の時間・空間変化が小さいため、高い精度で観測できる機器が必要です。また、深海では圧力も高いため、機器はその高圧に耐えられるものでなければなりません。

もちろん、どのようなパラメータを観測するのかも考える必要があります。流向・流速を調べるのであれば、流速計を使用したりブイを流したりします。温度や塩分を調べるのであれば、C

TDなどの機器を使います。化学分析が必要な栄養塩や二酸化炭素などを調べるのであれば、一般には採水して分析することになります。

海の中の固定点で時間変化を調べるとなると話は変わっていきます。この場合は、海中に観測機器を固定する必要があります。すなわち、海底に観測機器を設置して観測する方式（この場合海底近くでしか観測できない）、もしくは海底からロープで立ち上げてロープの途中に観測機器を取り付けて（これを係留系と言います）観測するという方式となります。詳しくは後で述べますが、係留系には海面より上の海上気象観測を目的として海面ブイを係留するタイプと、海面より下にトップブイを係留して、海面下の温度・塩分や流速を観測するタイプがあります。また、系の設置する深さや取り付ける観測機器、さらには周りの流れの強さに応じて、用いるロープや浮力に必要なブイなどを考えたデザインをすることになります。

人工衛星を使う場合には取り付けられているセンサーの種類によって、観測できる項目が変わります。したがって、どの衛星のデータを使うかは、搭載されているセンサーの種類を考慮しなければなりません。

海洋観測船とは

海で観測するのであれば、岸で観測するのではない限り船が必要です。どんな船を使うかをここでは記します。

まず、船の大きさについてです。大きければ大きいほど多くの人や機材を載せることができ、またクレーンなどの設備を備えることができるので、大がかりな観測ができます。さらに、小さな船に比べ波が高い荒天域でも、ある程度運用ができます。しかし、大きい船ほど運航に要する費用(人件費や燃料費)がかかります。またブイを海に設置するなどの観測の作業を行う場合は、現場の風や流れ、作業の様子を見ながらの微妙な操船が必要となりますが、大きな船ほどそのような操船が難しくなります。小さな船の場合は大きな船より操船は易しく、運航に要する費用も安くなりますが、大がかりな観測は難しくなります。したがって、観測の目的に応じてどのような船を用いるかを検討する必要があります。国内外の海洋研究・調査を行っている機関が使用している船のほとんどは、数百〜五〇〇〇トン程度(船の長さが五〇〜一〇〇メートル程度)で、タンカーのような何万トンもある大型船は一般には海洋観測には使いません(例外が海洋研究開発機構の所有する地球深部探査船「ちきゅう」(五万六七五二トン、船の長さが二一〇メートル)です)。

観測船の航行速度は、一〇〜一五ノットが一般的です。もちろん速度が大きければ広い範囲を短時間で観測できるのですが、速度が大きくなればなるほど燃費が悪くなります。また、精密な操船を要求されるので、船が横方向にも細かく動けるよう、多くの船ではスラスターと呼ばれるスクリューが舷側《げんそく》（船の横）に付けられています。

観測船が通常の船、例えば貨物船や客船と大きく違うところは、その装備です。まず、一般にさまざまな観測ができるよう、複数のクレーンやウインチ（ロープ類を巻き取ったり繰り出したりする装置）を固定装備として持っています。また、海水の化学分析を行うことができる実験室、観測機器の調整やデータを処理するための部屋、さらにはさまざまな観測データを集めて観測を指揮する総合指揮室といった部屋があります。観測機器や係留系に使用するロープやブイを格納する倉庫も備えています。固定式の観測機器については船によりますが、ＡＤＣＰ（音響式流向流速計等）の音響装置をはじめ、さまざまなものが取り付けられています。

筆者が何度も乗船した海洋研究開発機構の海洋地球研究船「みらい」（本章扉写真）について説明しましょう。「みらい」は総トン数八七〇六トンの大きな観測船ですが、研究者を多数乗せることができることから「研究船」の名が付いています。通常の観測船より大きいことから格納スペースや甲板が広く、後述するトライトンブイのような大型の係留ブイを何基も搭載して広い範囲の海に設置するような航海に適しています。また、水や燃料も多く搭載できるため、港を出てから次の港まで無寄港で四〇日以上の長い航海を行うことができます。「しらせ」のような砕氷船ではないものの、氷がある海でもある程度の観測ができるよう耐氷構造になっており、また氷の分布を観測できる氷海レーダーも備えていることから、氷に閉ざされない限り北極海や南極海でも観測が可能です。

「みらい」特有の装備としては、降水粒子の三次元分布を測定することができるドップラーレーダーや、まるで航空母艦のように機材格納庫と甲板の間で物資の移動を可能とする大型エレベータがあります。航路に沿って地磁気や重力の測定もできます。すなわち「みらい」は、海洋物理・化学・生物、地球物理、気象と多様な観測を一度の航海で行うことができる、まさに洋上の研究室なのです。このような船であることから、一つの航海においては単一の目的で実施されることはなく、さまざまな研究課題を公募して行われています。

ちなみに、「みらい」の前身は原子力船「むつ」です。「みらい」は、「むつ」の船体の後部と原子炉を取り除き、新造された後部と「むつ」の前部とを接合して造られました。

CTD・採水観測

これから主な海洋観測の項目について説明します。まず船舶による観測で最も基本となるのは、CTDを用いた温度・塩分の固定点での観測（船を止めて行う観測）です。CTDには温度センサー、電気伝導度（海水は電気を通しますが、その伝わりやすさを電気伝導度と言います。第三章参照）センサー、および圧力センサーが付いています（オプションで海水中に溶けている酸素などを計測するセンサーが付けられます）。なお、塩分値は温度・電気伝導度・圧力の関数ですので（第三章参照）、これらのセンサーの数値から計算します。これらのセンサーは精密に作られているため、観測の際は機器の扱いやデータの処理には相当気を遣う必要があります。

CTDの観測精度をチェックするためには、センサーの値がどれほど真値からずれているかを知る必要があります。航海前にセンサーが真値を示すように調整しても、航海中に何度も観測を行って深海の高圧下にセンサーをさらしていると、少しずつセンサーが示す値が真値からずれるのです。このため、通常航海の前後でセンサーを検定します。特に塩分値においては、採水した海水をオートサルという高精度で塩分の分析を行える装置を用いて航海中に分析して、センサーの値と比較して補正します。

観測ではCTDを単体で用いることはあまりなく、採水器を付けたフレームにCTDをつけて（図2-5）、ウインチから目的の観測深度まで降ろして行われます。ウインチのケーブルは通常同軸ケーブルになっていて、水中のセンサーの信号は船上局に送られてきて、船上で温度や塩分の値をモニターできます。

図2－5. フレームに取り付けられたCTDとニスキンボトル。（筆者撮影）

採水は分析項目により種類がまちまちですが、ニスキンボトルと呼ばれる採水器を主に使います。ボトルには蓋が上下に付いていて、観測開始前にその上下の蓋を開け、CTDとともに海に投下します。採水したい深度にCTDが来た時に船上から信号を送って、ボトルの上下の蓋を閉めて採水します。深層で採水した場合は海水の化学分析も高精度で行う必要があり、ボトルからビンに水を取る際もビンに気泡が入らないようにするなどの注意が必要です。

CTD観測で用いるウインチは、だいたい毎秒一・〇～一・五メートル程度でケーブルの繰り出し・巻き込みができます。たとえば、観測深度が四〇〇〇メートルで毎秒一メートルの繰り出し・巻き込み速度でウインチを動かした場合、往復で八〇〇〇秒（約二時間一五分）の観測時間がかかり、採水時間も含めると約四時間の観測になります。WOCE観測では太平洋を横断するような長いラインにそって、一〇〇点以上の場所で繰り返しCTD観測を行うので、CTD観測だけでも一〇日間以上の時間を要します。

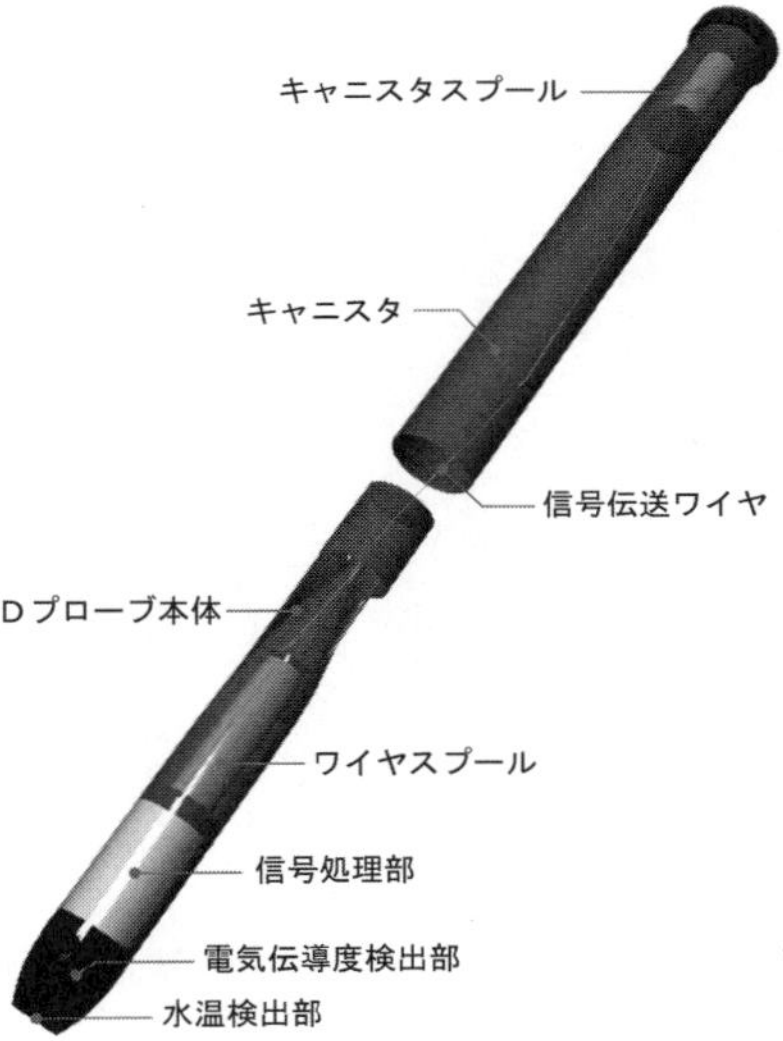

図2−6．投下式 CTD（XCTD）。（提供：株式会社鶴見精機）

CTD観測は精度良く観測できますが、長い観測時間を要し、またオペレーションも容易ではありません。このため深層を観測するのでなければ高い精度を必要としないため、一〇〇〇メートル以浅の浅海の観測を容易にするための観測機器も開発されています。その一つがXCTD（eXpendable CTD：投下式CTD）と呼ばれるものです（図2-6）。

XCTDは、小型の爆弾のような形をしたプローブという物体の先端にセンサーが取り付けられた装置で、観測する際はそのプローブをランチャーに装填し、ピンを抜くことでプローブが海に投下されます。プローブとランチャーはエナメル線で結ばれていて、データはそのエナメル線を伝わって船上に送られてきます。観測終了時はエナメル線が切れて、プローブは深海に捨てられます。CTD観測に比べオペレーションに必要な人員が少なくて済み、ウインチのような重機も使わず、しかも船を止めずに使用することができるという利点があります。しかし、精度がCTDより一桁悪いので、観測目的に応じてCTDと使い分ける必要があります。

なお、XCTDは塩分と温度が測定できますが、温度だけを測定するXBT（eXpendable Bathy Thermograph：投下式温度計）もあります。

航路に沿った連続観測

CTDは船を止めて行う観測です。これに対し、船を止めずに行う航路に沿って連続的にデータを取得する観測もあります。

まず、その一つとしてADCP（Acoustic Doppler Current Profiler：音響式流向流速計）による流速観測が挙げられます。海の中にはプランクトンなどの懸濁物が浮遊しています。船から音波を出すと、その懸濁物によって音波がはねかえりますが、懸濁物が海の流れによって流されるとドップラー効果により、はね返ってくる音が船から発した時と違う音(周波数)になって戻ってきます(救急車が近づいてくる時は高いサイレン音が、遠ざかる時は低いサイレン音がします。ドップラー効果とは、その音が変わる効果を言います)。この音の変化を調べることで、懸濁物の流れる向きと速度がわかるのです。通常の観測船の船底にはこのADCPが付いていて、浅いもので三〇〇メートル、深いもので一〇〇〇メートルの深さまでの流れが航路に沿って観測できます。

二つめは表層海水の分析装置です。「みらい」に取り付けられているものは、船底に取り付けられている取水口から表層海水を採取し、自動でその海水の温度・塩分・溶けている酸素の分析を行うものです。航路に沿った表層海水の物理・化学量が自動的にわかるので、大変便利です。

三つめは、地球物理観測を行う装置です。海底のでこぼこを音響で測深するマルチナロービーム、航路に沿って地磁気、重力をそれぞれ測定する船上磁力計、重力計があります。マルチナロービームは船底から複数の音のビームを扇形に海底に向けて発し、反射して戻ってくる時間から海底の深さを測深するもので、海底のかなり詳細な様子が調べられます。磁力計・重力計は地磁気・重力異常を測定することで、海底下にある物質を調べることができます。磁力計については、船が鉄で出来ていることによる影響を避けて高精度で測定するために、約五〇〇メートル船尾から離して曳航《えいこう》して測定するタイプもあります。

気象観測装置についても連続観測できるものもあり、「みらい」にはそれが取り付けられています。気温・湿度・風向／風速・降水量・気圧といった項目を連続観測できます。

係留観測

長期にわたる気候の変化を調べるためには、固定した点で連続したデータを取ることが必要です。陸上の場合、観測装置を固定して観測することは難しくありませんが、海上ではそうはいきません。海中、海面に観測装置を固定するには海底からロープを立ち上げて、ロープやブイに観測装置を取り付けるという方式が用いられます。この方式による観測を係留観測と言います。

係留観測には、最上部が水面下にあるものと海面にブイを係留するものがあります。どちらでも、海底に機器やロープを固定すること、観測が終了すれば回収すること、の二点を考えなければなりません。海底に係留系を固定するためには、何トンもの重り（シンカー）を用います。回収するためには、シンカーから観測機器やロープを切り離して、係留系を海面に浮上させなければなりませんが、そのために切り離し装置を用います。また、海面に浮上させるためには、水より密度が小さいフロートや中空ガラスの玉のように浮力があるものを係留系に取り付けます。

切り離し装置ですが、船上から決まった超音波信号を送るとフックが外れて切れるものがよく用いられています。電池は寿命が長いリチウム電池が使われ、二年以上の係留に耐えるものがあります。また、万が一切り離し装置が故障すると係留系の回収ができなくなるため、安全策として二つの切り離し装置をつなげて使うことがあります。

最上部が水面下にある係留系には、ブイを係留系の最上部に取り付けて、浮力により海底から係留系が直立するようにします（図2-7）。このタイプの観測には、ADCP等の流速計やCTDにより、海の中の流速や温度、塩分を計測するものがあります。漁網に引っかけられないようにするため、最上部のブイを海面下二〇〇メートルより下につけることが一般的です。ただし、いったん係留系を設置すると船上から見えないため、音響でその位置を確認できるようトランスポンダという音波を出す機器を係留系の途中に付けることがよく行われます。使用するロープについては、海中で係留系が流されて傾くこと、張力で伸びること、魚にロープを噛まれて傷つく可能性があることなどを考慮します。

一方、海面にブイを係留するタイプは大がかりな係留系となります。大がかりになる二つの主な理由は、海上の気象観測も行えるようにする

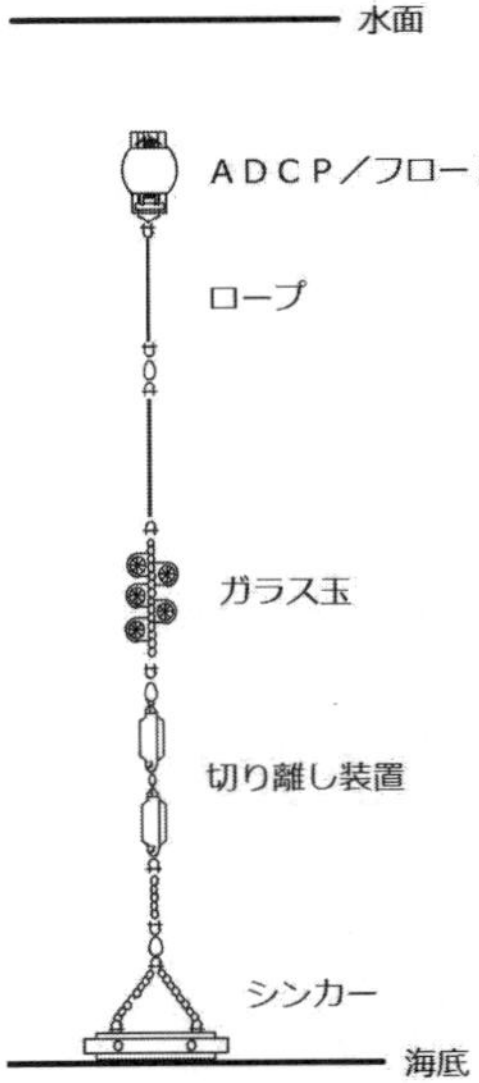

図2－7. 最上部が水面下にある係留系の例。（提供：JAMSTEC）

ため、海面のブイに気象観測装置を付けることが多いことと、ブイの浮力を大きくしなければならないため（強い流れに流された時にブイが海面下に沈まないようにするため）大型のブイを用いる必要があることです。例として、海洋研究開発機構が赤道海域に展開しているトライトンブイ（図2-8）について記します。

TOGAプロジェクトの結果、米国の太平洋海洋環境研究所がエルニーニョ現象の監視を目的として、太平洋の熱帯域にタオブイというブイのネットワークを構築しました。しかし、西太平洋は米国から遠いため、一九九八年から米国に代わって日本の海洋科学技術センターがトライトンブイを開発して、東経一五六度以西にブイの展開を始め、図2-9のブイのネットワークが太平洋赤道域に作られました（現在は予算削減のためブイの数が減っています）。

トライトンブイは直径二・四メートル、高さ五・一メートル、重量二・四トンもある大きなブイで、海面より上には温度計や気圧計などの気象センサーが付けられています。海面下にはブイ直下から深さ七五〇メートルまで、温度・電気伝導度計（圧力計がついているものもあります）が付けられていて、海中の温度・塩分の変化を観測します。取得されたデータは人工衛星経由で陸上に送られています。つまり、日本にいながらにして、はるか離れた太平洋の赤道周辺の大気・海洋の変化を時々刻々モニタリングできるのです。

海面ブイの係留で難しいのは、悪天候などの自然現象だけでなく、人間による盗難・破壊（こ

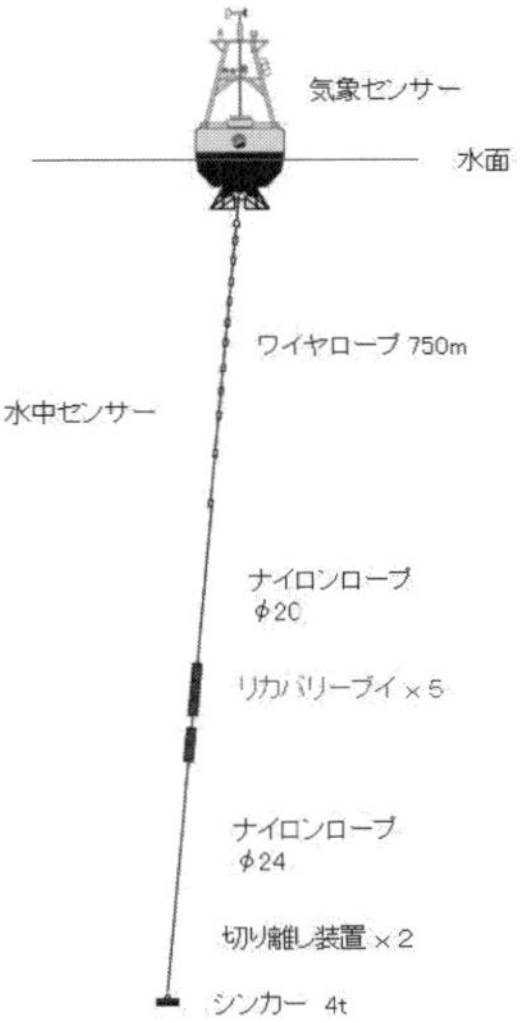

図2－8. トライトンブイの構成図。
（提供：JAMSTEC）

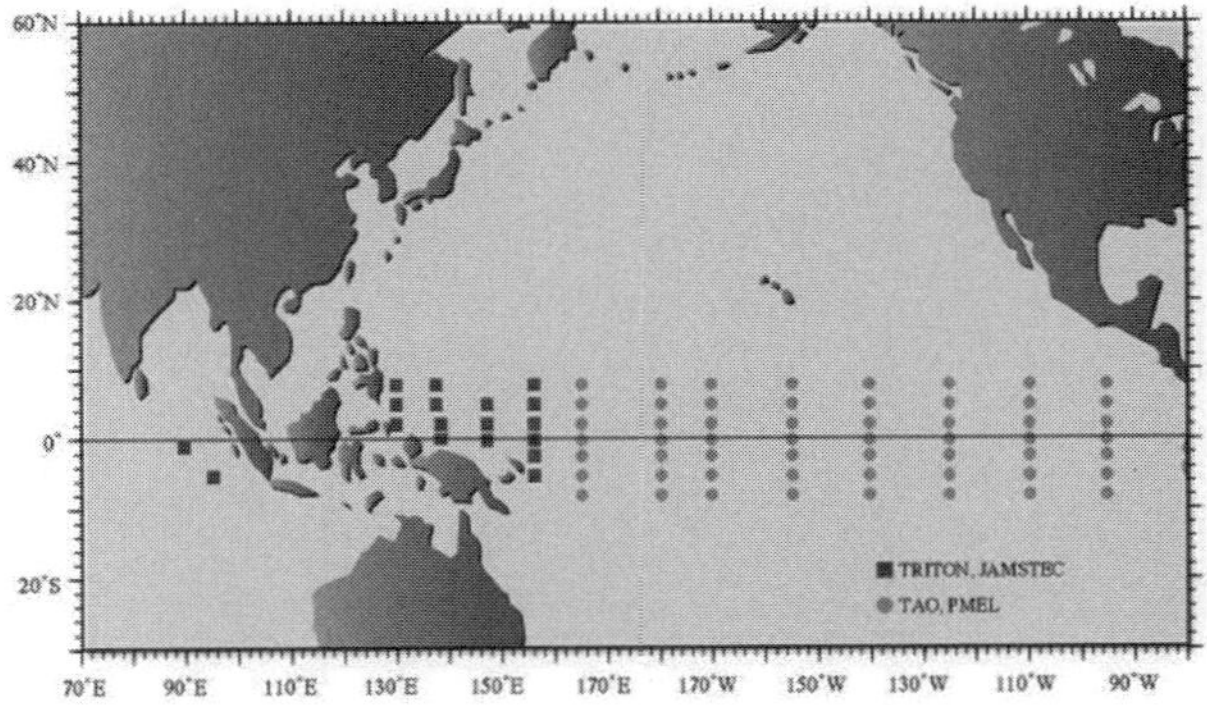

図2－9. 熱帯太平洋におけるブイネットワーク。四角がトライトンブイの位置で、丸は米国のタオブイというブイの位置を表す。（提供：JAMSTEC）。

れをバンダリズムと言います）に対しても対策を練る必要がある点です。ブイの近くには魚が集まりやすく、漁師がブイに漁船をぶつけたり、センサーを盗むこともあるのです。また、ブイを船が牽引することで、ブイの下のロープが切れて漂流するというトラブルも起こります。トライトンブイについてはこういったトラブルの対策がいくつも盛り込まれています。たとえば、ブイの表面のボルト・ナットが通常の六角形ではなく、五角形になっていて、通常の工具では取り外せないようになっています。また、水中にリカバリーブイという浮力が大きなフロートが取り付けられていますが、これはブイの下のロープが切れても、その大きな浮力により切れた場所から下の水中センサーを回収するためのものです。

トライトンブイのロープの材質はナイロンです。ナイロンロープは張力がかかると約一〇パーセント伸びるのですが、設置する場所の水深よりロープの長さを少し短めにすることでロープが張力で伸びて張ります。このようなロープが張っている係留方式を緊張係留と言います。

緊張係留方式は、流れが強いところでの観測に弱いという欠点があります（切れて流れたり、シンカーを引きずったりする）。このため、流れが強いインド洋では、水深より長いロープを用いてロープをたるませるという方式のブイを用いています。この方式をスラック係留と言います。

漂流物による観測

係留系による観測は固定した点における観測ですが、移動しながら観測する方法もあります。前者はオイラー的手法、後者はラグランジュ的手法と呼ばれています。流体に乗って移動しながら観測する手法では、その流体が移動中にどのように変化するかを調べることができます。

ラグランジュ的手法の一つとして古くから行われているのは、ビンに手紙を入れて流す方法です。しかし、これでは投入場所と時間、および回収場所と時間しか得られず、途中の状況がわかりません。もし移動する物体の位置をモニタリングできれば、その物体がどこを通るか、また移動距離を移動時間で割ることで、漂流物を流す海水の移動速度がわかります。そこで、漂流ブイ（図2-10）を船から投

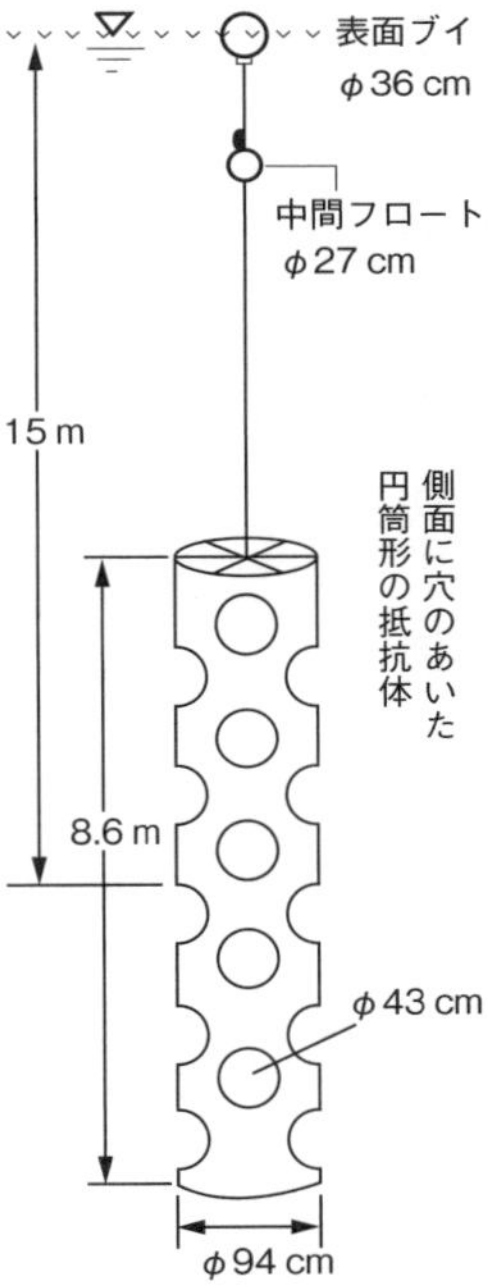

図2－10. 漂流ブイの構造。（道田豊他『海のなんでも小事典』[26]より）

下して世界中の海洋の表面の流れを観測することが行われています。漂流ブイには海面に浮く浮体に人工衛星に電波を送る発信器が取り付けられており、浮体の下にはドローグという吹き流しが付いていて、その吹き流しの深さの流れによって移動する仕組みです。このブイをたくさん流すことにより、海面付近の流れの地図を作ることができるのです。

ただし、漂流ブイで観測できるのは海面付近の流れだけです。海面下の流れをラグランジュ的手法で観測するには、海中を漂うブイを作らなければなりませんが、海の中は電波が伝わらないため、その所在を陸に伝えることはできません。その解決策としては、(1)海中に音源を複数設置し、音波により音源とブイの間で情報をやりとりする、(2)定期的に海面に浮上させて、情報を人工衛星経由で陸に送る、の二つが考えられます。両方のタイプが一九九〇年代に開発され、前者はソーファーフロート・レイフォスフロート、後者はアラスフロートと名付けられて、海面下の流れの観測に用いられました。

アラスフロートの発展型が、前述のアルゴ計画で用いられているアルゴフロートです。アラスフロートは浮上位置を陸に伝えるだけなので、浮上した場所ごとの海中におけるブイの平均の移動速度とその位置がわかるだけですが、アルゴフロートは浮上する際、途中の温度・塩分のデータを取得して陸に伝えるというものです。通常フロートは深さ一〇〇〇メートルを漂流するのですが、浮上する際はいったん深さ二〇〇〇メートルまで潜って、そこから浮上しながら観測し、そのデータを陸上に人工衛星経由で送ります。こうした観測を、一〇日おきに電池が切れるまで（約四年間）繰り返します。

　アルゴフロートは自動で浮き沈みをしますが、その浮き沈みはフロートの底部にある油室と中の油圧ポンプによって行われます（図２－11）。沈む際は油室からポンプにより油を吸い上げることで油室の体積、すなわちフロートの体積を小さくします。このとき、フロートの重量は変わらないので、体積が小さくなることによりフロートの密度が大きくなるため、浮力がなくなって沈みます。浮上する場合はその逆のプロセスとなります。

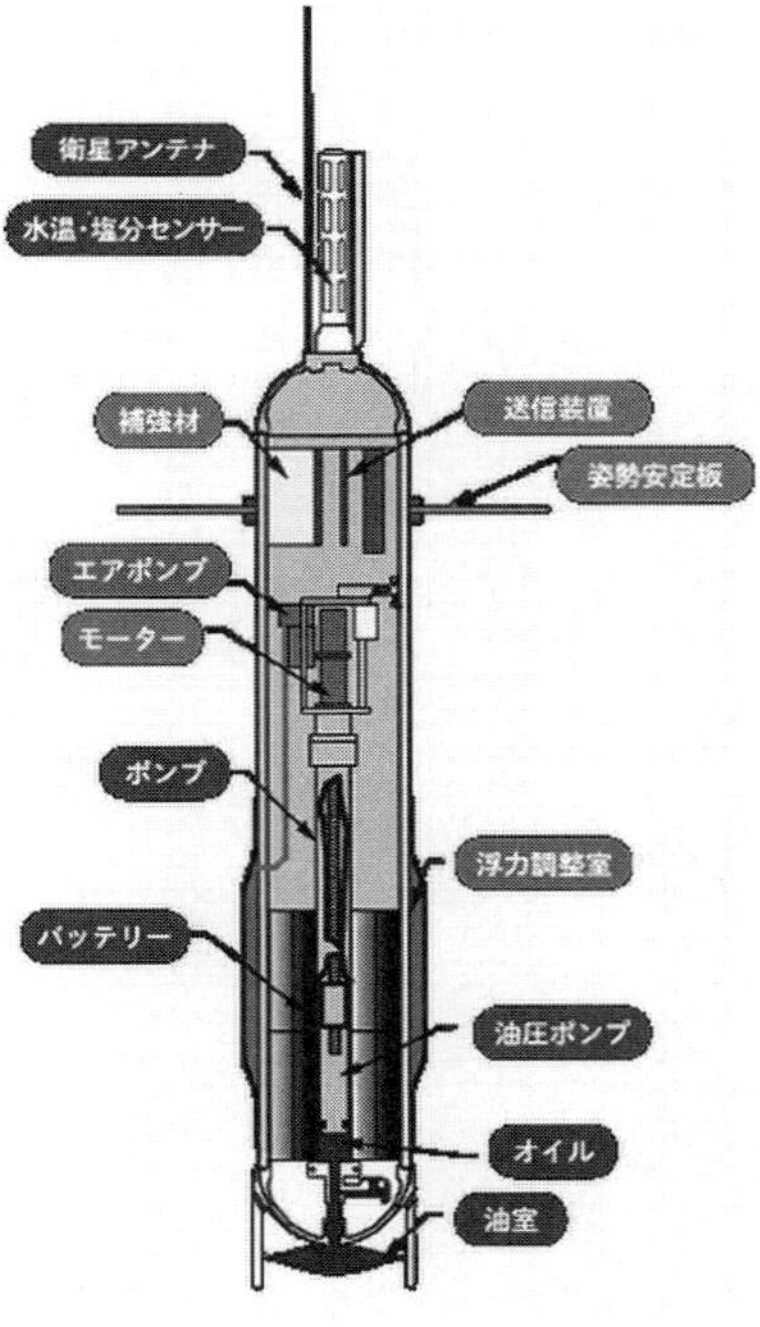

図２－11. アルゴフロートの構造。（提供：JAMSTEC）

人工衛星による観測

本章の最後に、人工衛星による海洋観測を見てみましょう。人工衛星は静止衛星を除けば、多くのものは五〇〇〜一〇〇〇キロメートルの上空を飛び、地球全体を数日〜一〇日程度の時間で観測します。もし、船で同じような観測を行うとなると、想像できないくらいの時間がかかります。それだけに人工衛星は海洋観測においては非常に強力な観測手段です。

ただ、人工衛星による観測の最大の欠点は、海洋の表面しか観測できないことです。というのは、人工衛星は海洋の観測に電磁波を使うのですが、電磁波は海の中を伝わらないからです（海は音波を通しやすいですが、地上何百キロメートルの人工衛星から海中まで音波を届かせることは不可能なため、音波は使えません）。それでも海面の情報が得られれば、海洋研究にとって非常に役に立ちます。海洋学の世界においても、衛星海洋学という分野があるほどで、人工衛星を使った海洋研究は活発に行われています。

人工衛星で海洋観測に使われているセンサーは、パッシブセンサーとアクティブセンサーに分けられます。前者は海が発する電磁波を測定するもので、後者は海に向かって衛星から電磁波を放射し、その反射波を測定するものです。また測定する電磁波にもいろいろあり、人工衛星に搭載されているセンサーで測定している電磁波としては大まかに可視光線、赤外線、マイクロ波に分けられます。可視光線はその名の通り目で見える光線で、波長が〇・四〜〇・七マイクロメートル（一マイクロメートル＝一〇〇〇分の一ミリメートル）のものです。赤外線はこたつなどに使われているもので、波長は可視光線の長い方（〇・七マイクロメートル）から一ミリメートルの間です。人工衛星でよく使われている赤外線は、大気中の水蒸気などに吸収されにくいため「大気の窓」と呼ばれる波長域に属する、一〇〜一二マイクロメートルのものです。マイクロ波は電子レンジなどに使われており、波長が一ミリメートル〜一メートルの範囲の電磁波です。マイクロ波は雲があっても観測できるという利点があります。これらの電磁波の波長やパッシブ・アクティブのタイプのセンサーを目的に応じて使い分けます。

たとえば、トペックス・ポセイドン計画という全球の海面高度を観測するプロジェクトがあります。水平線という言葉があるように、海は細かな波を除けば平らのように思えますが、実は平らではなく渦や海流があるとでこぼこします。つまり、そのでこぼこ（海面高度）を測定することで、海の流れを推定することができます。そのために、このトペックス・ポセイドン計画で運用されている人工衛星には、マイクロ波によるアクティブセンサー（マイクロ波放射計）が搭載され、海面にマイクロ波を放射して返ってくる時間から海面高度を測定します。

他に人工衛星により測定できる観測項目としては、海面水温、海面塩分、海上の風向・風速、波高、海氷密接度（単位面積あたりの氷の多さ）、降雨などがあります。これらのうち、海面塩分の測定技術はごく最近になって開発され、精度はまだ良くないものの、それによる観測結果が海洋学の世界でホットな話題となっています。

こういった海洋観測を行える衛星は主に米国が中心となって打ち上げていますが、我が国でも宇宙航空研究開発機構（ＪＡＸＡ）がいくつも地球観測衛星の打ち上げを行っており、宇宙からの海洋観測に貢献しています。

注１：精度について

精度については、正確さと精密さの二つの尺度があります。正確さとは観測値が真値とどれくらいずれているか、精密さとは繰り返し測定した場合どれくらい値がばらつくかというものです。片方が良くてももう片方が悪ければ精度が良いとは言えません。

注２：船の速度と距離について

船（航空機）の速度の単位にはノットが、距離の単位には海里が使われます（船で用いる距離にはマイルも使われますが、それは米国などで使われているマイルではなく、ノーティカルマイルというもので海里と一致します）。一海里は緯度差が角度の一分（＝六〇分の一度）と定義された距離です。すなわち、地球は一周約四万キロメートルなので、一海里＝四万（キロメートル）÷三六〇（度）÷六〇（分）＝一八五二メートルとなります。一ノットは時速一海里です。なぜこれらの単位を使うかというと、丸い地球においては位置を緯度・経度、すなわち角度で表現することから、メートルを使うより便利なためです。たとえば、北緯三〇度から真南に赤道まで一〇ノットで航行する場合は、三〇（度）×六〇（分）÷一〇（ノット）＝一八〇時間（＝七日半）と簡単に計算できるのです。

第三章

海水の性質

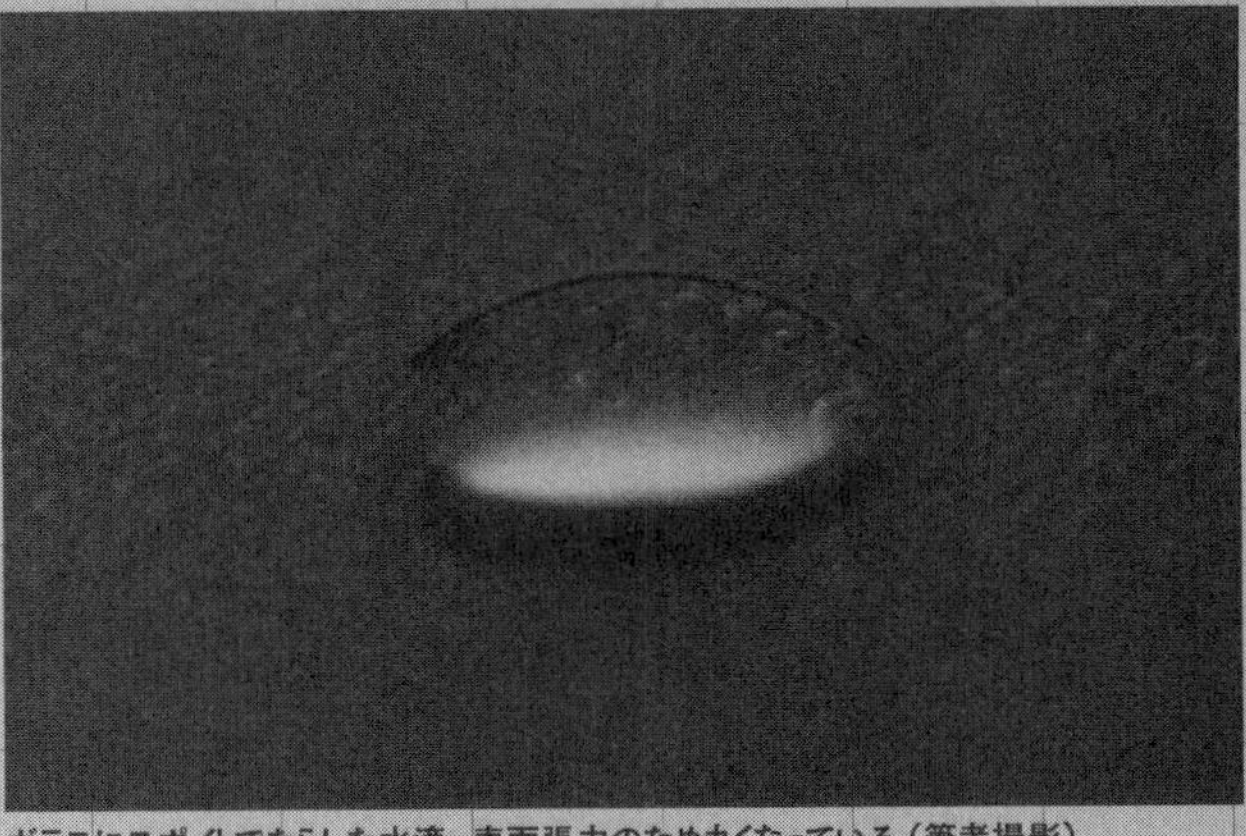

ガラスにスポイトでたらした水滴。表面張力のため丸くなっている（筆者撮影）

皆さんは海水と聞いて、何を思い浮かべるでしょうか？　たいていの人は「塩辛い」ということが頭に浮かぶと思います。もちろん、それも海水の重要な性質ですが、それ以外にもいろいろ面白い性質を持っています。海を学ぶにあたっては、まず海水の性質を理解する必要があります。この章では海水（水）の性質、およびその効果等について見ていきましょう。

水分子の構造

海水の性質を理解するためには、主要な成分である「水」のことを知る必要があります。水は他の物質にない面白い性質をいくつか持っています。まずその元となる水分子の構造について見ていきましょう。

水の化学式はH_2Oで表されるとおり、水分子は一つの酸素原子と二つの水素原子からできています（図3-1）。酸素原子は八つの陽子と電子を、水素原子は一つの陽子と電子を持っています。酸素原子と水素原子はそれぞれ電子を一つずつ出し合って、それぞれの電子軌道上に二個、八個の電子が入って安定な状態を作って結びつきます。このように複数の原子が電子を共有し合って

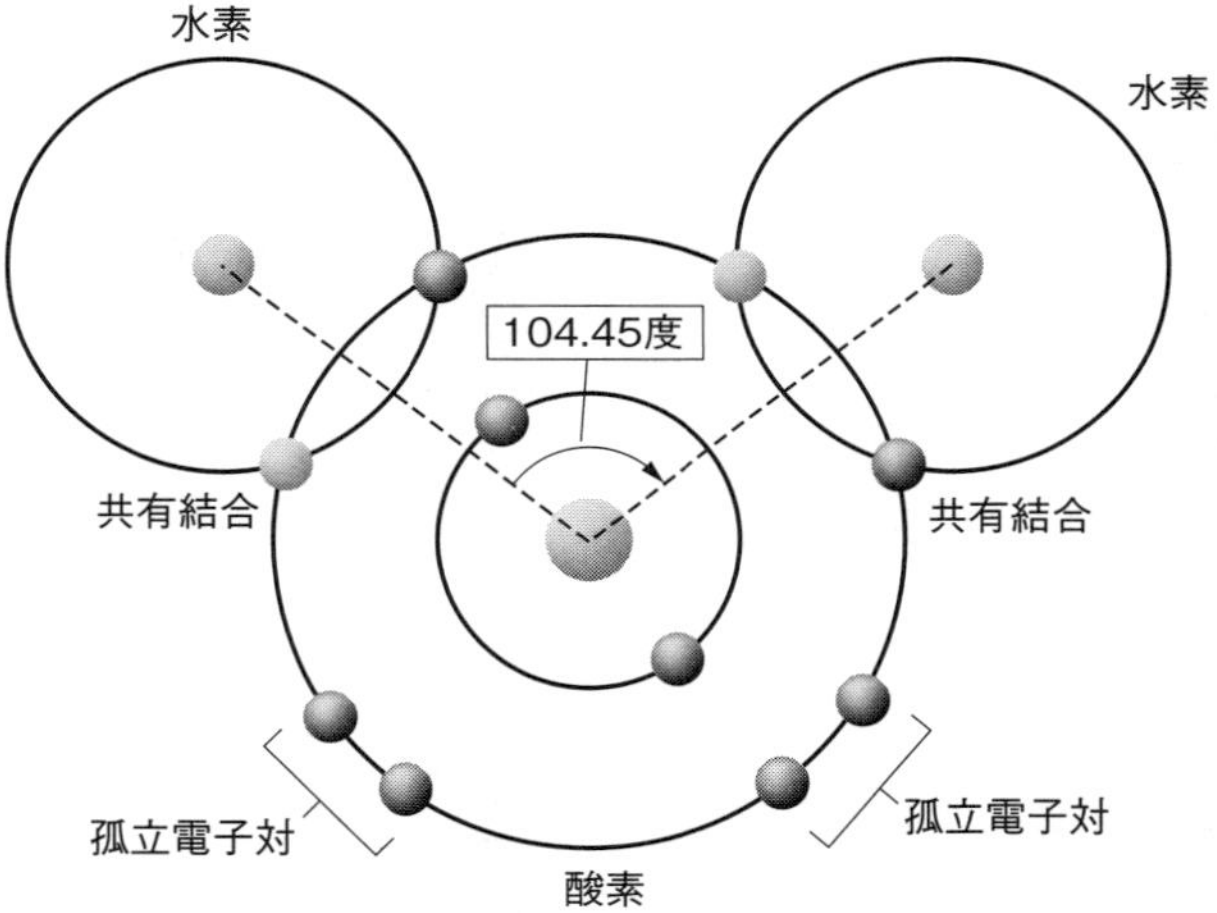

図3－1. 水分子の構造。

結びつくことを共有結合と言います。水素原子の電子は共有結合側に引き寄せられるため酸素原子側に片寄ります。一方、酸素原子の方では、余った四つの電子が二つの孤立電子対を作ります。このため水素原子は正に、酸素原子は負に電気を帯びるのです。

酸素原子と二つの水素原子のなす角度は一八〇度ではなく（一直線に並ぶのではなく）、一〇四・四五度の角度となっています。この折れ曲がった構造のため、水分子全体は電気的に正負の極性を持ちます。折れ曲がった頂点に存在する酸素原子側が負に、水素原子側が正の極性となるのです。

正に帯電した水素原子をはさんで、負に帯電した他の二つの分子が結びつくことを水素結合と言います。水分子同士は、正に帯電した水分子の水素原子と、負に帯電した水分子の酸素原子が水素結合によって結びつきます。一つの水分子は、二つの水素原子がそれぞれ酸素原子を、酸素原子は二つの水素原子を引きつけます。つまり、一つの水分子は四つの他の水分子と水素結合によって結びつきます。その結果、正四面体の四つの頂点と中央にそれぞれ水分子が配置される構造となります（図3-2）。この水素結合のため、後述する水のさまざまな性質が生まれるのです。

いろいろなものを溶かす

まず、水の特徴として重要なのは、いろいろなものを溶かすということです。海水は塩辛いですが、その塩辛い元となる成分は塩化ナトリウム（NaCl）で、海水中では塩化物イオンとナトリウムイオンとして溶けています。ところが、海水を蒸発させた天然塩をなめれば塩辛さ以外の味がすることに気がつくように、海水にはいろいろなものが溶けています（表3-1）。表3-1には出ていませんが、金や銀などの貴金属やレアメタルも微量ながら溶けています。もし、これらの貴金属を海水から安く取り出せる技術が開発されれば大もうけできますが、現在のところ採算を取りながらそれらを取り出せる技術はありません。

では、なぜ水はこれだけのものを溶かすことができるのでしょうか？　その理由は水分子の構

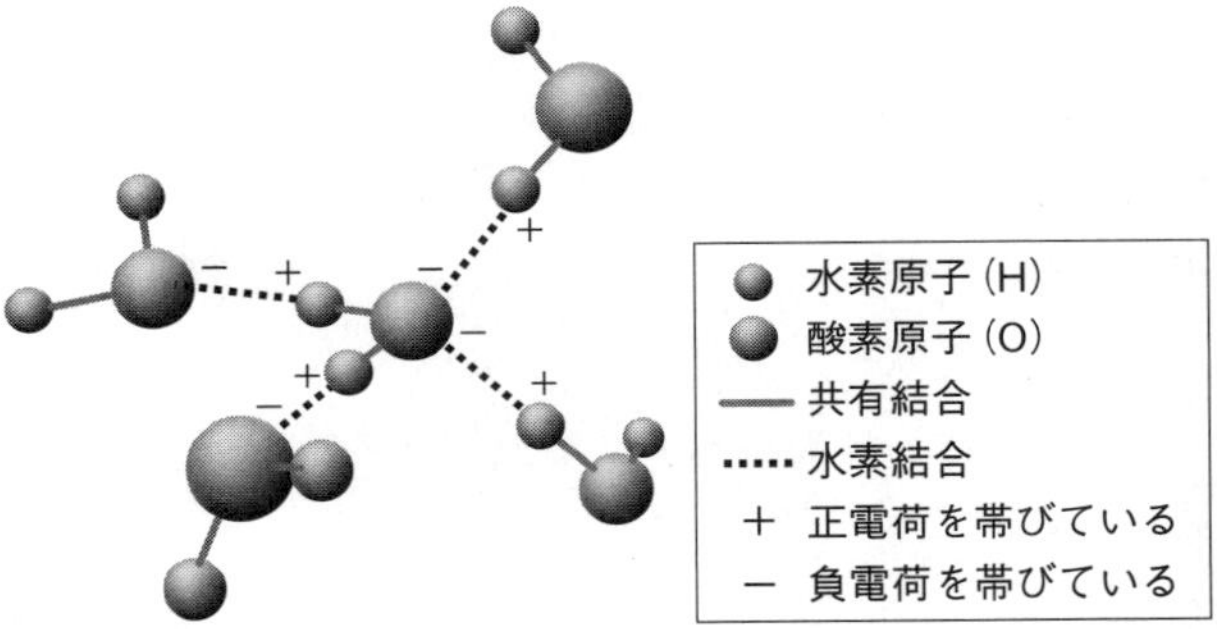

図3−2. 水分子間の水素結合。

溶けているイオン	濃度(パーセント)
塩素 (Cl^-)	1.8980
ナトリウム (Na^+)	1.0556
硫酸 ($SO_4{}^{2-}$)	0.2649
マグネシウム (Mg^{2+})	0.1272
カルシウム (Ca^{2+})	0.0400
カリウム (K^+)	0.0380
重炭酸 ($HCO_3{}^-$)	0.0140
臭素 (Br^-)	0.0065
ホウ酸 (H_3BO_3)	0.0026
ストロンチウム (Sr^{2+})	0.0013
フッ素 (F^-)	0.0001
合計	3.4482

表3−1. 海水に溶けている主な物質。(ポール・R・ピネ『海洋学(原著第4版)』[25]より)

造にあります。水分子は酸素原子側で負に、二つの水素原子側で正に帯電していて、電気的には正負の極をもった構造になっています。このため、たとえば塩化ナトリウムはナトリウムイオン（Na^+）と塩化物イオン（Cl^-）に分かれて、それぞれ酸素、水素側に引き合うことで水に溶けるのです。

海水中には海水一キログラムあたり平均で約三・四七パーセント、すなわち約三四・七グラムの塩分が溶けています。この三四・七グラムという数字は場所によって変わります。たとえば雨がたくさん降る場所や河口付近では、雨や河川水に伴う淡水のため、塩分は低くなります。一方、海面で蒸発が盛んなところは塩分が高くなります。ところが、面白いことにその組成の比はどこの海に行ってもほとんど一定です。表3-1に示されている値は塩分の増減によって変わりますが、たとえば塩化物イオンに対するナトリウムイオンの比は、どこの海にいってもほとんど同じなのです。この海水の塩分の組成の比が一定であるという発見は、第二章で述べたチャレンジャー号による観測の大きな成果の一つとなっています。

氷が水に浮く

水のその奇妙な分子構造は他にも水の重要な性質を決めています。その性質の一つとして、氷が水に浮くというものがあります。すなわち、単位体積あたりの質量（密度と言います）は、氷（固体）の方が水（液体）よりも小さく（軽く）なります。世の中に存在するほとんどの物質は、固体の方が液体より密度が大きいことを考えると、水は特殊な物質と言えます。これは分子レベルで見た時、氷の方が水よりすきまが多いためです。水分子は正四面体の中央と四隅に分子が配置されるという構造をしていますが、氷になった場合その結晶構造においては六角形に分子が配置されます（図3-3）。図に示されるとおり、氷の六角形の分子の配置はすきまが多いです。ところが液体に戻るとこのすきまが小さくなるため、液体の水の方が固体の氷より密度が大きくなります。

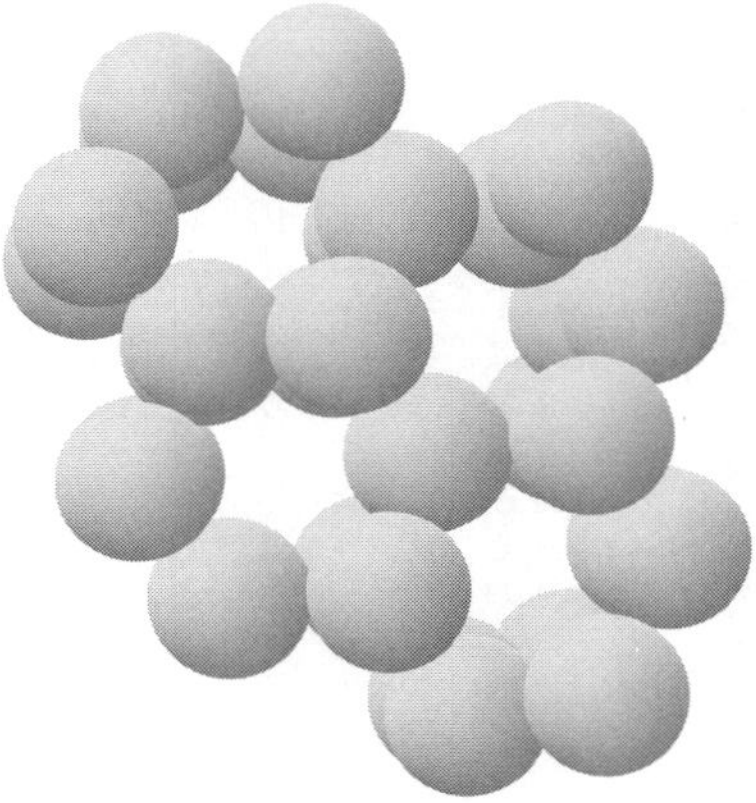

図3−3．氷の結晶構造。

氷が水に浮くという性質は、地球の気候において大きな意味を持っています。なぜならば、海氷は大気と海の間の運動量や熱のやりとりを妨げる役割を持っているからです。たとえば、海氷ができる海では、海氷がない状態では一般に海の方が大気より温かく、熱が海から大気に逃げていきます。このため、氷が張っていない海では気温はあまり下がりませんが、氷が張ると氷が蓋の役割をして熱が逃げるのを妨げるため、気温が一気に下がります。

また、海氷は海に比べ光をよく反射します。その反射率をアルベドと言い、海のアルベドは一〇パーセント以下で太陽光をよく吸収しますが、海氷では四〇〜六〇パーセントにもなります。さらに氷の上に雪が積もると、アルベドは六〇〜九〇パーセントにもなり太陽光線の大半が反射されてしまいます。つまり、海氷は海にとって熱の放出や吸収を妨げる蓋の役割をしているのですが、元をただせばその役割は氷が海に浮かぶという水の不思議な性質から来ているのです。もし氷が水に浮かばないとその役割が変わるため、極域の気候、さらには我々の住む中緯度の気候も大きく変わることになります。

常温で液体である

我々が住む地球の平均気温においては、水は液体となって存在しています。実はこれは大変重要な意味を持っています。というのは、液体は固体と違って簡単に移動できるからです。このため海は、気体である大気とともに熱や物質を運ぶことができます。地球は太陽から熱帯で大量に熱を受けていますが、その熱は大気と海洋により極方向に運ばれています。もし水が常温で固体ならば、海が熱を熱帯から極に運べないため、今以上に極と熱帯の温度差が大きくなり、地球の気候が今とは相当違ったものになっていたはずです。また、液体としての海が存在しなければ、地球上の生命も存在しないか、存在したとしても今とは全く違った生態系になっていたでしょう。

その水の凝固点と沸点ですが、一気圧の下では〇℃と一〇〇℃です。この数値は想定される数値より異常に高い値なのです。化学で使われるメンデレーエフの周期表は性質が似た元素を縦の同じ列に並べたものですが、その中で酸素は左から一六番目の列（16族）に位置していて、同列の元素としてイオウ（S）、セレン（Se）、テルル（Te）があります。これらの水素化合物の沸点・融点は（図3-4）、水を除けば分子量が小さいものほど沸点・融点は低いのです。もし、水がイオウ、セレン、テルルの水素化合物と同じ線上で沸騰・融解するならば、水の沸点はマイナス八〇℃、融点はマイナス一一〇℃となります。その場合、常温では水は気体となり、海は地球には存在しないでしょう。この水の高い沸点・融点も先に述べた水素結合のためです。水素結合という性質のおかげで、地球に海が存在し、そして今の生命が生まれたとも言えるでしょう。

大きな比熱

単位質量あたり一℃の温度を上げるのに必要な熱量を比熱と言います。この数値が大きければ

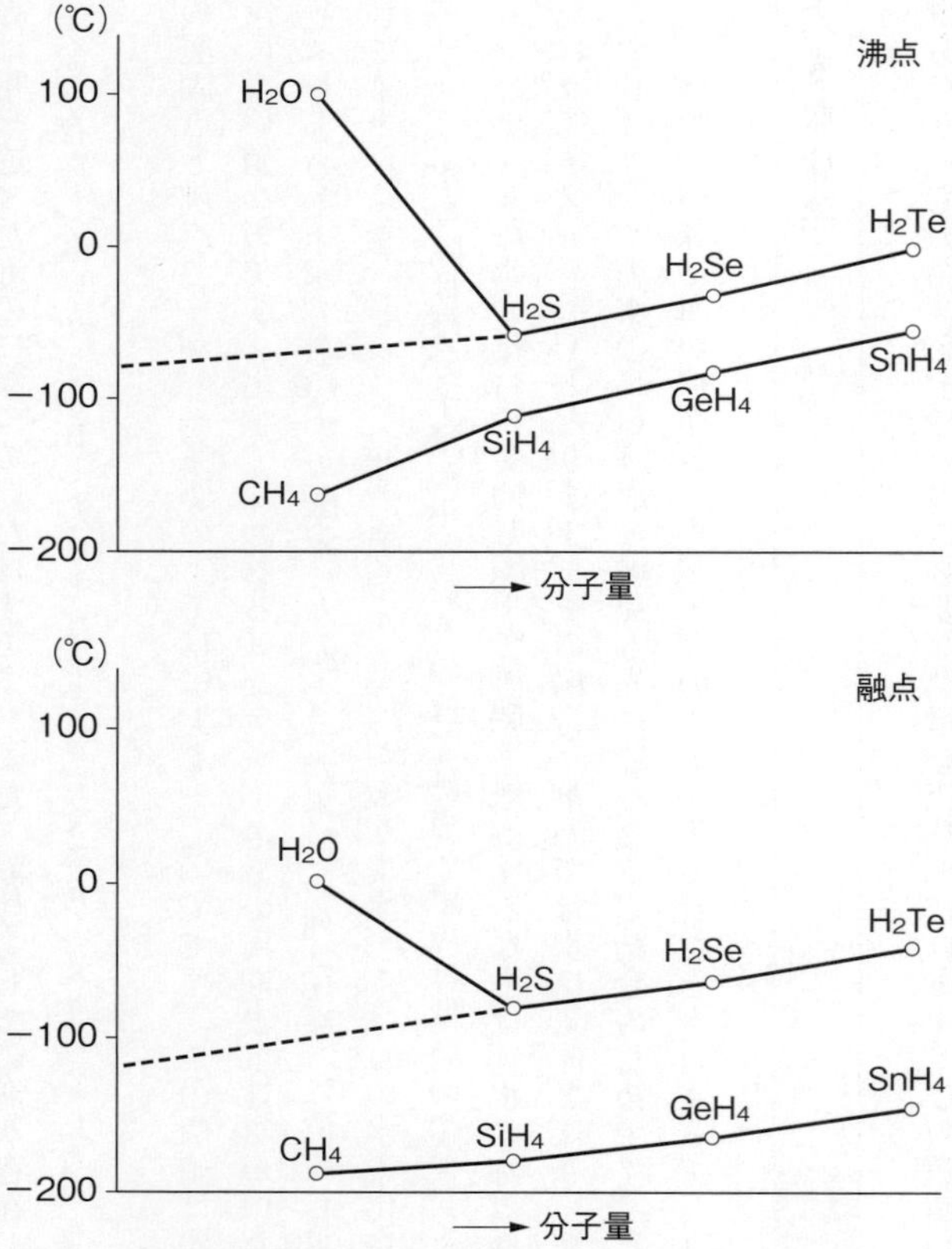

図3−4. 水素化合物の沸点と融点。(上平恒『水とはなにか』[5] より)

大きいほど、温度を上げるのに多くの熱が必要です。水の場合は、一グラムあたり一℃温度を上げるのに必要な熱は四・二ジュール（＝一カロリー）ですが、この四・二ジュール毎グラム毎度（J／（g・K））という数字は他の物質に比べかなり大きな数字です。たとえば、液体ではアンモニアを除けば二J／（g・K）程度、金属では〇・四〜一・〇J／（g・K）です（表3-2）。実際、鍋を火にかけると何も入れない場合すぐに鍋は熱くなりますが、水を入れるとなかなか熱くならないことからも、水の比熱の大きさがわかります。

水の比熱が大きいことは、海洋を温めるのに大きな熱を必要とし、またいったん温まればなかなか冷めないことを意味します。一方、土（陸地）の比熱は一・一（砂）〜一・八（粘土）J／（g・K）と水の半分以下です。この比熱の差は地球上にさまざまな現象を生み出します。身近なものとしては、海陸風が挙げられます。海陸風とは昼は海から陸へ、夜は陸から海に吹く風ですが、そのメカニズムは次のとおりです。

陸と海が昼間に同じように熱せられた場合、比熱の違いで陸地の方が海より温度が上がります。すると、陸地側の地表面の空気が海上の空気より温められます。温められた空気は冷たい空気より軽い（密度が小さい）ため陸地側で上昇し、そこでは気圧が低くなります。すなわち、海では高気圧、陸では低気圧になります。海陸風では風は圧力の高い方から低い方に吹くので、結果として昼間は海から陸に吹くのです。夜はこの逆となります。

物質名	成分	比熱〔J/(g·K)〕
アンモニア(液体)	NH_3	4.81
水	H_2O	4.18
エタノール	C_2H_5OH	2.45
アセトン	CH_3COCH_3	2.22
ガソリン		2.09
粘土		1.80
砂(含水率 7.9%)		1.10
空気		1.01
アルミニウム	Al	0.91
二酸化炭素	CO_2	0.85
石英ガラス		0.74
鉄	Fe	0.44
銅	Cu	0.39
銀	Ag	0.24
水銀	Hg	0.14

表3－2． 主な物質の成分と比熱。（日本機械学会編『伝熱工学資料（改訂第4版）』[22] より作成）

もっとスケールの大きな現象が季節風です。たとえば冬にユーラシア大陸から日本に吹く季節風は、大陸が太平洋に比べ比熱が小さいため、冬には海より大陸側が冷えるため吹きます。このような季節風はインドやオーストラリアなど世界中に見られ、それぞれの場所で気候に大きな影響を与えています。つまり、水の比熱が陸に比べ大きいことが世界各地の気候にとって重要な意味を持っているのです。

水の比熱は空気の比熱（一・〇J／(g・K)）に比べて約四倍あります。海水は空気に比べ密度が大きく、地球全体でその質量は大気の約二五〇倍もあることを考慮すると、海洋全体の熱容量は大気全体のそれの一〇〇〇倍にもなります。このことは海の温度のちょっとした変化が大気の温度を大きく変化させうることを意味します。

ちなみに、海水の比熱は溶けている塩分のため純水に比べ少し小さくなり、約四・〇J／(g・K）です。

大きな潜熱

物質は固体から液体に融解するとき、および液体から気体に蒸発するときに熱を周りから奪います。この融解・蒸発に必要な融解熱・蒸発熱をあわせて潜熱と言います。水は潜熱も他の物質より大変大きいのです（表3-3、表3-4）。これも水分子同士を結びつけている水素結合のためで、水素結合で結びついた分子を切り離すのにこれだけのエネルギーが必要なのです。多くの熱が氷（水）から水（水蒸気）になるのに必要ということは、逆に言うと水（水蒸気）から氷（水）となる場合にも、強い冷却が必要ということを意味します。

この大きな潜熱の効果の日常的な例として、よく知られているのが打ち水です。夏の暑い時に路に水をまくと一時的に涼しくなりますが、それはまいた水が蒸発する際に周りから大きな蒸発熱を奪うためです。同様な潜熱による冷却方式は、エアコンや冷蔵庫にも使われています。

水の大きな潜熱は、海と大気の間の熱のやりとりに重要な役割を持っています。特に、熱帯の

物質名	組成	融点 (℃)	融解熱 (kJ/kg)
アルミニウム	Al	660	397
水 (氷)	H_2O	0	334
アンモニア	NH_3	−77	332
メタノール	CH_3OH	98	98.9
鉄	Fe	1,535	270
銅	Cu	1,085	209
銀	Ag	962	105
窒素	N_2	−210	25.7
酸素	O_2	−219	13.9
水銀	Hg	−39	11.6

表3−3. 主な物質の組成、融点と融解熱。(国立天文台編『理科年表（2015年版）』[11] より作成)

物質名	組成	沸点 (℃)	蒸発熱 (kJ/kg)
水	H_2O	100	2,250
アンモニア	NH_3	−34	1,374
メタノール	CH_3OH	65	1,102
アセトン	C_3H_6O	57	499
塩化水素	HCl	−85	444
酢酸	CH_3COOH	118	406
硫黄	S	445	299
水銀	Hg	357	290
酸素	O_2	−183	213
窒素	N_2	−196	199

表3−4. 主な物質の組成、沸点と蒸発熱。(国立天文台編『理科年表（2015年版）』[11] より作成)

海で発生する台風のエネルギー源は、この潜熱によるものです。熱帯の温かい海から大気に水が水蒸気となって蒸発する際に海水から奪った潜熱は、水蒸気が凝結して雲になる時に大気に放出され、台風を発達させるのです。逆に、台風が海面の温度が低い中緯度に来ると、海から大気に熱があまり供給されなくなるため台風は衰えます。

密度が最大となる温度と結氷温度

純水は四℃で密度が最大になるという面白い性質があります。一方、通常の海水では、凍る温度で密度が最大になります。この違いは、湖や池と海で氷のできかたの違いにつながります。

その説明の前に、対流という現象を考えましょう。お風呂をわかした後、蓋をせずにしばらくそのままの状態にしたとします。すると、お風呂の底の方はお湯が冷たくなりますが、上の方はまだ温かいことに気がつくと思います。これは、水の温度が四℃より高い場合は、密度は温かい水の方が小さく（軽く）、冷たい水の方が大きい（重い）ためです。冷えた水は温かい水より重いため対流が起こり、下の方に冷たい重い水は沈んで、上の方に温かい軽い水が浮いてくるのです。

この現象を考慮しながら、湖や海の場合を考えます。まず湖ですが、淡水が冷たい空気で冷やされると、四℃に冷えるまでは湖面で冷やされた水は重くなって、対流により沈んで底の方にたまります。さらに四℃より冷えると、冷やされた水の密度は四℃の水の密度より小さいため、底に沈まずに深いほど温度が高くなる構造となります（このように深くなるほど温度が高くなる構造を温度逆転と言います）。そして最終的には湖面の水の密度が最も小さくなり、そこで結氷します。

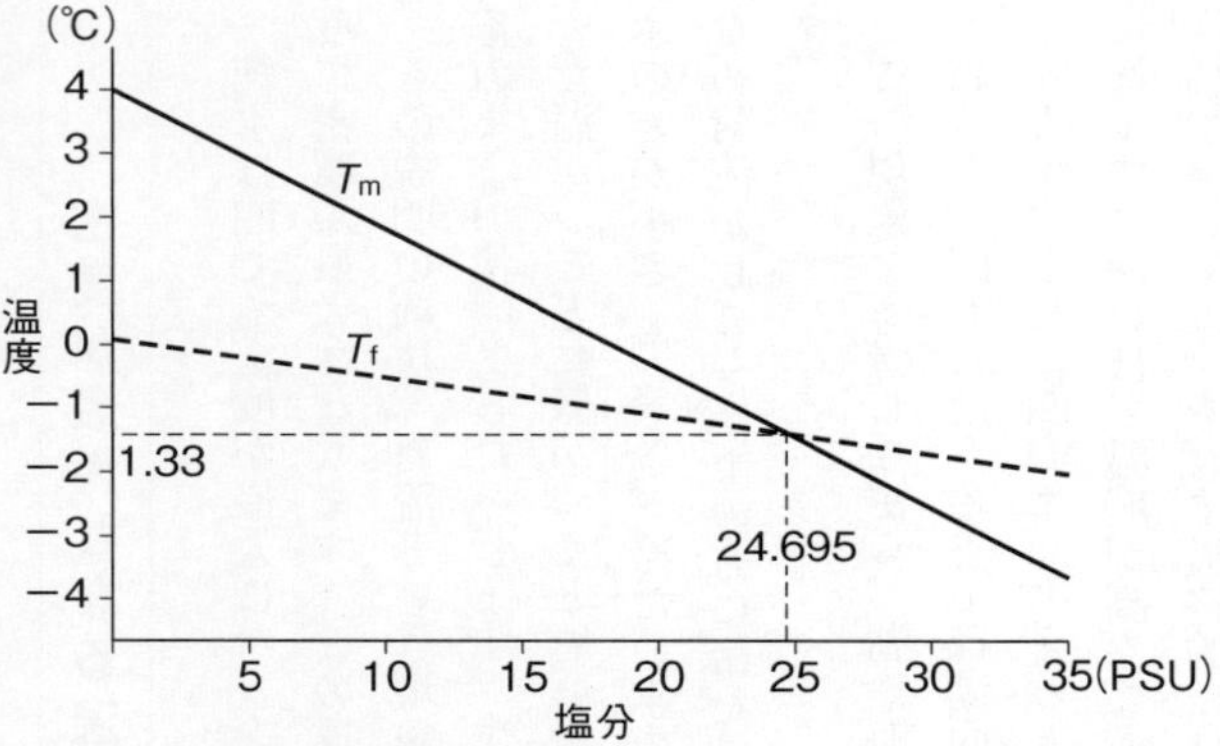

図3－5． 塩分と海水の密度最大の温度（実線、T_m）および結氷温度（破線、T_f）の関係。（関根義彦『海洋物理学概論』[13] より）

海水の場合は、密度が最大になる温度も海水が凍る温度も、塩分の増加に伴い下がる傾向があります（図3-5）。特に、塩分が海水一キログラムあたり約二四・七グラム以上になると、密度最大になる温度の方が結氷温度より低くなります。塩分の値にもよりますが、通常の塩分値（海水一キログラムあたり三二～三六グラム）では、氷ができる温度で密度が最大になり、純水のような温度逆転は起こりません。

海水にはこのような密度の温度依存性があるので、海水は冷やされるとどんどん重くなり、その密度に釣り合う海水が存在する深さまで沈みます。このため、海を冷やして氷を作るには海面の水だけを冷やせばよいのではなく、海面よりもっと下の水まで結氷温度に冷やさなければなりません。つまり、海は淡水の湖や池に比べ大変凍りにくいのです。さらに図3-5に示すとおり海水の結氷温度が〇℃以下（三五グラムではマイナス一・九℃）であることも、海が凍りにくい原因の一つです。

大きな表面張力

表面張力という言葉を聞いたことがあるでしょうか。この力はその名のとおり液体の表面に働く力で、その液体の表面積を最小にするように働きます。たとえば、水玉という言葉があるとおり、水は体積が小さい場合だいたい丸い玉のような形になろうとします。これは、一定の体積では球形が最も表面積が小さいからです。

ガラスの上にスポイトで水を垂らすと、凸レンズのように真ん中が盛り上がった丸い形になります（本章扉写真）。普通に考えると、水は高いところから低いところに流れるので、真ん中の盛り上がったところの水は周りの低いところに流れるはずですが、そうはなりません。また、コップになみなみと水を入れても、コップのへりよりやや盛り上がるところまで水を注ぐことができます。これも普通に考えれば水はこぼれるはずですが、そうはなりません。これらの現象は、水を周りに流そうとする力と表面張力が釣り合うことで生じるのです。

水の表面張力は、水銀を除けば常温の流体の中では最も大きいのです。海洋においてもこの表面張力はある役割を持っています。さざ波という小さな波を池で見たことがあると思いますが、そのさざ波では表面張力が重要な役割を持っています。もし、水の表面張力が今より弱くさざ波が小さければ、海の表面は今以上になめらかになります。風が吹くと海面の摩擦を通して海に流れが生じるのですが、海の表面がなめらかならば摩擦が小さいので波が立ちにくくなり、また海に風から加わる力も弱くなると考えられます。

第五章で記すように、黒潮などの海流は風によって駆動されており、もし表面張力が弱いと黒潮などの海流にも影響するでしょう。表面張力という力は小さなスケールの液体の現象に働くものですが、実は海洋の大循環のような大きなスケールの現象においても役割を持っているのです。

海水のpHと海洋酸性化

純水は中性で、pH《ピーエイチ》は七・〇です。海水は、先に記したとおり、いろいろなものが溶けていて弱アルカリ性になっており、pHは「現時点では」海面付近で八・一です。

ところで、前の文章でわざわざ「現時点では」とカギ括弧でくくりました。というのは、今この数値の変化が海洋学の中でホットな話題になっているからです。

最近、地球温暖化が問題になっています。その温暖化の原因として最も重要なものが二酸化炭素（CO_2）です。人類のさまざまな経済活動により、二酸化炭素をはじめとする温暖化物質が大気中に放出され、温室効果により大気の温度を上げるというのが地球温暖化です。しかし、経済活動により生み出された二酸化炭素は、その全てが大気にそのまま残留しているわけではありません。一九九〇年代には炭素換算量（二酸化炭素の中から炭素のみを取りだした時の重さ）で一年間あたり六四億トンの二酸化炭素が大気に放出されたと推定されていますが、そのうち約三分の一の二二億トンは海洋が吸収したと見積もられています。すなわち、海水は二酸化炭素もよく溶かします。

海水に二酸化炭素が溶けると次の化学反応が起きます。

$$\underset{\text{水}}{H_2O} + \underset{\text{二酸化炭素}}{CO_2} \rightarrow \underset{\text{炭酸}}{H_2CO_3} \rightarrow \underset{\text{水素イオン}}{H^+} + \underset{\text{炭酸水素イオン}}{HCO_3^-} \rightarrow 2H^+ + \underset{\text{炭酸イオン}}{CO_3^{2-}}$$

このように二酸化炭素が海水に溶けると水素イオン（H^+）の濃度が上がるため、海水のｐＨが下がります。この二酸化炭素が海に吸収されることにより海水のｐＨが下がることを海洋酸性化と言います。

この海洋酸性化により海の生態系が大きく変わることが心配されています。例えば貝殻やサンゴなどは炭酸カルシウム（$CaCO_3$）で殻や骨格を作りますが、その炭酸カルシウムは炭酸イオン

（CO_3^{2-}）と海水中のカルシウムイオン（Ca^{2+}）により作られます。ところが海洋酸性化が起こると炭酸イオンが増えた酸により中和されるため、貝やサンゴは殻や骨格を作りにくくなります。さらには海に住むあらゆる生物においても、体内の水のpHのバランスが狂うため、繁殖力や免疫力が低下することが指摘されています。二億五〇〇〇万年前にあった巨大噴火で大気中の二酸化炭素が倍増した時は、海の生物の九〇パーセントが死滅したという報告もあります。

現在の二酸化炭素の増加ペースでは、二〇五〇年には水素イオン濃度が一・五倍になり、表面海水のpHは七・九くらいになると予想されています。二酸化炭素の増加による地球温暖化の脅威がさかんに論じられていますが、大気における気温上昇だけではなく、こんな形での脅威もあるのです。

光は通しにくいが音波は通す

秋の夜空を見上げるとアンドロメダ座という星座を見ることができますが、その一角にアンドロメダ銀河という、私たちの銀河系とよく似た銀河があります。このアンドロメダ銀河は、四等星の明るさを持っており肉眼でも見ることができますが、地球からの距離は二三〇万光年、すなわち光の速度（毎秒三〇万キロメートル）でも二三〇万年もかかる距離にあります。そんな遠いところのものが肉眼でも見えるのです。もちろん、天体望遠鏡を使えばもっと遠くのものを見ることができます。

ところが、海の中は大きな望遠鏡をもってしても、わずか数千メートルの海の底すら見ることができないのです。これは水が空気（真空）に比べ光（電磁波）を通さないからです。海の中では太陽光線が届くのはせいぜい二〇〇メートル程度で、それより深くなると海中は暗黒の世界となります。言い方を換えると、光を使う観測においては、海は宇宙よりはるかに観測が難しいのです。

我々の住む中緯度の海はプランクトンが多く水があまり澄んでいませんが、熱帯の海ではプランクトンが少ないため澄んでいて、観測機器を船から降ろすと水深四〇メートルくらいまで船上から見ることができます。この数字は昔世界一の透明度を誇った北海道の摩周湖のそれと同レベルです。しかし、その熱帯の海や摩周湖のように水が澄んでいても、たった四〇メートル程度しか見えないのです。

では、海の中を調べるにはどうすればよいでしょうか。第二章にいろいろ記しましたが、一つの手段は音を使うことです。水は音波を通しやすいのです。この性質は、潜水艦のソナーや漁船の魚群探知機に利用されています。水の中は音速が秒速約一五〇〇メートルと、空気中のそれの四倍以上もの速さです。

また、海水の音速は温度が高いほど大きく、また圧力が高いほど大きいという性質を持っています。一般に海洋では深さが浅いほど温度が高く、また深いほど圧力が高いことから、両者の兼ね合いで音速が極小になる層が海中に存在します。これを音速極小層と言います。音波が海洋の中を伝わる場合、この音速極小層付近に束縛されて伝わりやすく、またその層においては音波が減衰しにくいという性質があります。クジラが何千キロメートルものかなたから他のクジラと音波で通信しますが、それも水が音を伝えやすく、かつこの音速極小層があるからなのです。

海水によって生じる圧力

海洋の流れや変動を調べ議論するに当たって重要なパラメータがいくつかあります。その中でも海水の圧力、温度、塩分、そして密度が重要です。というのは、密度のちょっとした差が海洋の大きな流れを生み出し、またその密度は圧力・温度・塩分の関数になっているからです。まず、圧力について述べましょう。

全世界の海の平均水深は三七二九メートルもあり、富士山を沈めると山頂部がほんのちょっと顔を出すだけの深さがあります。その海底での圧力はすごいものです。水は一立方センチメートルあたりの質量は一グラムしかありませんが、三七〇〇メートルもの水が一平方センチメートルの面積に乗ると、水が圧縮されないと仮定しても三七〇キログラムもの重さになります。わずか指先くらいの面積に相撲力士二人分の重さがかかるのです。この重さによる圧力のため、深海にものを持って行くとたいていのものは耐えられず壊れるか、つぶされてしまいます。したがって、深海の観測を行うにはこの圧力に耐える機器を用いなければならず、チタンなどの特殊な金属で作るため高額となり、また操作も大変難しくなります。

圧力は物理学的には、単位面積あたりにかかる力で定義されます。力の単位がN（ニュートン＝kg・m／s^2）なので、圧力の単位はN／m^2です。天気予報で使われているヘクトパスカル（hPa）は一〇〇N／m^2、また地上気圧として使われている一気圧は一〇万一三二五N／m^2です。海洋物理学では水深とほぼ値が一致するデシバール（decibar＝一万N／m^2）という単位がよく用いられています。たとえば、大気によって生じる一気圧は水深一〇メートルに潜った時の圧力とほぼ同じで、約一〇デシバールです。また、海洋生物学では、メガパスカル（一MPa＝一万ヘクトパスカル）がよく用いられています。

海水の温度

温度は、海洋そのものだけでなく地球の気候を議論する時でも、最も重要なパラメータです。

これは海洋のちょっとした温度の変化が大気に大きく影響を与えるからです。

海水の温度は、温泉が湧いている箇所や海底火山付近を除けば、結氷温度から三〇℃の値を取ります。どんなに暑い海でも四〇℃になることはありません。

塩分が一定であれば、温度が高いほど密度は小さい値を取ります。このため、通常では温度は海面付近で最も高く（密度が小さく）、深くなるにつれ低く（密度が大きく）なります。しかし、ある深さ（約三〇〇〇メートル）より深くなると海水が圧縮されることにより温度がわずかながら上がります。それでも、四〇〇〇メートルもの深さでは太平洋で二℃以下であり、深海は暗いだけではなく冷たい世界なのです。

海洋学では、その深海での圧縮の効果を取り除いた海水の温度を議論するために、外部と熱の出入りがないまま海水を海面まで持って行った時の温度がよく使われます。この温度をポテンシャル温度と言います。

海水の塩分

塩分は扱いが非常に難しいパラメータで、古くからその定義について議論がされています。というのは、あまりにいろいろなものが溶けているので、溶存物質全てについて分析するのが困難なためです。

昔は海水一キログラム中に溶けている物質の量をパーミル（一‰＝〇・一パーセント）で表していましたが、それを直接分析するのは困難でした。ところが、「いろいろなものを溶かす」の項で見てきましたが、海水中に溶けている物質の成分比はどこでもほぼ一定であることから、溶けている塩素（Cl）の量を求め、それを塩分値に換算するという方式が二〇世紀に入って採用されました。

海水は電気を通します。その電気の伝わりやすさを電気伝導度と言います。技術が進むにつれこの電気伝導度を正確に測定できるようになり、その海水の電気伝導度の値を塩分値に変換する方式がその後用いられるようになりました。この方式で求めた塩分値を実用塩分と言い、無次元数です。今でも多くの研究者がこの方式で塩分を計算しています。

しかし、もともと海水一キログラムあたりのグラム数という物理量でありながら無次元数というのは違和感がありますし、実際に溶けている塩分量と実用塩分の間に差があることがわかってきました。そこで、二〇〇九年には溶けている塩分の絶対量（絶対塩分）を塩分値として用いることが国連のユネスコで開催された会議にて勧告されました。したがって、今後はその方式が用いられることになるはずです。しかし、本書ではこれまでの方式で求めた図を用いるため、実用塩分（無次元数）を用いることにします。無次元数ですから塩分の数値に本来単位は付けないのですが、何も付けないとわかりにくいので、本書ではPSU（Practical Salinity Unit、実用塩分単位）を数値の後に付けることにします。

なぜいろいろ塩分の定義が変わってきたかというと、年ごとに測定技術が向上してきたということもありますが、海洋の大循環を議論するには塩分値を高精度に測定する必要があるためです。

海洋全体の平均の塩分値は三四・七PSUで、河川水（淡水）が流れ込むところなどで低くなり、一方蒸発が盛んなところ、たとえば中東の紅海では、四〇PSUを超えるところもあります。

海水の密度

単位体積あたりの質量を密度と言います。単位はkg/m^3です。純水は一気圧（＝一〇一三・二五ヘクトパスカル）、〇℃のとき九九九・八四（kg/m^3）で、四℃で九九九・九七（kg/m^3）と最も重くなり、それより温度が高いかもしくは低くなると軽くなる性質を持っています。海水の場合は、塩分値が二四・七PSU以上では、温度が低いほど密度が大きくなります。また、塩分が高いほど溶けている物質の量が増えるので、密度が大きくなります。加えて、深海では圧力が高くなるため、海水が圧縮され密度も大きくなります。つまり、海水の密度は温度、塩分、圧力の関数です。

海洋学においては、水の塊に対して外部と熱のやりとりをせずに（断熱）、ある圧力下に移動させた時の密度で議論することがよく行われます。たとえば、深さ四〇〇〇メートルの海水を外部と断熱して深さ一〇〇〇メートルに持ってきた時、もともと深さ一〇〇〇メートルのところにあった水より軽ければ（密度が小さければ）、深さ四〇〇〇メートルの水の方が深さ一〇〇〇メートルの水より軽く、鉛直的には不安定な構造だと議論するのです。この密度をポテンシャル密度と言います。

四〇〇〇デシバール（深さ約四〇〇〇メートル）の水圧下に温度一・五℃、塩分三四・五PSUの水があったとします。この水の密度は一〇四五・七二（kg／m^3）です。この水を断熱して海面に持ってくると、圧力による圧縮の効果がなくなるため膨張し、密度は一〇二七・六三（kg／m^3）まで減少します。この一〇二七・六三という数字がポテンシャル密度です。なお、海洋学では一〇〇〇という値を省略する、すなわちポテンシャル密度の数値から一〇〇〇を差し引いたものをよく用いています。この密度の表記をσ_θ（シグマシータ）と言います。

一つ興味深い話をしましょう。縦軸に温度（ポテンシャル温度）、横軸に塩分を取った図をT‐Sダイヤグラムと言い、海水の性質を議論するときによく用います。この図にポテンシャル密度の

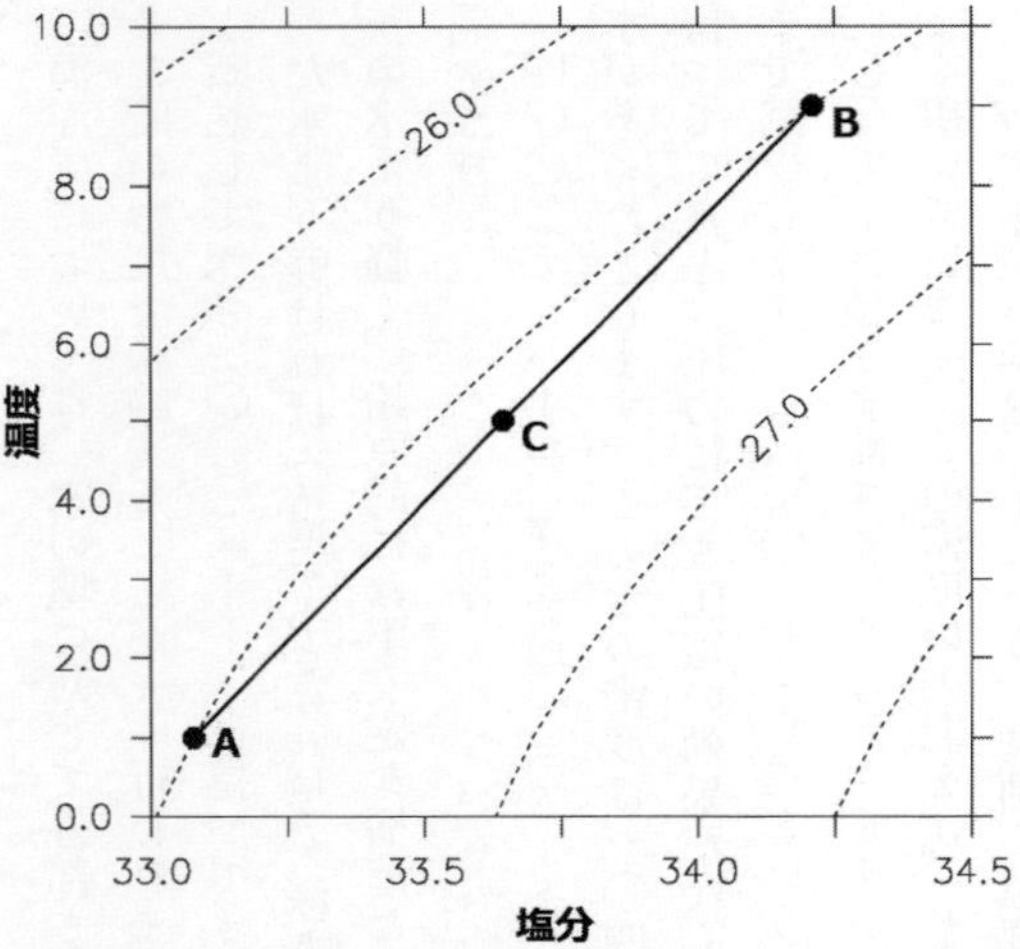

図3－6．T-S ダイヤグラムとキャベリングの例。点線はポテンシャル密度の等値線で、右下に行くほど密度が大きくなる。等質量の水 A と水 B を混ぜた結果、水 C での温度・塩分となるが、密度は水 A・B より大きくなる。

等値線を引くと図3-6のとおり、左上側に凸となった等値線の分布となります。このような場合、同じ密度で温度と塩分が異なる水Aと水Bを混ぜると、温度・塩分が両者の平均値になることから、それに対応した密度は点Cのものになります。すなわち、同じ密度の水を混ぜたにもかかわらず、混ざった海水の密度は、混ぜる前の水の密度より大きくなるという奇妙なことが起こります。このように海水が混合することで密度が大きくなる現象をキャベリングと言います。ポテンシャル密度の等値線のカーブがきつい、大きな密度の海水（すなわち深層水）を議論する場合はこのキャベリングの効果が重要になってきます。

海水のその他のパラメータ

これまでは海水の温度などの物理パラメータについて記してきましたが、海水にはいろいろな物質が溶けており、それらを化学分析することで多くのことがわかります。このように海水中の物質を化学的に議論する学問は海洋化学（化学海洋学）と呼ばれていて、海洋学の分野の中でも重要な分野です。というのは、海水中の化学物質はトレーサーと呼ばれていますが、その分布を調べることでその起源からの移動を追跡でき、塩分や温度とともに海洋大循環の様子を調べるのに重要だからです。

海洋化学のパラメータとしてよく分析されているのは酸素です。海面付近の海水では、酸素（海水に溶けているという意味で溶存酸素と言います）がほぼ飽和状態になっています。ところが、その海水が海面下に潜り込んで大気と接しなくなると、溶存酸素は海中の生物により消費されるので、海中を移動するうちにどんどん溶存酸素量は減っていきます。つまり、溶存酸素量が少ない水は長い間海水中を漂っているということを意味するのです。このため、溶存酸素は海洋化学の中でも重要なパラメータです。

次によく分析されるのが栄養塩です。栄養塩は陸上の植物においては肥料にあたるものです。

海洋においては植物プランクトンなど海中の生物の繁殖に必要な物質であり、その量は魚のえさとなる植物プランクトンの量を左右することから、魚類の生産量に影響します。ケイ素（ケイ酸 SiO_2）、リン（リン酸塩 HPO_4^{2-}）、窒素（硝酸イオン NO_3^- など）などの塩類がよく分析されます。

他にも、二酸化炭素やｐＨなどさまざまなものが分析の対象となります。さらには、放射性物質も対象になります。米ソが対立していた一九六〇年代に核実験がよく行われていましたが、そのとき大気中に放出された水素の同位体であるトリチウム（^3H）が海洋に溶け込んでおり、それを分析すれば一九六〇年代に海面にあった水がどこまで拡散したかを追うことができます。その他の放射性物質ですが、たとえば二〇一一年三月一一日に発生した東日本大震災で被害を受けた福島第一原子力発電所からの汚染水の拡散が危ぶまれていますが、事故の一ヵ月後には文部科学省の「海域モニタリング行動計画」に基づき、海洋研究開発機構の海洋地球研究船「みらい」などが福島沖に行き、付近の海水中のセシウム１３４、セシウム１３７などの放射性物質の分析を行っています。そのデータは海洋研究開発機構のウェブサイト（http://www.godac.jamstec.go.jp/monitoringdata/）にて公開されています。

第四章

海の姿が明らかになってきた

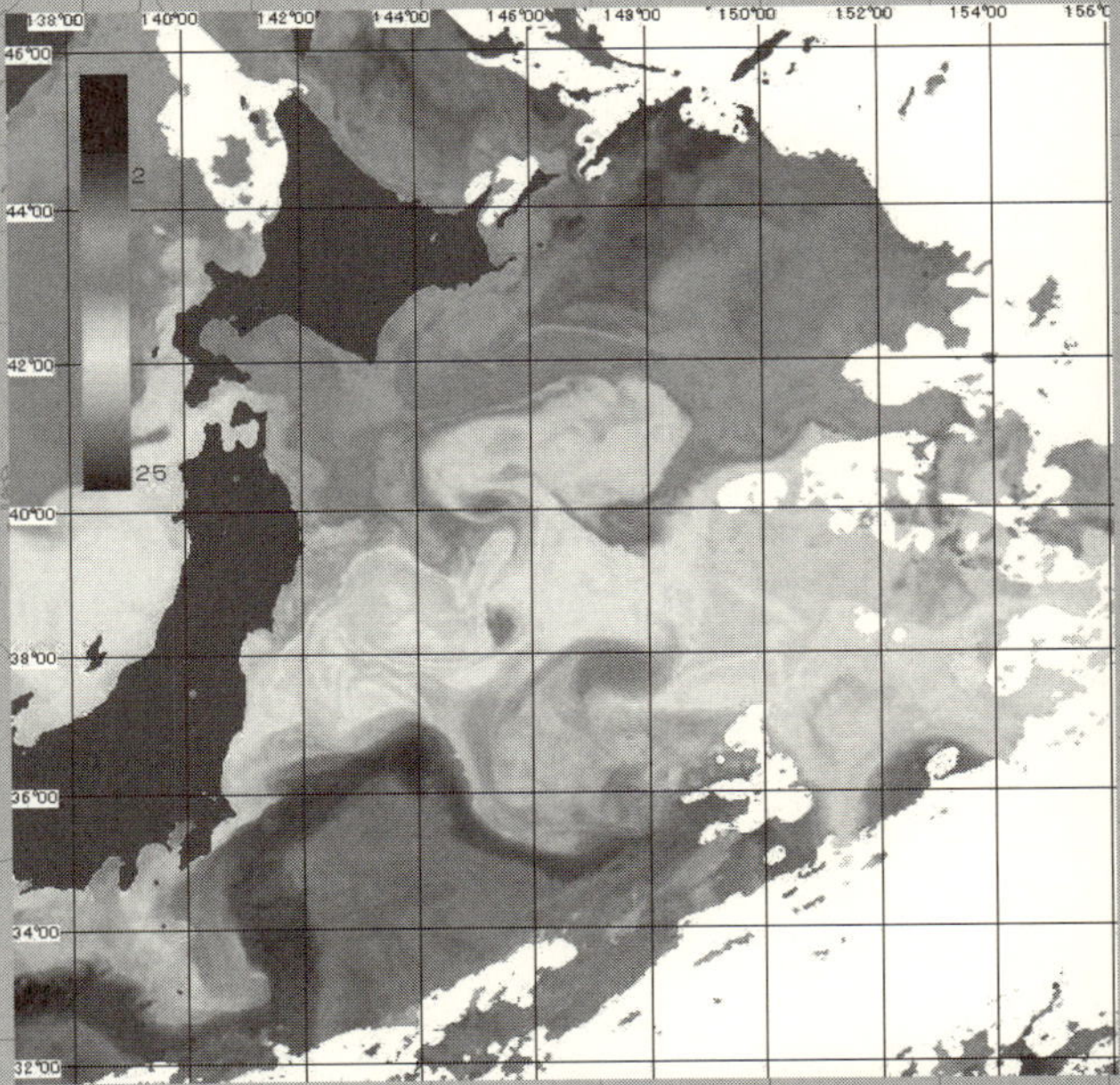

人工衛星により得られた2015年5月22日の日本東方海域の温度分布（画像作成・発行:茨城県水産試験場漁業無線局、データ提供:漁業情報サービスセンター〔JAFIC〕）

地球儀の上ではしばしば単調な水色で塗られている海は、実はさまざまな流れが横たわり、渦を巻く、変化に富んだ世界です。地球表面積の七割を占める海について、人類はどれほどのことを知っているのでしょうか？ 第二章で紹介した多様な観測手法によって、海がどんな流れや温度分布等を持つのかが明らかになってきています。この章では、そんな海の構造を説き明かします。

世界の主な海と海底の構造

よく知られているとおり、海は地球の面積の七割を占めています。言い方を換えると、残り三割は陸地であり、地球全部が海に覆われているわけではありません。むしろ、陸が存在することで海がいくつかの大洋に分けられていると言えるでしょう。

「七つの海」という言葉を聞いたことがあるでしょうか？ 七つの海とは太平洋・大西洋を南北に分けた四つの海と、それにインド洋・南極海・北極海を加えたものを言います（図4-1）。

まず、太平洋は大洋の中で最も大きな海で、縁辺海も含むと地球の表面積の三五パーセントを

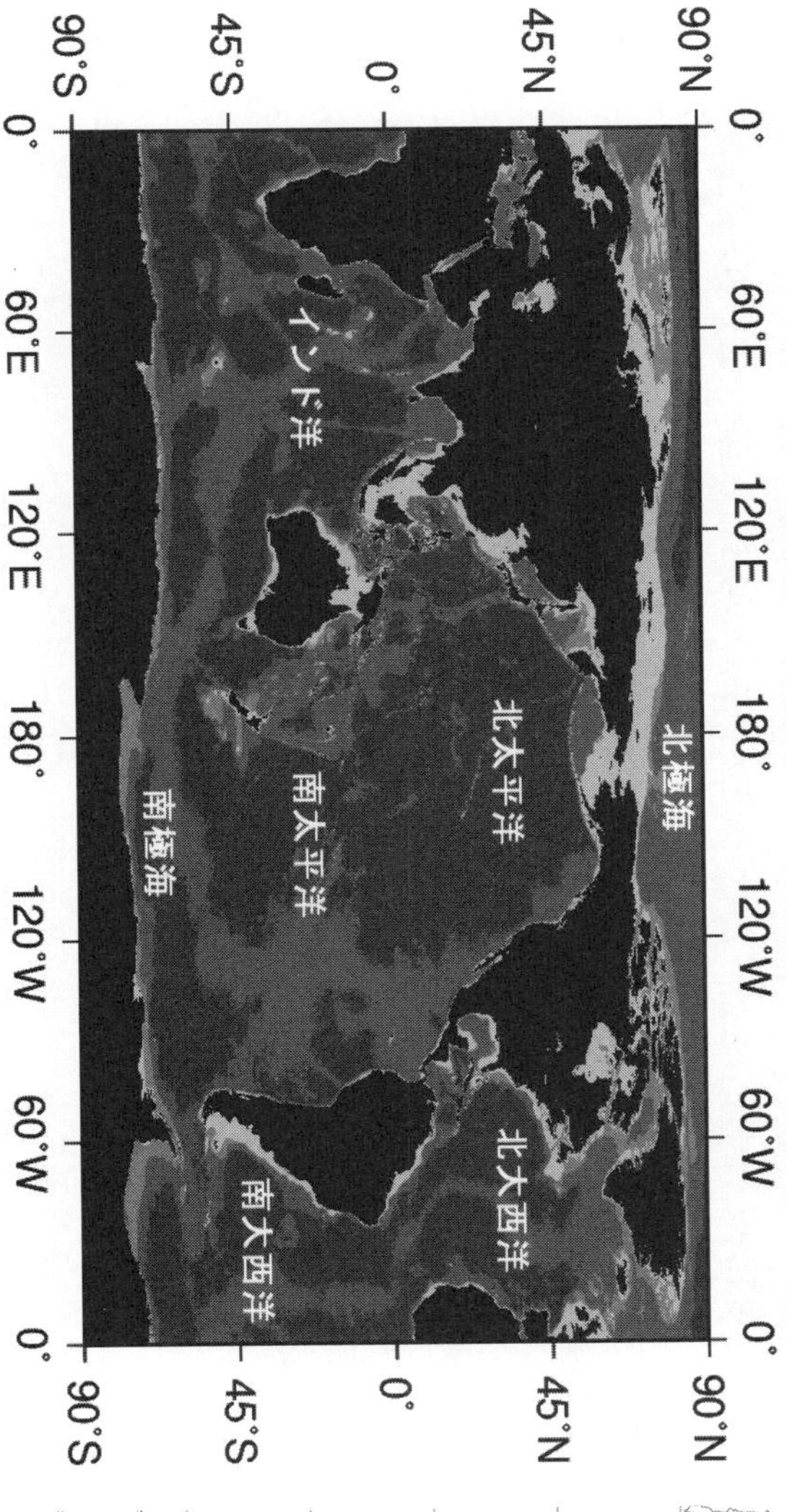

図4−1. 世界の七つの海。色の濃いところは水深が 4000m より深いところである。

占めており、南北・東西とも一万キロメートル以上の幅があります。世界一周を初めて行ったマゼランが太平洋を航行中、海が静かであったことからこの海を“El Mare Pacificum”（スペイン語で「平和な海」の意味）と表現したのが、太平洋という名前の由来です。南は南極海につながっていて、北はアラスカとシベリアの間に存在する、狭いベーリング海峡で北極海とつながっています。西はインドネシアの島々を通じてインド洋とつながっています（このインドネシアの島々を通じた太平洋とインド洋の間の流れをインドネシア通過流と言います）。ベーリング海峡は、南極海と太平洋のつながりに比べるときわめて狭く、水深も浅いので、そこを流れる流れは小さなものです。太平洋は水深が他の大洋に比べ深く、平均水深は三九四〇メートルあり、最深部はマリアナ海溝で一万九二〇メートルもあります。

二番目に大きな大洋は大西洋です。面積は太平洋の約半分で、南は南極海に、北は北極海につながった縦に長い大洋です。平均水深は太平洋に比べ少し浅く、三五七五メートルです。三番目のインド洋は大西洋よりやや小さく、北端が赤道をやや越えてインドなどを含むアジア大陸までとなっています。東側はインドネシア通過流を通じて太平洋と、南は南極海とつながっています。平均水深は三八四〇メートルです。

南極海は南極大陸の周りを回って地球を一周する構造となっており、太平洋・大西洋・インド洋をつなげています。そこには、世界最大の海流である南極周極流という海流が流れています。

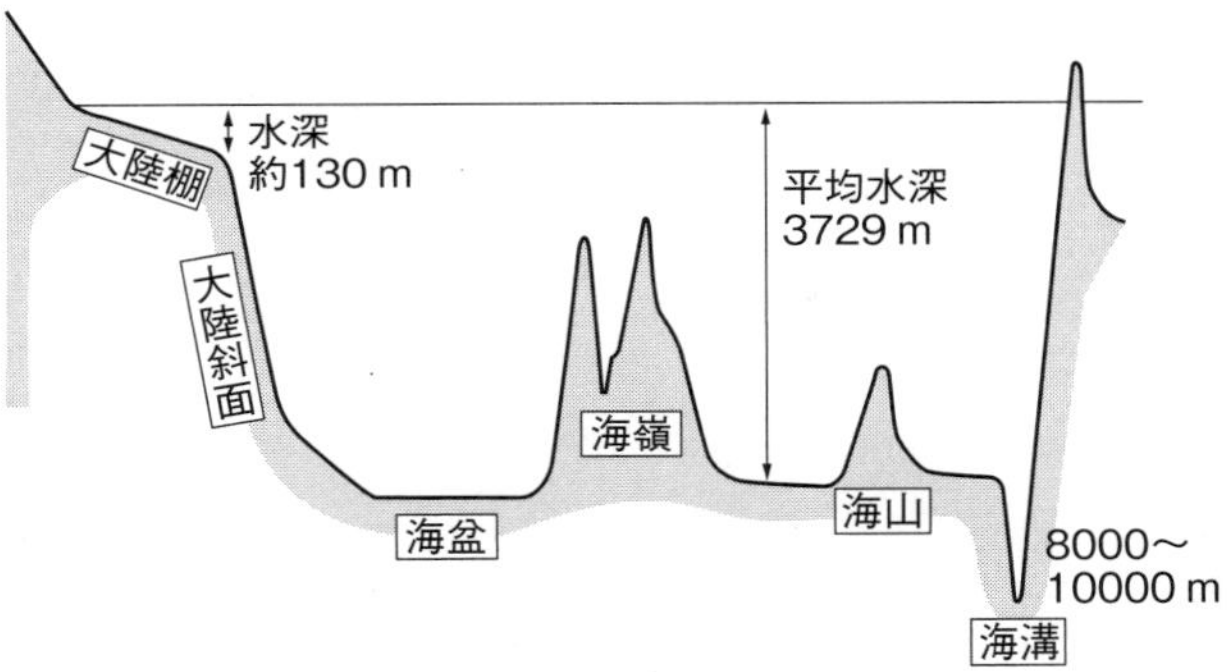

図4－2． 海の鉛直構造。（*Descriptive Physical Oceanography*[39] より）

北極海は南極海と異なり、陸がありません。北極海のロシア側は水深が浅く大陸棚になっており、一方中央付近から大西洋側にかけて三〇〇〇メートル以上の水深の海盆となっています。大西洋と広くつながっている一方、太平洋とはベーリング海峡を通じてつながっています。

大陸沿岸から外洋までの一般的な海を断面で切ると、図4－2のようになります。海岸から水深一三〇メートルくらいまでは少しずつ深くなり、それ以深になると、急に深くなる構造になっています。その深くなるまでの領域を地形学的には大陸棚と言います。大陸棚は良い漁場で、また浅いことから海底資源を得やすく、沿岸国がその領域を利用する権利を主張することが一般です。そこで、第一章の注1で述べた国連海洋法条約において、大陸棚は、

「当該沿岸国の領海を越える海底およびその下であって、その領土の自然の延長をたどって大陸縁辺部の外縁まで及ぶもの。ただし、その外縁が領海基線より二〇〇海里より

陸側にあった場合は、領海基線より二〇〇海里以内の海底とする。」と定義されています。ちなみに、以前大陸棚は水深二〇〇メートルより浅い海と大陸棚に関する条約（一九六四年発効）で定義されていました。このため、水深二〇〇メートルまでを大陸棚と記憶している読者もいらっしゃると思いますが、一九九四年に国連海洋法条約が発効してから定義が変わりました。なお、水深二〇〇メートル以浅の面積は、全海洋のわずか七・五パーセントしかありません。

大陸棚より急に深くなる斜面は大陸斜面、そして傾斜がなくほぼ平坦なところは海盆と呼ばれます。海盆は三〇〇〇〜五〇〇〇メートルの深い深海底で、この水深の領域は全海洋の半分以上の面積を占めています。もちろん、海盆は全く平坦というわけではなく、海山や、大西洋の真ん中を南北に走っているような海嶺も世界のところどころにあります。また、水深八〇〇〇メートルを超える深い海溝も、日本列島などの島弧に沿ってところどころにあります。

海洋の温度と塩分の分布

大洋や海底の構造について述べましたが、次は海洋内部の構造についてです。まず、わかりやすいパラメータである温度の分布から見ましょう。

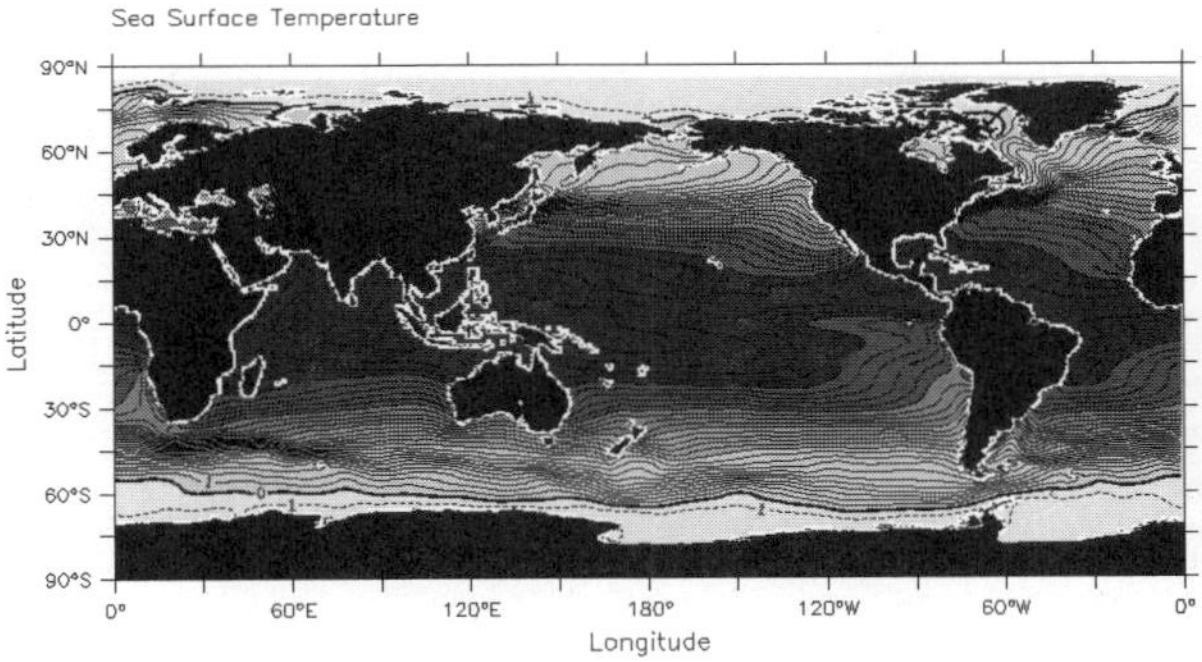

図4－3．世界の海面水温の分布。色が濃いところが温度が高い。（*World Ocean Atlas 2009* より作成）

図4‐3は世界の平均の海面水温の分布です。当然ながら熱帯の水温が高く、極域は冷たくなっています。しかし、よく見るといくつか特徴があります。まず熱帯ですが、東西で一様に高いのではなく、太平洋・大西洋では東側で温度が低く、図4‐3でははっきりしませんが、インド洋では西側が東側よりやや温度が低くなっています。太平洋では東西での温度差が赤道で七℃もあり、赤道にもかかわらず南米の沖ではかなり水温が低くなっています。世界で海面水温が最も高いのはパプアニューギニアの北東で二九℃にもなっています。もう一つの海面水温の分布の特徴としては、北緯・南緯四〇度付近で等温線が密になっている、すなわち南北方向に急激に温度が変化している（このことを温度の水平勾配が大きいと言います）ことです。このように温度（や塩分）の水平勾配が大きいところを前線と言います。天気予報で、気温が急に変わる場所として前線という言葉がよく出てき

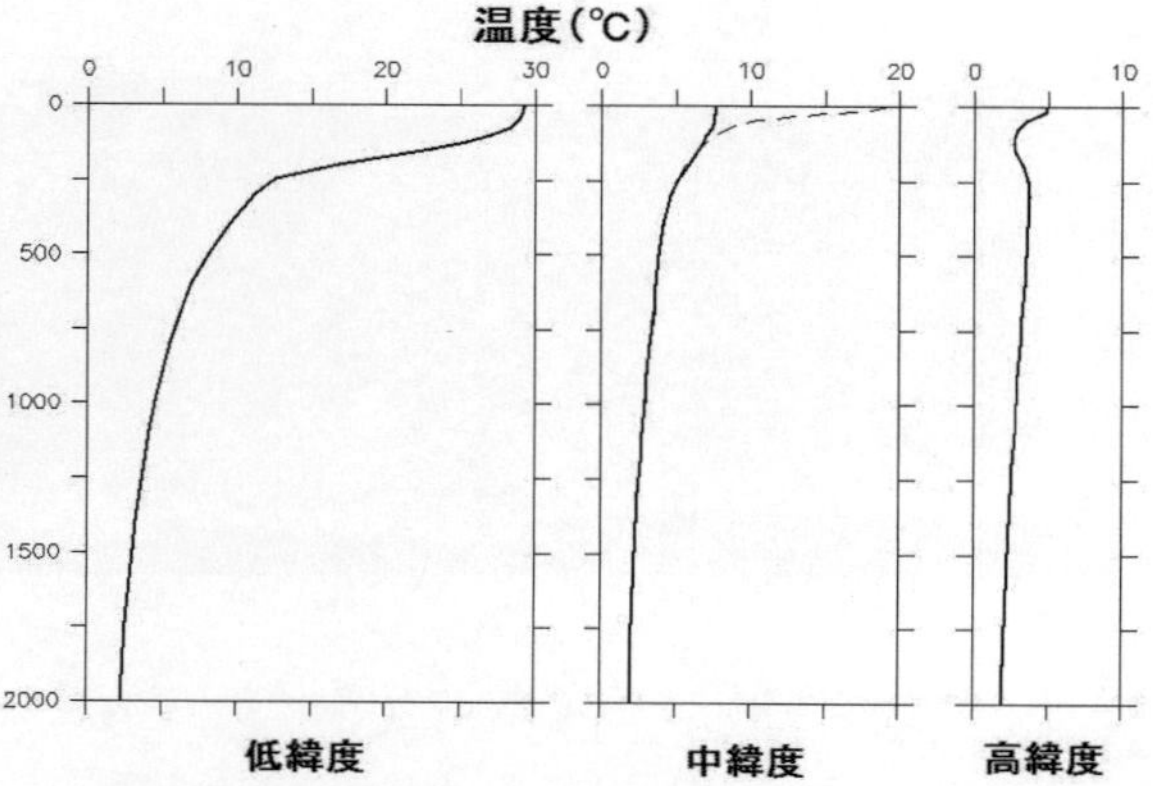

図4－4．低緯度（赤道東経 156 度）・中緯度（北緯 40 度東経 150 度）・高緯度（北緯 55 度東経 180 度）の鉛直温度分布。中緯度の図の点線は夏のもので、実線は冬のものである。（*World Ocean Atlas 2009* より作成）

ますが、海洋にも前線があるのです。

次に低緯度・中緯度・高緯度における水温の典型的な鉛直分布（鉛直プロファイルと言います）を図4-4に示します。まず低緯度（ニューギニア北方海域）では、海面の水温が二五℃以上になっています。ただし、そのような水温の高いところはごく表層にしかありません。また、海面から深さ一〇〇メートルくらいの間では、ほぼ温度が一様となっていて表層混合層と呼ばれます。この表層混合層では、海水が風によってこの深さまで混ぜられるため、温度が一様になっています。表層混合層より下（深さ二〇〇メートル付近より下）では、温度が急に低くなります。その急に温度が変わる場所を温度躍層と言います。その下は深くなるにつれて、ゆっくりと温度が下がっていきます。

中緯度（日本東方海域）では、海面の温度はもちろん熱帯に比べ低くなります。興味深いのは夏と冬で海面付近の温度差が大きいことで、熱帯や高緯度よりその差が顕著です。中緯度では四季がはっきりしており、大気との熱のやりとりの差が夏と冬で大きいため、このような構造になっています。

高緯度では海面水温がかなり低くなり、ベーリング海では海面水温は約五℃ですが、北極海や南極海では氷点下の場所もあります。面白いのは、表層から深くなるにつれて温度がいったん下がりますが、深さ三〇〇〜四〇〇メートルにかけて高くなる場所があり、それ以深ではまた温度が下がるという、温度逆転の構造（深くなるにつれ温度が高くなる）が見られることです。海水の密度は塩分値が二四・七PSU以上では温度が下がるほど大きくなりますので、このような温度逆転の構造は塩分が一定ならば、下層の方が上層より密度が小さくなり密度的に不安定であるため、一般的な現象ではありません。このような温度逆転が生じるためには、温度が低い上層が下層より塩分が低いことで、密度的に安定になることが必要です。つまり、温度逆転のある場所には、塩分の低い海水が上にあることを意味しています。

深さ二〇〇〇メートルになると、この三ヵ所での温度差はほとんどなくなり、どこも二℃前後の温度となります。

次に海面の塩分はどうでしょうか（図4-5）。まず、塩分は温度と違って大洋間でかなり差があることがわかります。大西洋と北西インド洋で高く、三七PSUを超えています。太平洋は低

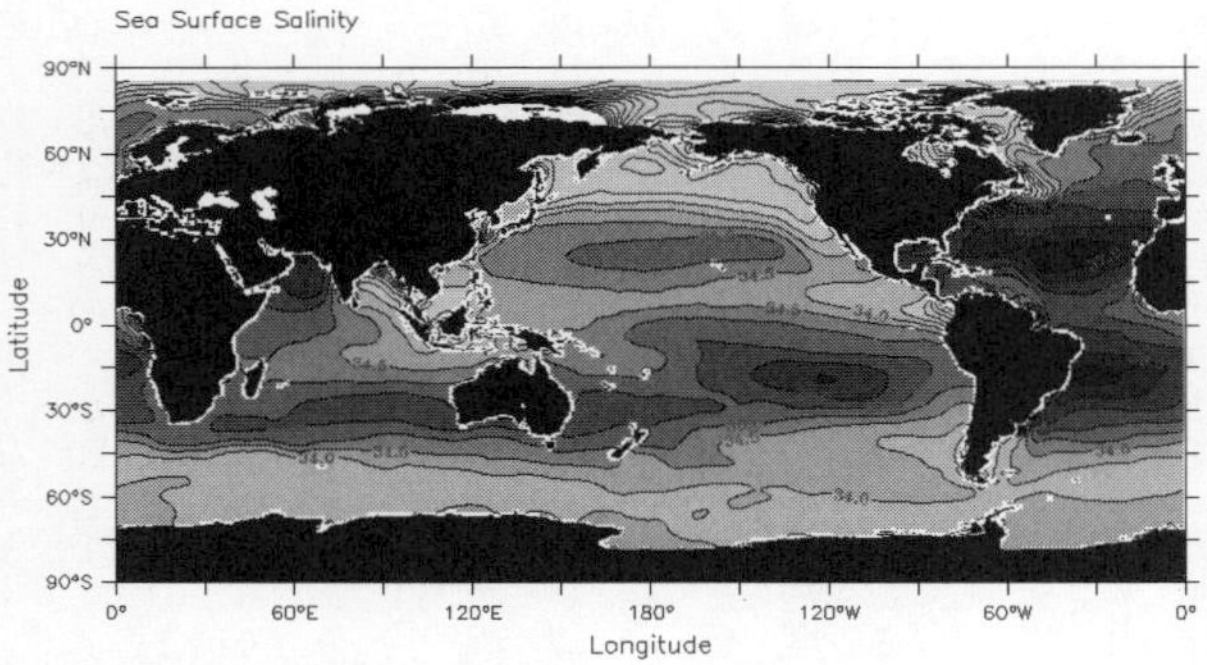

図4－5． 世界の海面塩分の分布。色が濃いところが塩分が高い。（*World Ocean Atlas 2009* より作成）

く、特に北太平洋で低くなっています。また、北極海でも塩分が低くなっています。

海面の塩分を変えるのは、主に海面からの水の蒸発および大気からの降水（雨）です。蒸発が降水より大きいと塩分が高くなります。極域やインド洋のベンガル湾などで塩分が低いのは、氷が溶けた水や、河川からの淡水の流入が原因となっています。また、北太平洋の塩分が低く北大西洋の塩分が高いのは、北大西洋で蒸発した水が降水として北太平洋に降るのに対し、北太平洋で蒸発した水は北米のロッキー山脈を越えられないため北大西洋に降らずに、北太平洋に河川水として流れ込むためです。

なお、図には示しませんが、塩分の鉛直分布は温度に比べ複雑です。たとえば、温度逆転はあまり海洋では多く見られないのに対し、塩分逆転はどこの海にでもひんぱんに起こっています。

海洋の鉛直構造と水塊

太平洋や大西洋を南北に切った断面を見ることで、これらの大洋における表層から深層（深さ一〇〇〇メートル以深）までの鉛直循環の様子がわかります。まず、わかりやすい例として大西洋をみましょう。

図4-6は大西洋の西経三〇度に沿って南北に切った断面図で、上はポテンシャル温度（第三章参照）、下は塩分の図です。塩分の鉛直構造は複雑で、南極から舌状に塩分の低い水が深さ一〇〇〇メートル付近と海底付近に伸びており、一方北極方面から塩分の高い海水が深さ二〇〇〇～三〇〇〇メートル付近において南に伸びています。すなわち、赤道より南では表層の塩分が高く、一〇〇〇メートル付近で低く、二〇〇〇～三〇〇〇メートルで高く、そして海底付近で低くなっています。また、南極海の海底付近にはポテンシャル温度が非常に低い（〇℃以下）海水がたまっています。

深さ一〇〇〇メートル付近で南極から北に伸びている塩分の低い水は南極中層水、その下の北から伸びてきている塩分が高い海水は北大西洋深層水、そして底層にたまっているポテンシャル温度・塩分ともに低い海水は南極底層水と呼ばれています。

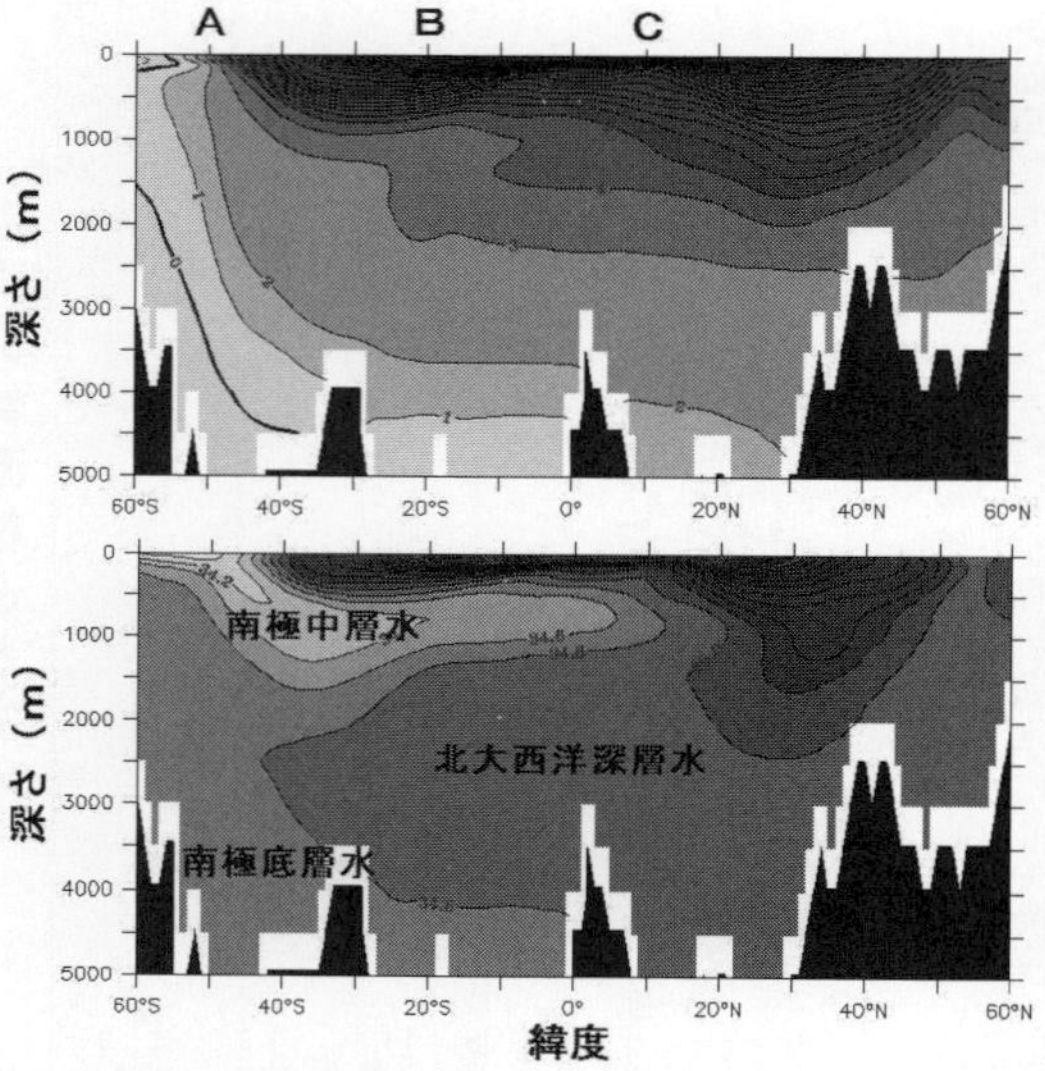

図4－6．大西洋の西経 30 度における、ポテンシャル温度（上）・塩分（下）の南北断面図。A・B・C は図4−7の T-S ダイヤグラムの場所を意味する。（*World Ocean Atlas 2009* より作成）

第三章で述べたT-Sダイヤグラムを大西洋に適用したものが図4-7です。形がS字形となっていて、σ_θ（ポテンシャル密度から一〇〇〇を引いた値）が二七・三（キログラム／立方メートル）付近で塩分値が極小に、二七・八付近で塩分値が極大になっています。塩分極小の水が南極中層水、塩分極大の水が北大西洋深層水、そして、最もポテンシャル温度が低い水が南極底層水にあたります。これらの海水は断面図を見てもわかるとおり、かなりの厚さを持った塊となって存在しています。このように、似たような塩分・温度値を持つ水の塊を水塊と言います。

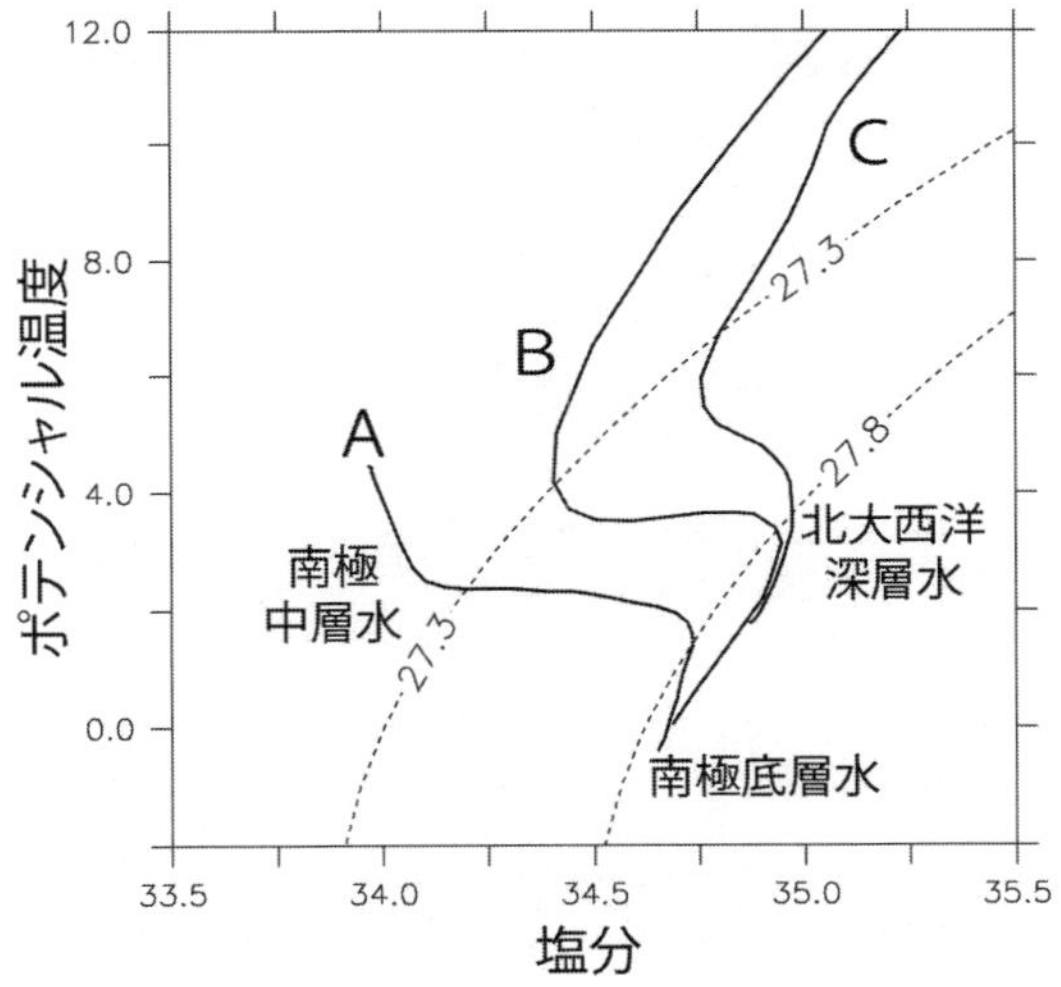

図4－7. 大西洋の南緯 50 度西経 30 度（A）、南緯 20 度西経 30 度（B）、北緯 10 度西経 30 度（C）における（図4－6の A・B・C の場所における）T-S ダイヤグラム。点線はポテンシャル密度が 1027.3 および 1027.8（kg/m³）の等値線を意味する。（*World Ocean Atlas 2009* より作成）

図4‐7には、A（南緯五〇度西経三〇度）、B（南緯二〇度西経三〇度）、C（北緯一〇度西経三〇度）の三ヵ所のダイヤグラムを示しています。まず南極中層水を見ると、AからCと北に向かうにつれ塩分極小における塩分値が高くなっています。これは南極中層水が北に流れていくうちに周りの塩分の高い水と混合するためです。また、Aでは南極中層水の塩分より、上層（温度が高いところ）の塩分が低くなっています。これは、南極中層水がこの海域で表層から下層に沈み込んでいることを示しています。すなわち、南大西洋の高緯度域の表層で冷やされた海水が南極中

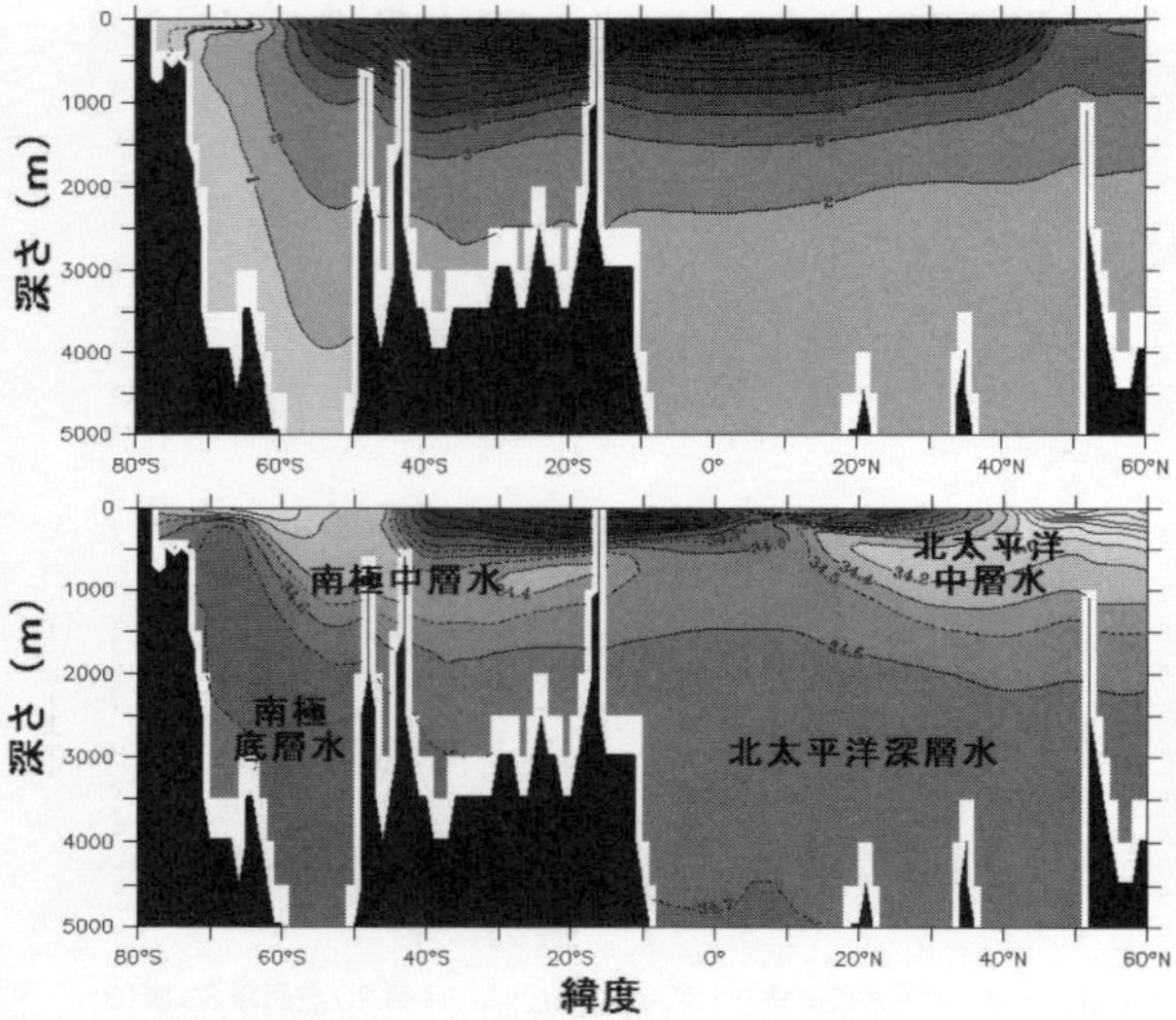

図4−8．太平洋東経 180 度におけるポテンシャル温度（上）と塩分（下）の南北断面図。（*World Ocean Atlas 2009* より作成）

層水として中層（深さ三〇〇〜一〇〇〇メートル）に潜り込んで赤道近くまでたどり着いていることを、この図4-6と図4-7は示しています。

一方、北大西洋深層水の方はCからAと南に向かうにつれ塩分値が下がる、すなわち北大西洋を起源として南に流れ、周りの水と混合しながらその性質を失います。かくして、大西洋では北からは北大西洋深層水が赤道方向へ向かうのに対して、南からは南極底層水と南極中層水が赤道方向へ向かって北大西洋深層水を挟むような形で分布し、鉛直的に交差したサンドイッチ状の構造になっているのです。

以上のとおり、水塊は塩分極大／極

小の構造を持ちながら移動するうちに徐々にその性質を失うため、T-Sダイヤグラム上に複数の点のダイヤグラムを描くことで追跡することができます。この方法で水塊を調べることを水塊分析と言います。この手法は大西洋の水塊だけでなく、どこの海でも通用します。なお、T-Sダイヤグラムだけでなく、溶存酸素-温度ダイヤグラムなど、他の複数のパラメータを組み合わせた水塊分析も水塊の追跡や同定に使われています。

北太平洋では北大西洋のように深層水は形成されません。太平洋の深層は、南極底層水と大西洋から来る北大西洋深層水が混合した北太平洋深層水という水塊が占めています（図4-8）。この深層水は最も古い深層水で、北大西洋で沈み込んでから約一五〇〇年かかって北太平洋にたどりついたものだ、と言われています。深さ五〇〇〜一〇〇〇メートルの中層においては、大西洋でも見られた南極中層水の他、オホーツク海を起源とする北太平洋中層水（第九章参照）があります。それより浅いところには、南北太平洋の亜熱帯域を起源とする、塩分が高い北太平洋／南太平洋亜熱帯水があります。

世界の主な海流の分布

図4-9は世界の表面海流の分布ですが、いくつか面白い特徴があります。まず、太平洋・大

西洋・インド洋のどこを見ても、時計回りか反時計回りの環流があります。北太平洋の中緯度、例えば日本の近くを見ると、黒潮→黒潮続流→北太平洋海流→カリフォルニア海流→北赤道海流→黒潮といった時計回りの環流が東西に伸びてアメリカ西海岸まで達しています。その北には親潮を含んで反時計回りの環流があります。北大西洋の中緯度では湾流を含んで時計回りの流れになっています。その北には小さいですが、ラブラドル海流を含む反時計回りの環流があります。一方、南半球の中緯度は反時計回りの環流になっています。このような中緯度の環流を亜熱帯循環、高緯度の環流を亜寒帯循環と言います。

黒潮や湾流の特徴は、他の海流に比べ特に流速が大きいことです。このような強い流れは、大洋の西側に位置しています。太平洋・大西洋の南半球の西側にも、東オーストラリア海流やブラジル海流、フォークランド海流があります。さらには、インド洋の西側にも同じようにソマリア海流やアガラス海流と呼ばれる海流があります。このような大洋の西側に存在する強い海流を西岸境界流と言います。

低緯度を見ると、太平洋および大西洋の赤道直下では西向きの南赤道海流が流れています。太平洋では南赤道海流と北赤道海流の間や、南赤道海流の狭間に、北赤道反流・南赤道反流という逆向きの流れが存在しています。すなわち、東向きの海流と西向きの海流が交互に現れる複雑な構造になっています。インド洋では季節風の変化が大きいため、その向きによって流れの向きが

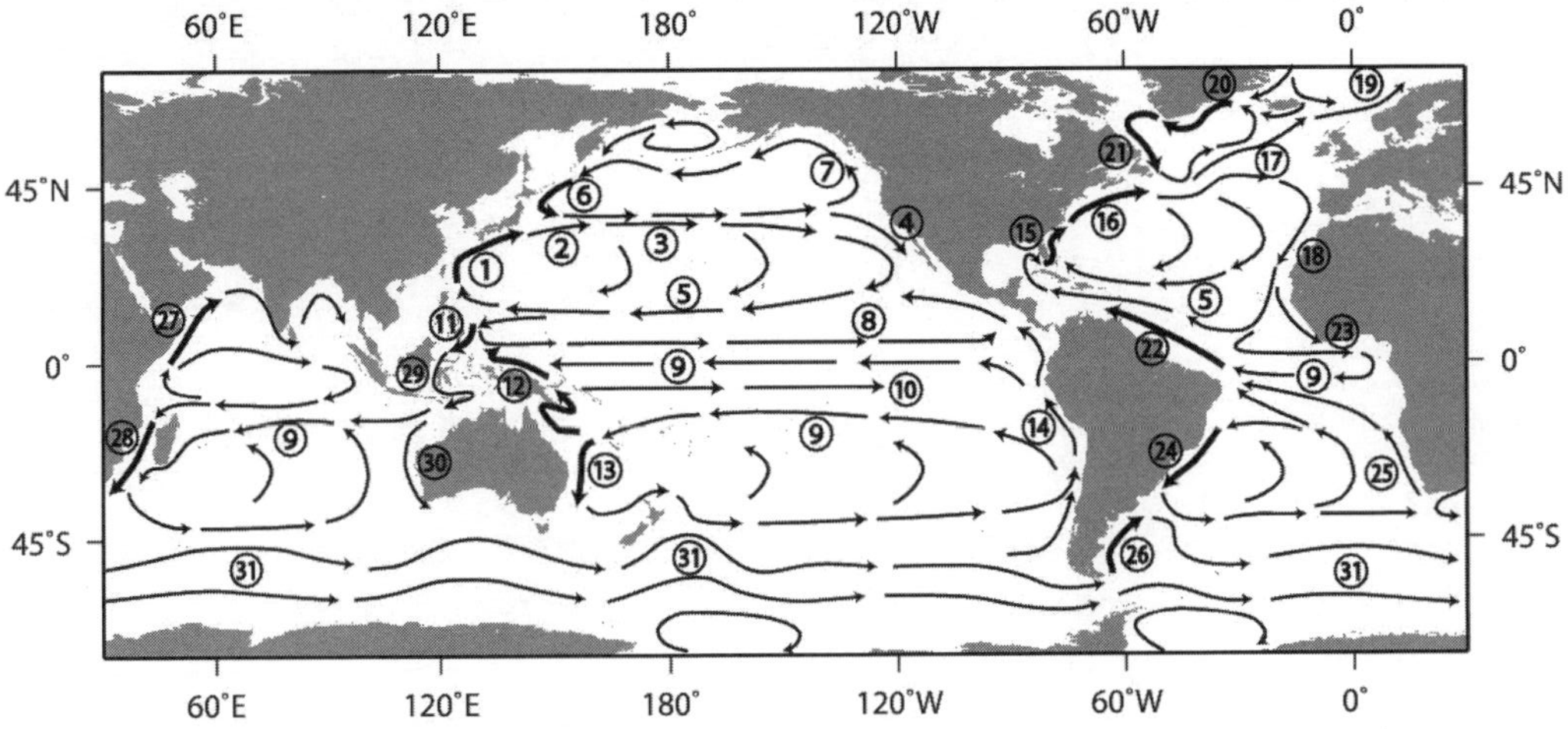

図4－9．北半球の夏における世界の主な表層の海流の分布。①黒潮、②黒潮続流、③北太平洋海流、④カリフォルニア海流、⑤北赤道海流、⑥親潮、⑦アラスカ海流、⑧北赤道反流、⑨南赤道海流、⑩南赤道反流、⑪ミンダナオ海流、⑫ニューギニア沿岸海流、⑬東オーストラリア海流、⑭フンボルト海流、⑮フロリダ海流、⑯湾流、⑰北大西洋海流、⑱カナリア海流、⑲ノルウェー海流、⑳東グリーンランド海流、㉑ラブラドル海流、㉒ギアナ（北ブラジル）海流、㉓ギニア海流、㉔ブラジル海流、㉕ベンゲラ海流、㉖フォークランド海流、㉗ソマリア海流、㉘アガラス海流、㉙インドネシア通過流、㉚ルーウィン海流、㉛南極周極流。太線の海流が西岸境界流。

変わります。インド周辺で南西風が吹いている北半球の夏では、赤道上で東向きの流れになっていますが、冬には西向きの流れとなります。

唯一、三つの大洋がつながっている南極海には、東向きの南極周極流が流れています。この海流の流速は黒潮や湾流に比べ小さいのですが、幅が広く深い構造を持っているので流量としては世界最大の海流で、一三五スベルドラップもの流量があります。（スベルドラップとは著名な海洋学者の名前ですが、その名前は流量の単位に使われていて、一スベルドラップは毎秒一〇〇万立方メートルの流量です。重量に直すと一スベルドラップの流量は、毎秒約一〇〇万トンの海水輸送量となります。）

日本近海の海流分布

日本付近の海流について詳しく見てみましょう（図4-10）。

1　黒潮

黒潮は日本近海を流れる最も顕著な海流です。親潮などの他の日本近海の海流に比べ、水が黒っぽい色（深い藍色）をしていることがその名前の由来となっています。

その色の原因は、南方の海水を運んでいることに起因します。南方の海水は北方の海水に比べ

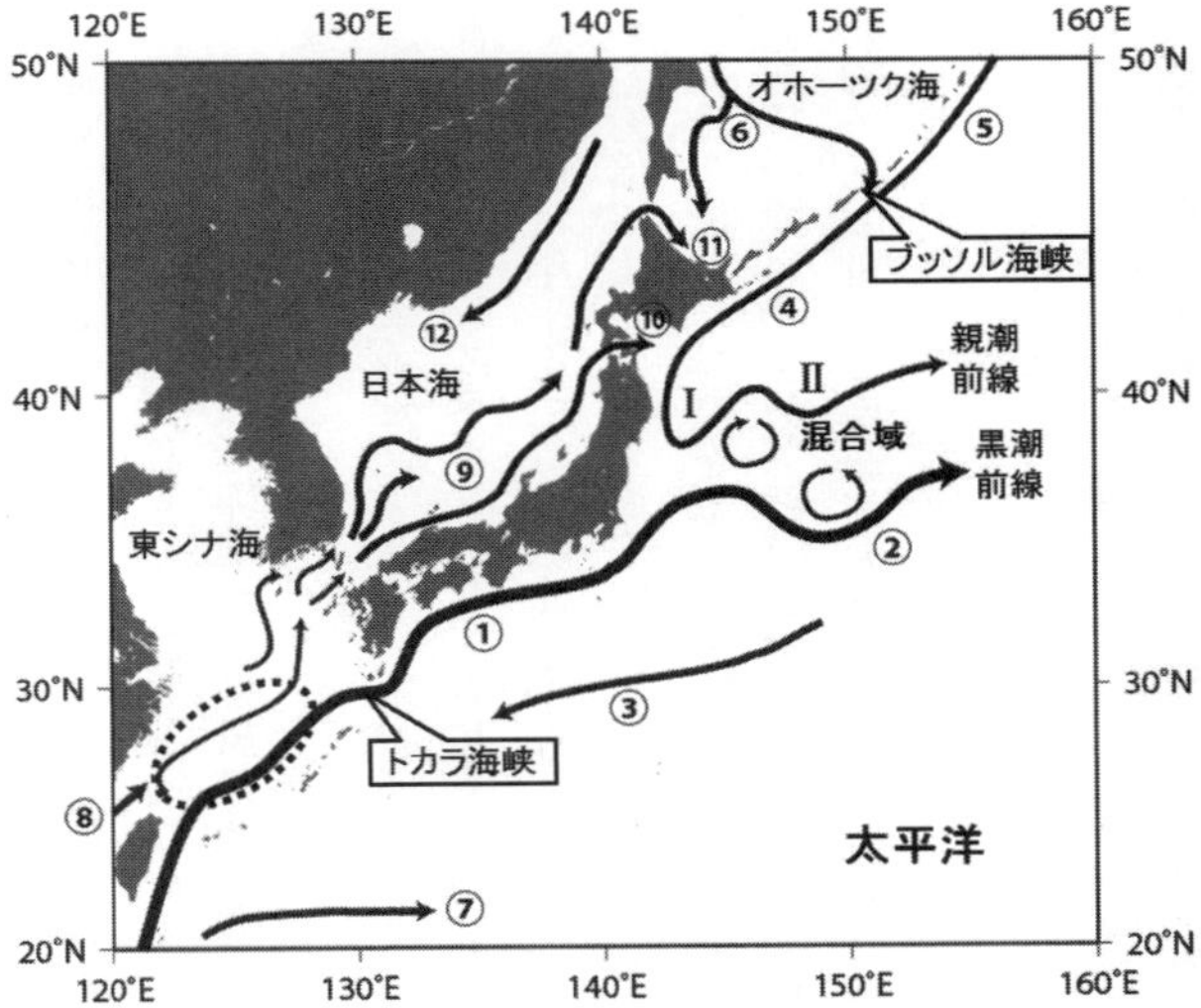

図4－10. 日本近海の海流などの分布。①黒潮、②黒潮続流、③黒潮反流、④親潮、⑤東カムチャツカ海流、⑥東樺太海流、⑦亜熱帯反流、⑧台湾暖流（夏のみ）、⑨対馬暖流、⑩津軽暖流、⑪宗谷暖流、⑫リマン海流。ローマ数字のⅠ、Ⅱは親潮の第一分枝、第二分枝を意味する。沖縄西方の点線で囲んだ領域は黒潮の海水が東シナ海に流れ込んでいる場所を意味する。

プランクトンが少なく澄んでおり、海に入射した太陽光線はほとんど吸収されるため深い藍色をしているのです。その南の海水は、黒潮の源流である北赤道海流から来ています。北赤道海流は北緯一〇～北緯二〇度の亜熱帯海域を西に向かう海流ですが、フィリピンにぶつかると二手に分かれ、その北の分枝が黒潮となります。そしてフィリピンのルソン島の北東端、台湾の東側を流れて東シナ海に入ります。東シナ海では水深が浅くなる大陸棚のやや沖を流れ、奄美大島の北側にあるトカラ海峡を通って太平洋に再び出てきて、日本の南岸を東に流れます。房総半島沖で日本を離れると黒潮続流と名前を変えて、太平洋を東に流れていきます。こういった一連の流れは亜熱帯循環の一部となっています。

ちなみに、最近漁獲量が大幅に減っているウナギの産卵地はグアム島西方の海山付近に見つかっていますが、その産卵地から稚魚が北赤道海流と黒潮に乗って日本に流れ着くと考えられています。

黒潮は非常に流速が大きく、毎秒二メートルを超えるときがあります。また、その流量は四国沖で四〇～五〇スベルドラップあります。日本の川では信濃川が最大の流量を持っていますが、その数値は年平均で毎秒四九〇立方メートル（〇・〇〇〇四九スベルドラップ）ですから、黒潮はその八万倍以上もの水を運ぶ巨大な「海の川」であることがわかります。

毎年二回、気象庁が名古屋の南の東経一三七度線にそって黒潮を南北に横切って、船により観測を行っていますが、その観測ラインにおける東西流速と温度の断面図を図4-11に示します。北緯三三度付近に流速が大きな東向きの流れがあります。これが黒潮です。最大流速は毎秒約一・五メートルで、流速が毎秒一メートルを超える強流帯は深さ三〇〇メートルに達しています。南北には北緯三一・五～三四度、深さ方向には海面から深さ一〇〇〇メートルにもおよんでいます。このとおり黒潮は幅が二〇〇キロメートル以上、厚さが一〇〇〇メートルにもなる大きな構造を持っていることから、流量が陸を流れる川よりはるかに大きくなっているのです。黒潮

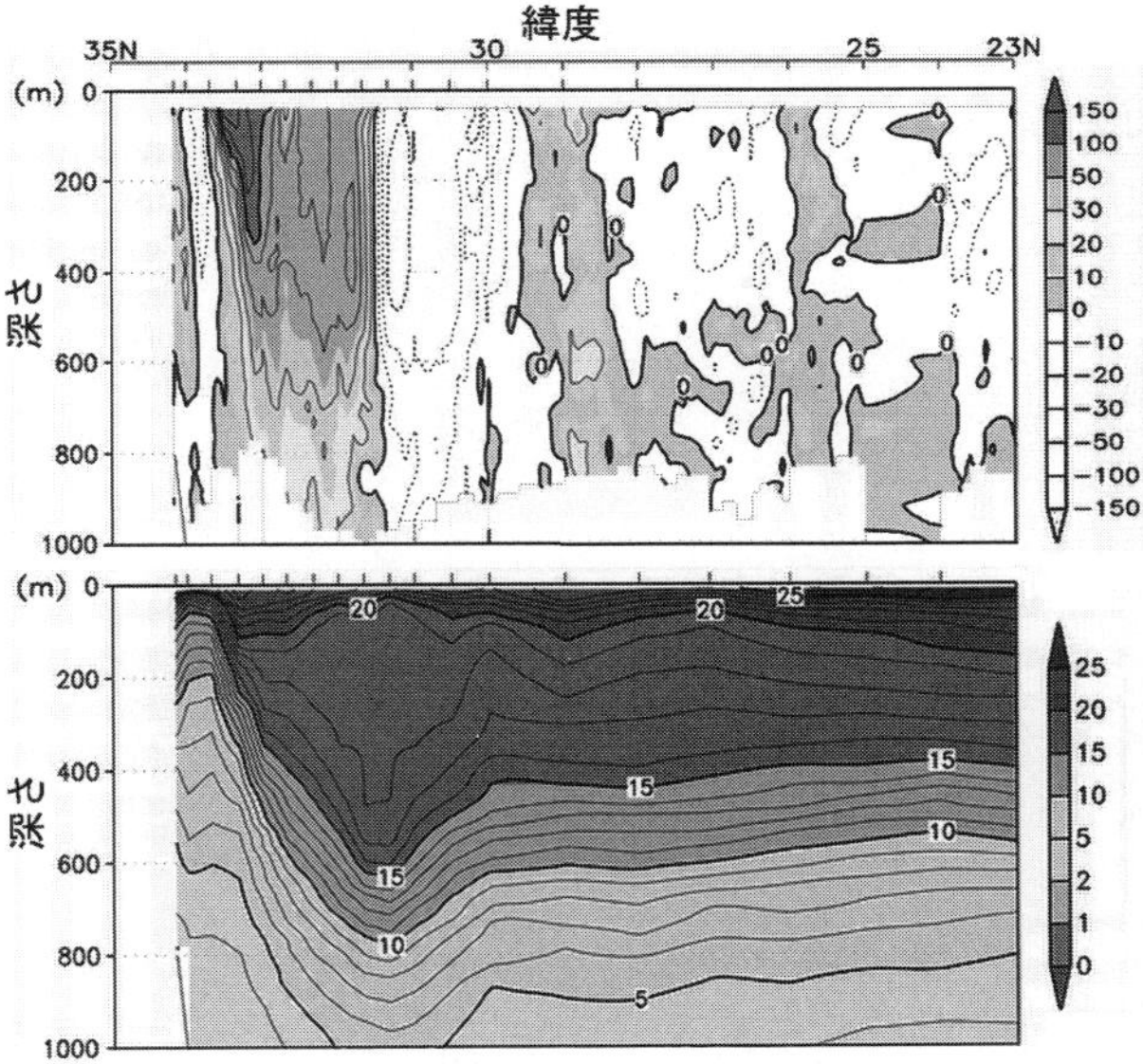

図4－11． 2014 年夏における東経 137 度線の東西流速（上、単位：cm/s）および温度（下、単位：℃）の南北断面図。左側が陸である。上図で灰色に塗った部分は東向きの流れを意味する。（気象庁のウェブサイトの http://www.data.jma.go.jp/gmd/kaiyou/db/vessel_obs/kobe/index.php?id=2014sum の東西流速・温度の図を筆者が加工）

の南には黒潮とは逆向きに西向きの流れが北緯三一度付近にありますが、これは黒潮反流と呼ばれるものです。

面白いのは温度の構造で、ちょうど黒潮のあたりで等温線が強く傾いていて、黒潮をはさんで南側で温度が高く、北側で温度が低い構造となっています。黒潮を南に横切ると急に温度が上がり、黒潮は温度が高い海水を南（右）側に見て流れています。海水は温度が高いほど密度が小さいことから、黒潮を境に南側で密度が小さく、北側で密度が大きくなっています。よって、黒潮は密度が小さい（軽い）水を南に見て流れるとも言えます。

また、密度が小さいということは同じ質量であれば体積が大きい（膨張している）ことから、黒潮をはさんで南側では北側に比べ海が膨らんでいる、すなわち海面高度が高くなっています。実際、黒潮を越えて南に行くと、海面高度が約一メートル高くなっています。この海面の高さの違いは第二章に述べた人工衛星の海面高度観測で検出できることから、海面高度の変化を観測すれば黒潮の流れている位置やその強さをモニタリングできます。

黒潮の観測は人工衛星だけでなく、気象庁、海上保安庁、水産庁などの機関により船舶や漂流ブイなどさまざまな手段を用いて行われています。その結果はそれぞれのウェブサイトで公開されていて、例えば海上保安庁では「海洋速報」として海流の分布図を公開しています（http://www1.kaiho.mlit.go.jp/KANKYO/KAIYO/qboc/）。

黒潮はときどき蛇行することがあります（図4-12）。大きく蛇行する場合もあれば、小さく蛇行する場合もあり、その流路を大きく分類すると、非大蛇行接岸流路（日本の南岸をまっすぐ流れる流路）、非大蛇行離岸流路（紀伊半島の潮岬付近で日本沿岸を離れて八丈島の南まで曲がり房総沖で非大蛇行接岸流路に合流する流路）、大蛇行流路（四国沖で日本から離れ、大きく蛇行して三宅島の北で非大蛇行接岸流路に合流する流路）の三つです。黒潮大蛇行と呼ばれる現象は三番目の流路を取った場合で、だいたい一〇年おきに起こり（最近では二〇〇四年に発生しました）、数年続くことが一般です。この黒潮

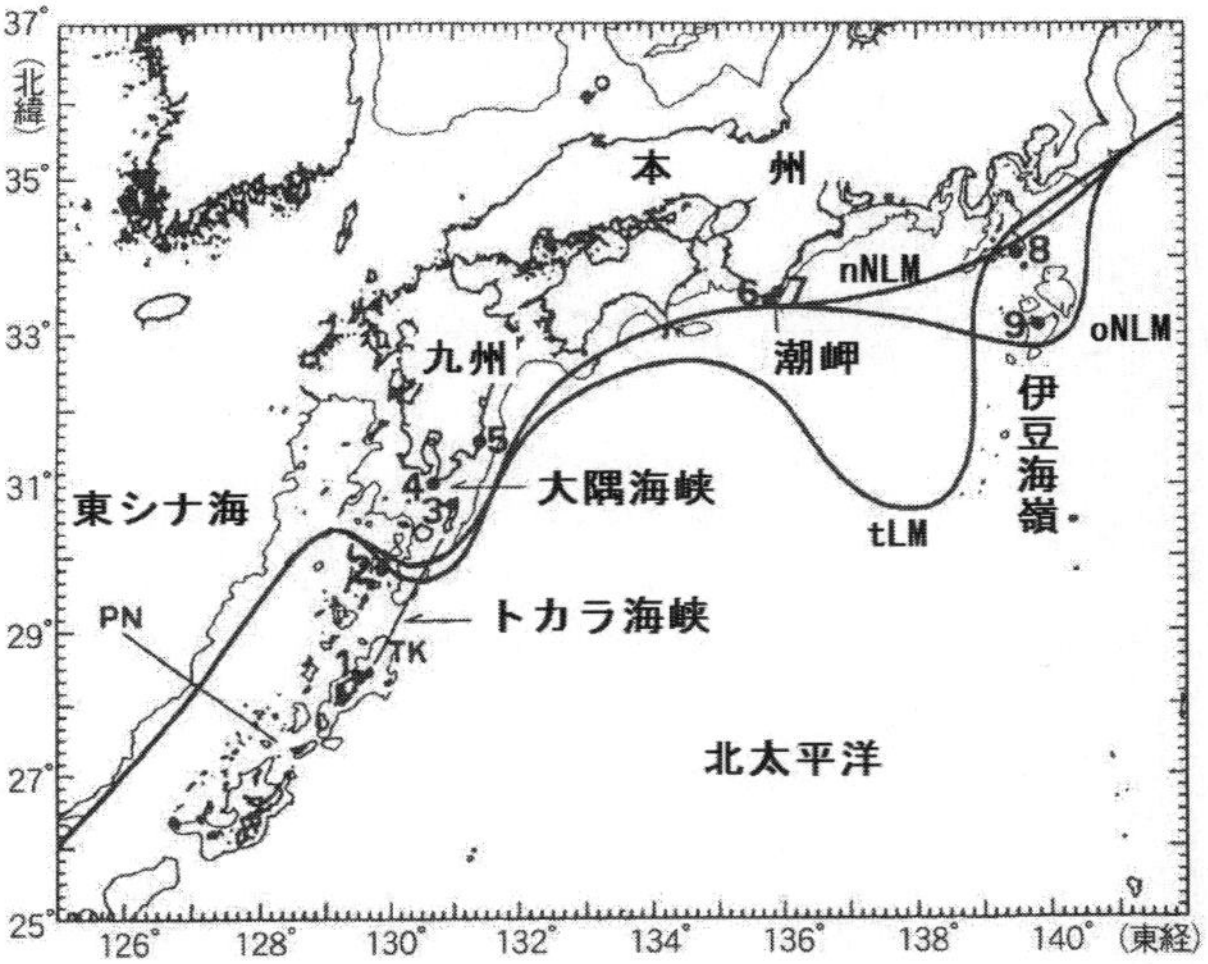

図4－12. 黒潮の流路。nNLM：非大蛇行接岸流路、oNLM：非大蛇行離岸流路、tLM：大蛇行流路。（Kawabe（1995）[59] より）

の大蛇行は、以前は黒潮の異常現象と考えられてきましたが、その後の研究により黒潮の持つ二重性（大蛇行と非大蛇行）の一面と考えられています。

　黒潮の蛇行が起こると、蛇行した部分に冷水渦と呼ばれる周りに比べ水温が低い渦が出現するため、日本近海の流れや水温の分布が大きく変わります。結果として水産業にも大きな影響を与えるだけでなく、日本の気候にも影響します。最近の研究によれば黒潮の運ぶ温かい海水の上では風が強くなりますが、黒潮の北の冷たい水の上では風が弱くなることがわかっています。このことは、黒潮大蛇行が起こるか否かで日本の付近の風のパターンが変わることを意味しています。

また、冬には時々東京周辺に大雪をもたらす低気圧が日本の南岸付近を通過しますが、その経路も黒潮が蛇行しているか否かで変わります。さらには、黒潮を横切ると海面高度が大きく変わることから、黒潮が岸近くを流れるか蛇行するかで沿岸の潮位にも影響がでます。

これらのことから、黒潮の蛇行については古くから研究されており、気象庁・海上保安庁・水産庁による観測が続けられています。最近になって、その形成・消滅のメカニズムも明らかになりつつあり、また精密な数値計算による予報もなされるようになりました。

2 対馬暖流

日本の地図帳や地学の教科書には日本近海の海流の分布図が載っていますが、それには日本海を北東に流れる対馬暖流（対馬海流）という海流が載っています。その分布図を見ると、対馬暖流は奄美大島の近くで黒潮から分岐して対馬海峡を通過して日本海に入っている、すなわち対馬暖流の起源が黒潮であるかのように描かれています。昔はそう考えられていたのですが、実は最近までよくわかっていませんでした。

実際、対馬暖流は黒潮から直接分離した流れではありません。黒潮が流れる東シナ海の大陸斜面と対馬海峡の間には、黒潮のような強い流れはなく、弱い流れがあるだけです。黒潮は深さ一〇〇〇メートルにもおよぶ海流ですが、東シナ海は水深が二〇〇メートルより浅いので、黒潮は直接的には東シナ海に流れ込みにくいのです。では、対馬暖流の起源は何でしょうか。

最近の東シナ海における漂流ブイやADCP観測からその実態がやっとわかってきました。まず、対馬暖流の起源に当たる東シナ海は季節変動が大きく、夏と冬で流れのパターンがかなり違っています。台湾と中国本土の間の台湾海峡を流れる台湾暖流（図4-10の⑧）が、夏では北東向きに流れます。夏はこの台湾暖流が対馬暖流の起源の一部になっています。が、それだけでは対馬暖流の流量の全てを説明できず、残りは台湾の北東の広い範囲（図4-10の点線で囲んだ範囲）で東シナ海に流れ込んでいる黒潮の分枝が対馬暖流の起源水となっています。一方、冬には台湾海峡からの流れはなくなり、台湾より北東側で黒潮から東シナ海に分離した流れが対馬暖流の主な起源になっています。

対馬暖流の流量に対する黒潮からの寄与は、対馬暖流全体の流量の半分強で（年平均が一・四スベルドラップ）、黒潮全体の流量に比べるとはるかに小さいことから、黒潮から対馬暖流に直接流れ込むということではなく、黒潮から東シナ海に水がしみ出していてそれが対馬暖流の起源になっているという見方が正しいようです（詳細については、まだわかっていません）。また、揚子江からの河川水も対馬暖流の起源水の一部になっています。かくして、対馬暖流の起源は一般の地図に描かれているような奄美大島沖で黒潮から分離した単純な流れではなく、もっと複雑だったのです。

対馬暖流の流量ですが、対馬海峡を通過する部分で二～三スベルドラップで、黒潮の一〇分の一以下です。日本海に流れ込むと黒潮のような安定で連続した流路を取らず、複雑な構造を持った不連続な流れとなることが多く見られます。北海道に近づくと安定した流れになり、一部は津軽海峡を抜けて津軽暖流として太平洋に流れ込み、一部は宗谷海峡を抜けて宗谷暖流としてオホーツク海に流れ込みます。

ちなみに、対馬暖流が流れる日本海は面白い海洋構造をしています。他の海とつながっている海峡（間宮・宗谷・津軽・対馬）は全て一三〇メートル以下と浅いのですが、日本海の中は平均水深が一六六七メートルで、深いところでは水深三〇〇〇メートルを超えています。このような構造をしていることから、日本海の下層はまわりの海と水が交換されることがほとんどないのです。このため日本海の下層には、周りの海には存在しない日本海固有水と呼ばれる水温が一℃以下と低く、塩分が三四・一ＰＳＵとほぼ均質で、溶存酸素が高い水で占められています。この日本海固有水は、対馬暖流が届かない日本海北部にて冬期にシベリアからの強い寒気で冷やされて沈み込んだ水と考えられています。

対馬暖流は流量が小さいですが、日本の気候にとっては重要な役割を持っています。冬の日本海側では太平洋側に比べ大量の雪が降りますが、その雪を降らせる雲は対馬暖流が運ぶ温かい海水から熱を得て発達します。このため、対馬暖流の変化はその年の日本における雪の降り方に影響を与えるのです。

3　親潮

親潮も黒潮と同様に地理の教科書や地図帳に出てくるので日本人にはなじみ深い海流です。その名前の由来ですが、親潮はプランクトンなどの生育に必要な栄養塩に富んでいるため、魚介類や海草を育てる親のようなものだというところから来ています。

親潮は黒潮のように海の中の川と言えるようなはっきりとした海流ではないことから、海流としてではなく北海道から東北の東岸にかけて存在する低温・低塩分・高栄養塩の海水を親潮と呼ぶこともあります。流速は最大で毎秒〇・五メートル程度で黒潮の四分の一程度です。流れが深く幅も広いため、その小さな流速の割には流量が大きく、黒潮の数分の一程度の流量があると考えられています。

親潮は亜寒帯循環の一部として北海道沿岸を南下する流れで、その起源はカムチャツカ半島から千島列島沿いに南西に流れる東カムチャツカ海流が運ぶ海水と、オホーツク海の中の海水が混合したものです（図4-10）。北海道に到達すると東に向きを変えますが、ときどきその一部がさらに南下することがあります。日本沿岸にそって南下するものは親潮第一分枝、東経一四五〜一五〇度付近で南下するものは親潮第二分枝と呼ばれています。[注1] 特に親潮第一分枝の南下は春に顕著で、通常宮城県沖まで到達しますが、一九八四年には茨城県沖まで南下したこともあります。親潮第一分枝は上記のとおり栄養塩に富んでおり、また水温が黒潮に比べ低いことから、その動向は日本の沿岸漁業に大きな影響を与えます。

親潮はだいたい北緯四〇度付近で東に向きを変えますが、親潮より南には温度・塩分ともに親潮の海水より高い海水が存在していることから、親潮を境として親潮前線と呼ばれる海洋前線が存在しています。すなわち親潮前線を境として、南側に高温・高塩分の海水、北側に低温・低塩分の海水が接しています。海水の密度は温度と塩分の関数で、温度が高いほど、そして塩分が低いほど密度が小さくなりますから、前線を境とした温度差から生じる密度差と、塩分差から生じる密度差とが打ち消しあっています。このため、密度で見ると前線の構造が弱いことが親潮前線の特徴です。

一方、親潮前線の南、黒潮続流のところにも前線があります。この前線は親潮前線とは異なり、南北の温度差が非常に大きいことから、南北に密度差が大きい前線として存在しています。この前線を黒潮前線と言います。

この二つの前線の周辺には、直径一五〇〜二五〇キロメートルの大きさを持った中規模渦がたくさん存在しています。黒潮前線や親潮前線はそれらの渦を伴って蛇行した構造となっています。これらの渦には黒潮より南の温かい海水をもった暖水渦と、親潮より北の冷たい海水をもった冷水渦の二種類があり、両者が混合している様子からこの海域は混合域と呼ばれています（その複雑な構造から、かつては混乱水域とも呼ばれていました）。次項で述べますが、近年この混合域周辺の海域が気候学的に注目を浴びています。

4　混合域の気候へのインパクト

混合域を含む日本の東方海域は、海洋から大気への熱の放出が世界でも大きな海域です。その放出量は、年平均値で一平方メートルあたり一五〇ワット、冬に最大で四〇〇ワットを超えます（図4-13）。冬季におけるこの数字は、こたつなどのちょっとした暖房器具と変わらないくらい大きいものです。すなわち、冬の日本東方海域では、こたつを海に一面に敷き詰めたと言ってもよいくらい、大量の熱が海から大気に放出されているのです。

その原因は、黒潮が南方から温かい海水を運ぶ一方で、中緯度の大気が比較的冷たいこと（特に冬季の冷たい北西季節風による寒気）により、海とその上の大気の温度差が大きくなり、熱が大量に海から大気に放出されるためです。同様なことは同じ緯度帯にある大西洋の湾流域でも起こっており、湾流が運ぶ温かい海水により温められた大気の対流が成層圏まで達していることを日本の研究者が発見しました。この発見は、その画像が『ネイチャー』誌の表紙として掲載されるほどのインパクトを世界の気候学者に与えたのです。

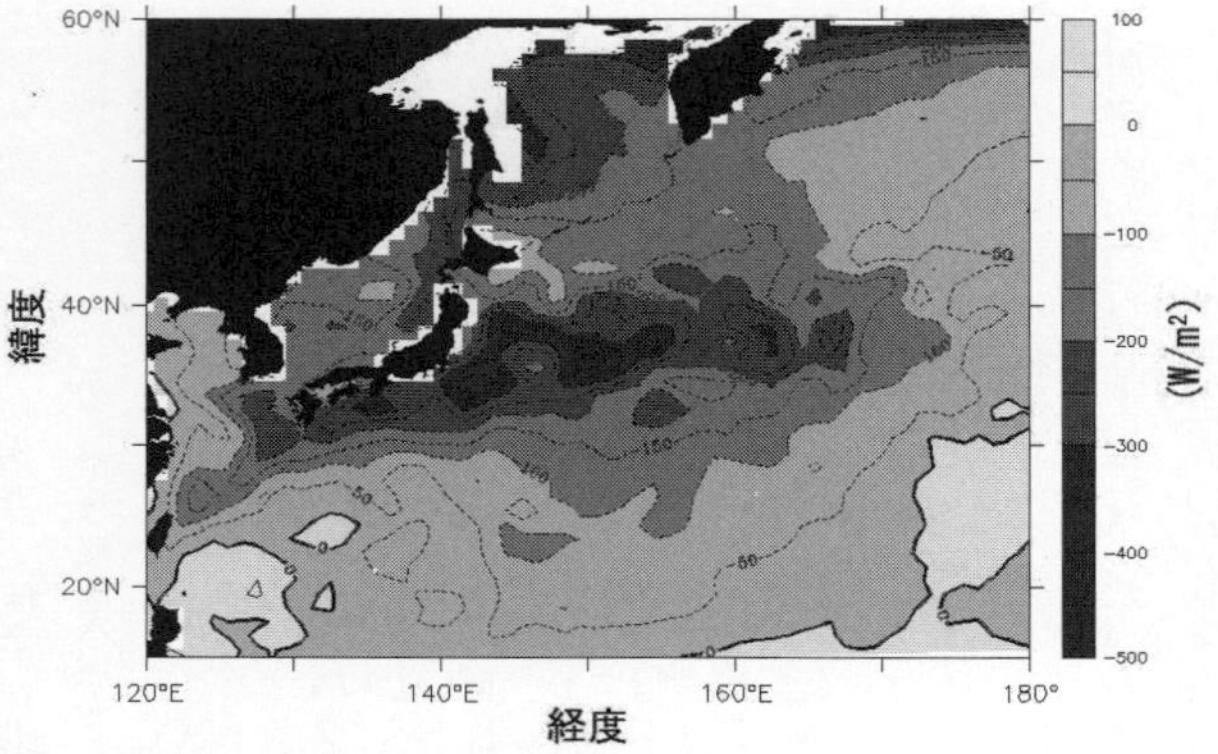

図4－13. 日本近海の海洋と大気の間の熱のやりとりの分布。灰色に塗った部分が海から大気に熱が放出されているところで、灰色が濃いところにおいて、より多くの熱が放出されている。（ウッズホール海洋研究所 OAFlux プロジェクトの 2009 年データより作成）

加えて、混合域は黒潮系の温かい海水と親潮系の冷たい海水が黒潮前線・親潮前線において接する場所であり、その前線の位置によって海から大気への熱のやりとりの分布が大きく変わります。言い方を換えると、混合域の海洋変動は周りの大気の変動に大きな影響をもたらします。その影響は、日本はもとより、北米にまで及ぶことがわかっています。たとえば、天気予報によく登場する低気圧・高気圧ですが、その移動経路が日本近海では海洋の温度前線にほぼ一致するのです。その混合域の海洋変動ですが、この海域に見られる渦（特に暖水渦）により影響を受けます。一方で、黒潮続流は一〇年スケールで変動していることから、その変動が一〇年スケールで渦の分布を変えて、結果として中緯度の気候変動を起こすことがわかってきました。

このことから、この日本東方海域は「気候系のホットスポット」と名付けられ、日本の大勢の海洋学者・気象学者が集結してその海域の観測およびシミュレーションによる研究を行っています。たとえば、黒潮続流域にはトライトンブイの小型版であるＪ－ＫＥＯブイが設置され、長期にわたって海面付近の大気と海洋の変動を観測したほか、何隻もの船により現場観測が行われました。

海洋の渦

毎日天気予報を見ていると、必ず低気圧や高気圧、台風といった、水平スケールが一〇〇〇キロメートルほどの渦が登場します。すなわち、大気の中には渦があり、それが毎日の天気に影響しています。では、海洋の中にも同じような渦があるのでしょうか？　実は、あるのです。

海の中に渦が見つかったのは遠い昔ではなく、一九七〇年代に入ってのことです。それまでは、海の中は平穏で黒潮などの大きな海流がただ流れているといった循環像が描かれていました。今でも、教科書や地図帳に載っている海流の分布図を見ても、渦が描かれているものはほとんどありません。ところが、実際調べてみると、世界中どこの海でも渦で満たされているのです。

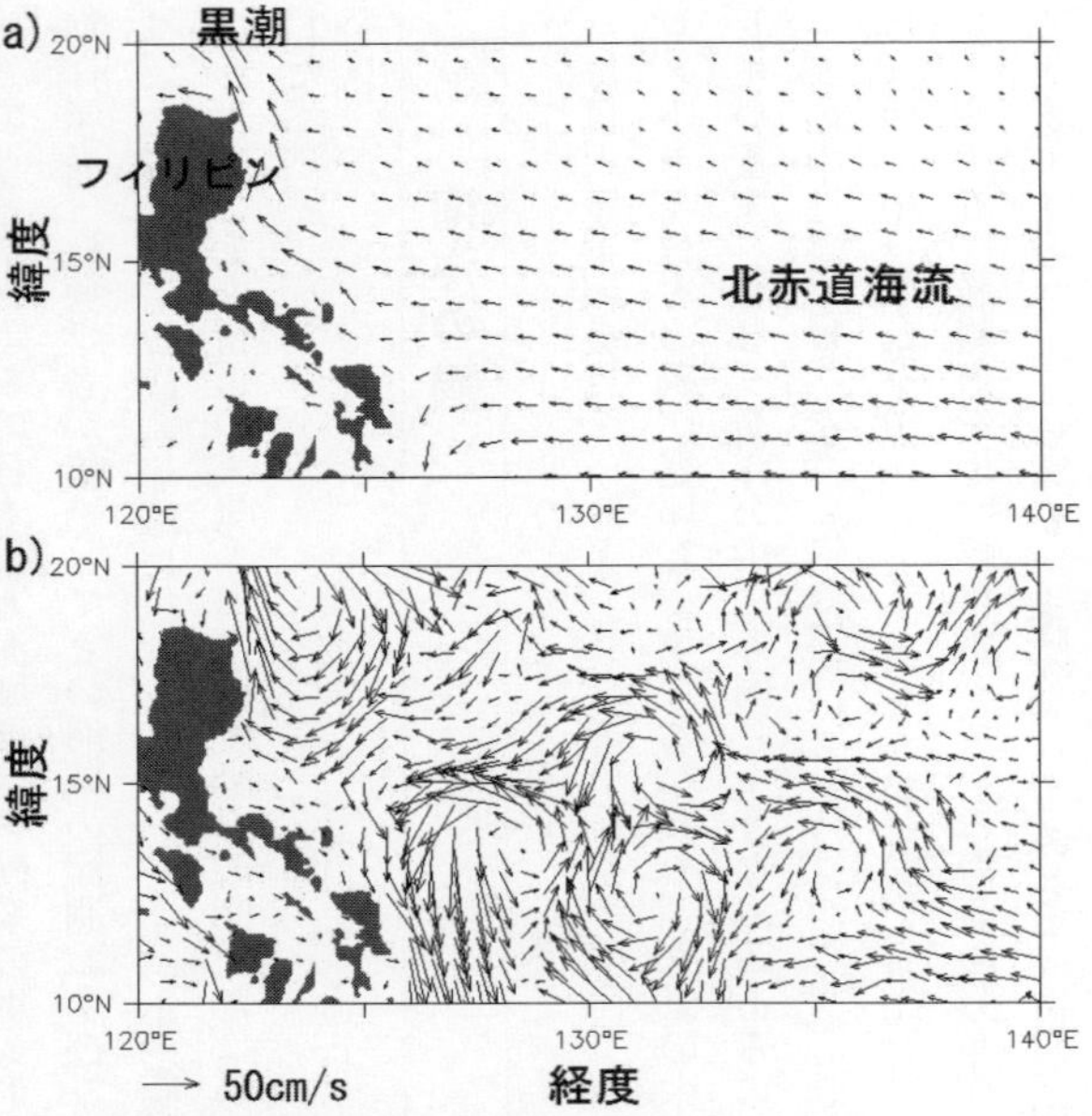

図4－14. 西太平洋熱帯域における表層海洋の平均（a）とある瞬間の流速ベクトル図（b）。（提供：JAMSTEC、地球シミュレータによる計算結果）

図4-14は海洋研究開発機構にある地球[注2]シミュレータを用いて行った海洋のシミュレーション結果で得られた西太平洋熱帯域の流れの分布です。平均的な流れ（図4-14a）を見ると、北赤道海流が広くこの緯度帯を西に流れており、フィリピンの岸に突き当たって、一部が黒潮の源流として北に流れています。ところがある瞬間（図4-14b）を見ると、直径が数百キロメートルの時計回り・反時計回りの渦が多数見られます。これらの渦は亜熱帯循環のような数千～一万キロメートルのスケールの

大きな海洋構造に比べて小さいことから、中規模渦（メソスケール渦）と呼ばれています。

図4‐14bのとおり、瞬間的に見れば北赤道海流は中規模渦に埋もれてしまい、海流としてはっきりしなくなります。エネルギー的にも、平均的な流れより渦のエネルギーの方が大きいのです。このことは一部の領域を除いて地球全体の海でもそうなっています。つまり、地図帳などに描かれている海流の分布図は平均的な流れであり、もし宇宙から写真を撮ったならば、渦だらけで海流はよくわからなくなるのです。

これらの渦は、深さ一五〇〇メートルでも毎秒一〇センチメートル以上の流れを持ち、その中心位置も海面からその深さまでほとんど変わらない（直立している）という特徴を持っています。また、渦による流れの変化は、五〇～一〇〇日程度であり、季節変化より短いタイムスケールの現象です。

これらの渦は岸から離れた大洋の真ん中だけにあるのではなく、岸近くでもよく観測されます。黒潮が蛇行した際に蛇行した部分に現れる冷水渦もその一つです。また、日本東方の混合域で時計回りの暖水渦、および反時計回りの冷水渦が多数観測されます。これらの渦は黒潮続流や親潮がちぎれてできるもので、暖水渦は黒潮続流より南の温かく塩分が高い海水を、冷水渦は親潮の温度・塩分が低い海水を持った渦です。周りとの温度差が大きいので、人工衛星の画像で簡単に見分けられます（本章扉写真）。これらの暖水渦・冷水渦は寿命が数ヵ月から一年程度ですが、黒潮の蛇行に伴って発生する冷水渦は黒潮の蛇行のタイムスケールと同じ寿命を持つので、一年以上もほぼ同じ場所に存在しています。

湾流にも同様に暖水渦・冷水渦が存在しており、それぞれウォームコアリング（warm core ring）・コールドコアリング（cold core ring）と呼ばれています。混合域の渦同様に湾流がちぎれて発生しますが、黒潮続流では暖水渦の発生頻度が高いのに比べ、湾流ではコールドコアリングの発生頻度が高いという傾向があります。

では、この中規模渦は海洋の中でどのような役割を持っているのでしょうか。海流がその上流から下流に向かって、海水を運んでいることは容易に想像できます。一方、中規模渦は海洋の中にランダムに近い状態で存在し、長い時間平均を取るとほとんど消えてしまう構造なので、一見すると何も役割を持っていないようにも思われますが、実はそうではありません。中規模渦の最も重要な役割は、海水をかき混ぜることです。海の中はさまざまなスケールの現象で満ちあふれていて、それらにより乱れた状態（乱流と言います）になっています。その状態においては、熱や塩分などが混ざって一様となろうとしますが、特に中規模渦により渦の中の水と周りの水をかき混ぜる効果は無視できないものがあります。また、中緯度大気の低気圧・高気圧は熱を南から北に運ぶ役割を果たしていますが、海洋の渦にも同様な効果、すなわち熱や塩分を南北に輸送する役割を持ったものがあります。特に中緯度の中規模渦（例えば暖水渦）がその役割を果たしていま

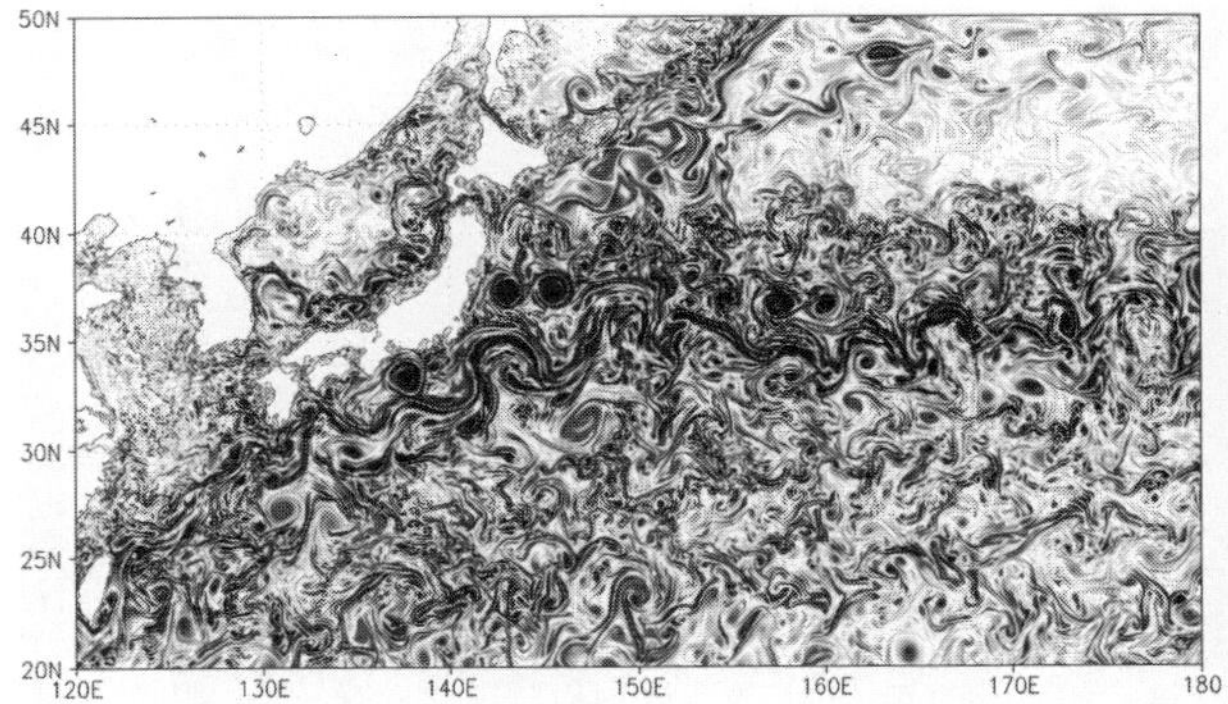

図4－15. シミュレーションにより得られた日本近海の海面での相対渦度（第五章参照）の分布。中規模渦より細かいサブメソスケール現象が現れている。（提供：JAMSTEC、地球シミュレータによる計算結果）

す。

最後に、中規模渦より小さいスケールの渦について述べましょう。中規模渦より小さい五〇キロメートル以下のスケールの現象はサブメソスケール現象と呼ばれていて、現在の海洋学においてホットな話題の一つになりつつあります。

図4-15は図4-14同様にシミュレーションにより得られた結果ですが、解像度を図4-14の約三倍細かくしたものです。この図には中規模渦より小さいスケールの渦や筋状の構造がたくさん見えています。最近の研究によると日本東方海域ではサブメソスケールの現象が冬に活発になること、そして活発になって生じたエネルギーは中規模渦のエネルギー源となり、中規模渦も活発になることが示されています。このサブメソスケール現象の研究が、日本東方海域の海洋変動、およびそれを通しての気候変動

の理解につながることが期待されています。

注1：親潮第一分枝・親潮第二分枝

図4-10から、海流としての親潮は蛇行していて分枝していないように見えますが、蛇行している部分で親潮の海水が東に向きを変えた親潮より南下しているので、分枝と呼ばれます。

注2：地球シミュレータ

地球シミュレータは、地球の諸現象（大気・海洋・固体地球）の高精度のシミュレーションを行うことを目的として開発された超高速スーパーコンピュータで、二〇〇二年に稼働を開始しました。その際、当時世界一の性能を持った米国のスーパーコンピュータの五倍以上の性能を出して世界一の座に就き、『ニューヨーク・タイムズ』紙の一面に掲載されるなど、米国を震撼させました。稼働開始後、さまざまな分野のシミュレーションに利用されましたが、特に地球温暖化予測のシミュレーションにも使われて、地球温暖化の評価報告書の作成に大きく貢献しています。現在は三代目が稼働中です。

第五章

海洋大循環はなぜ起こるか

CTD観測により世界の海を高精度で調べる（筆者撮影）

前章で世界や日本の海がどうなっているかを見てきました。その中で、大洋の中には時計回りや反時計回りの環流があることや、極域から低緯度に流れる水の塊などについて触れましたが、どうしてそのようなことになっているのか不思議に思っている方も多いでしょう。そこでこの章では、こうした疑問に答えていきます。そのために、海洋の循環がなぜ起こるのか、その物理的な仕組みを詳しく見ていきましょう。

地球の熱バランスと海洋を動かすもの

海の中には、大きなスケールの環流や極域から低緯度への中層・深層での流れが形成されています。それらをあわせて海洋大循環と言いますが、まずそのエネルギーの源を考えましょう。

地球は太陽から熱を受け取っていますが、地球全体で均一に受け取っているわけではありません。太陽のエネルギーは主に可視光線として地球に届いていますが、熱帯は極域より多くのエネルギーを受け取っています。これは、太陽光線の入射してくる方向が熱帯では真上近くですが、極域では水平近くなるので、単位面積あたりで受けるエネルギー量が熱帯で大きくなるためです

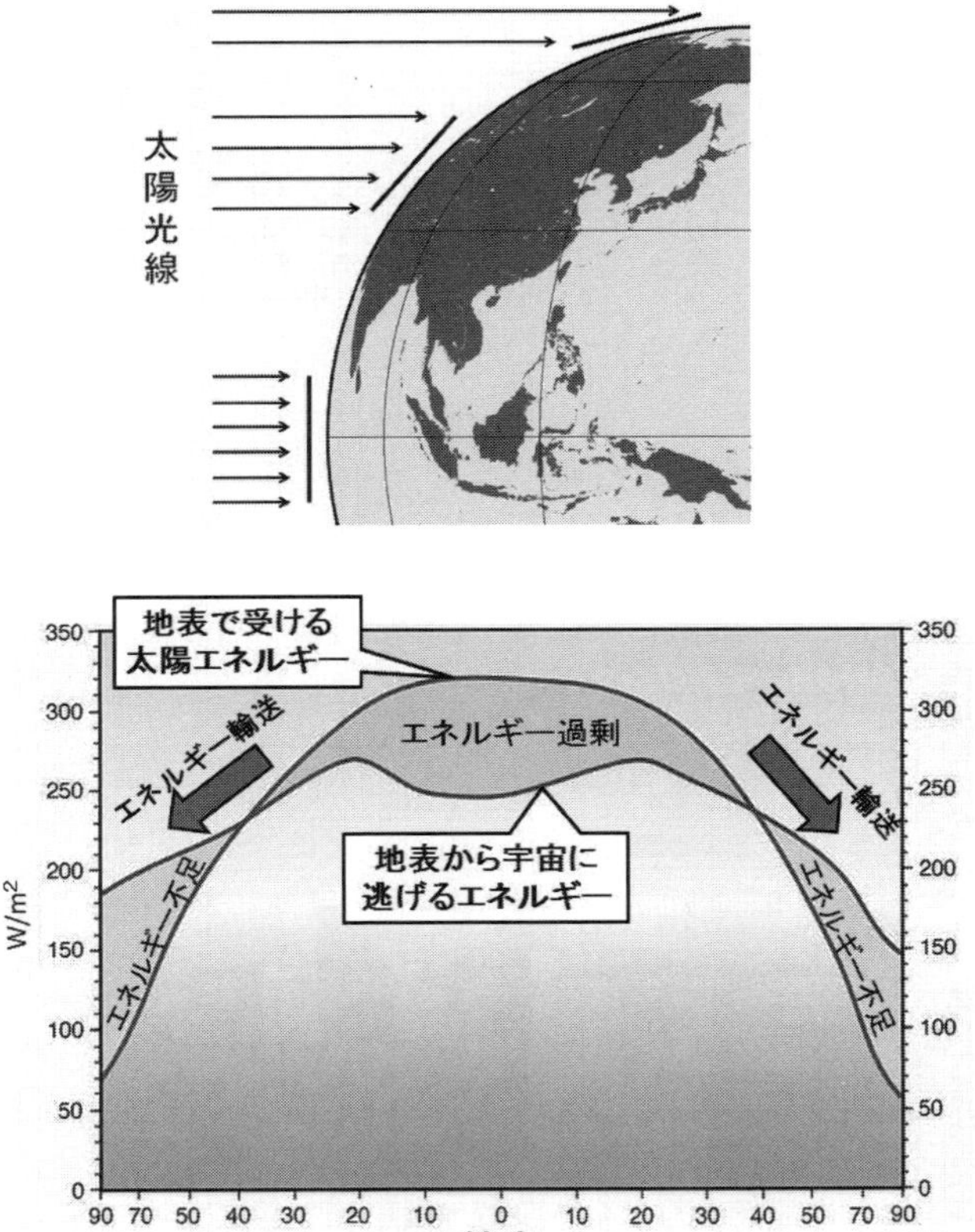

図5－1. 地球が受ける太陽光線（上）と地球のエネルギーバランス（下）。（下図は、Pidwirny, M.（2013), “Energy balance of Earth”（retrieved from http://www.eoearth.org/view/article/152458/）より）

（図5-1上）。

熱エネルギーを一方的に太陽から受け取り続けたのでは、地球はどんどん暑くなってしまいますが、そうはなっていません。これは、受け取った太陽エネルギーに釣り合うエネルギーが地球から宇宙に逃げているからです。その宇宙に逃げるエネルギーは赤外線として地球全体から放射されますが、太陽光線による熱と違って、宇宙に逃げる量が熱帯と極域でそれほど差がありません。すなわち、熱帯では太陽から得るエネルギーが地表から逃げるエネルギーより大きく、極域では逆になっていて、エネルギーの過不足が熱帯と極域で起こっています（図5-1下）。その過不足を解消するため、大気と海洋が熱を熱帯から極域に運ぶことになります。つまり、大気や海洋の循環は、熱帯と極域の熱エネルギーの過不足を解消するために起こっているのです。

海洋の循環を動かすものは大きく分けて次の二つがあります。

1　風による効果

風が海上を吹くと摩擦により海面に力が作用し、その結果として海洋の循環が生じます。この風の効果によって生じる海洋の循環を風成循環と言います。図5-2は代表的な海流とその上を吹く風の対応を示したものです。この図から風と海流の対応が非常に良いことがわかります。また、亜熱帯や亜寒帯に見られた時計回り・反時計回りの環流はこの風成循環によるものです。

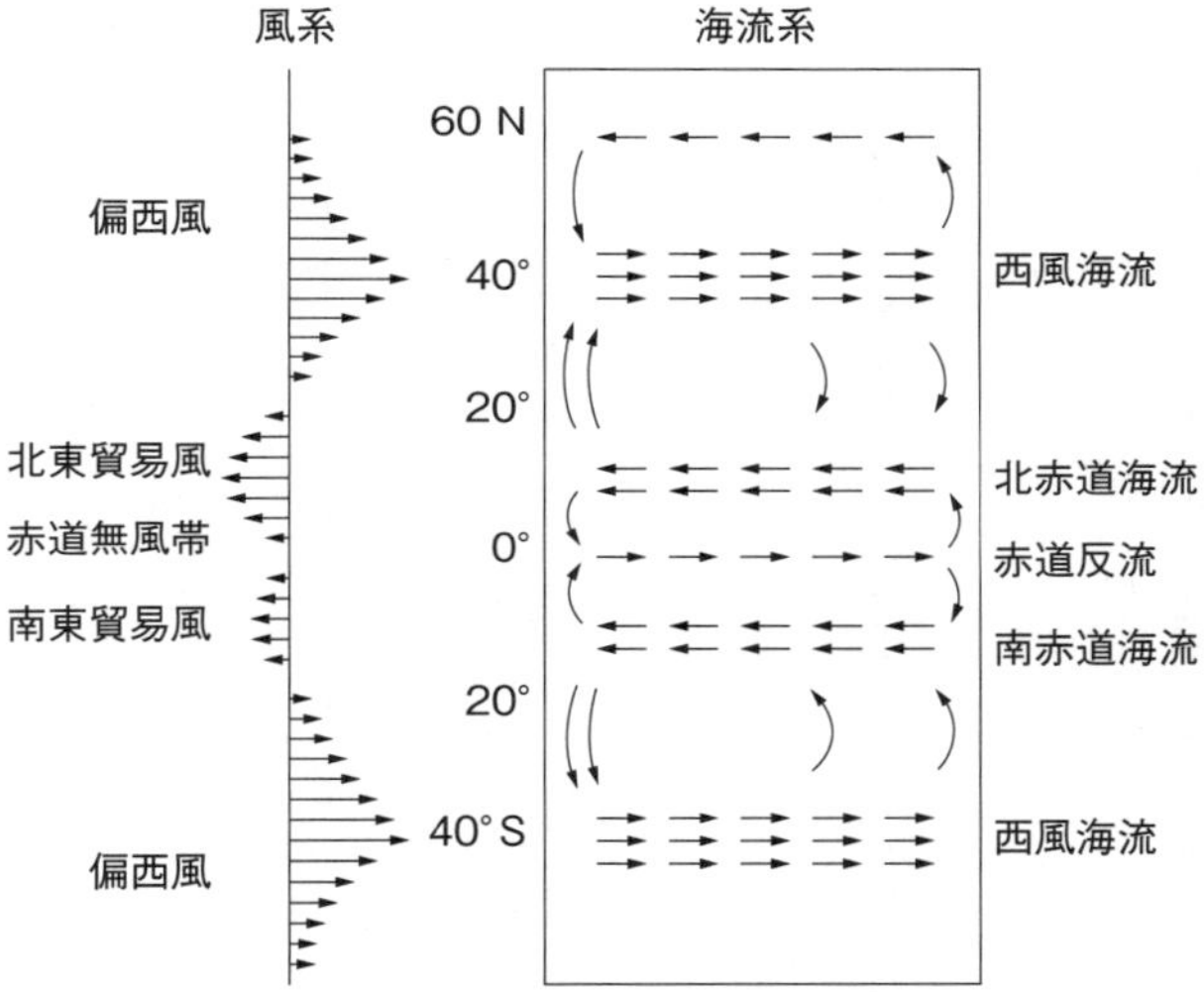

図5－2．風系と海流の対応。（永田豊『海流の物理』[18] より）

風の吹いている方向に海流が流れているように見えます。しかし、後述するコリオリ力などの効果が働いているので、そんなに単純ではありません。たとえば、黒潮や湾流のような強い海流が大洋の西側にできることは、この考え方では説明できないのです。

2　海水の密度差による効果

海水は海面において熱帯で温められ、一方で極域では冷やされます。その結果、熱帯域の海面の海水は軽く、極域の海水は重くなります。その密度差が海洋全体の流れを生み出します。第四章に示した大西洋における中層・深層での極域から熱帯方向への流れはこの効果が大きいと考えられています。

それぞれの効果と海洋大循環を考えるにあたっては、物理学、特に流体力学の知識が必要です。よって、ちょっと回り道になりますが、物理学の基本的な部分を次に見ていきましょう。

まずはニュートン力学

地球の大気や海洋の運動は流体力学という学問で記述されます。その流体力学の基本はニュートン力学です。高校の物理を習った読者ならば、次のニュートンの第一法則・第二法則を覚えていると思います。


第一法則…質点は外部から力を受けない限り静止するか、もしくは等速直線運動をする。

第二法則…外部からの力（F）は、質点の加速度（a）と質量（m）をかけたものと等しい。


第二法則より、$F=ma$が成り立ちます。この式を運動方程式と言います。

加速度というのは、単位時間あたりの速度の増分で、例えば静止している電車が発車後の一〇秒間に毎秒二〇メートルの速度になった場合、その加速度は二〇（メートル／秒）÷一〇（秒）＝

二（メートル／秒の二乗）という値になります。

流体の動きを理解するには、運動方程式である$F = ma$を解いて、物理学的な解釈を考えることになります。すなわち、この運動方程式をまず理解する必要があります。流体の運動方程式をナビエ・ストークスの方程式と言います。

圧力傾度力について

運動方程式の左辺、Fについてどのような力があるかを考えます。海水のような流体の力学を考える場合、いろいろな力がありますが、その中で最も重要なものが圧力です。圧力とは単位面積にかかる力です。たとえば、深さ一〇メートルにおける単位面積（一平方メートル）にかかる力を考えましょう。流体が運動していなければ、その力は深さ一〇メートルにある面の上に載っている海水の重量ということになります。海水が圧縮されないと仮定して、海水の密度を一立方メートルあたり一〇二四キログラムとすると、その重量は、

$$1024\ \mathrm{kg/m^3} \times 10\ \mathrm{m} \times 1\ \mathrm{m^2} \times 9.8\ \mathrm{m/s^2} = 100352\ \mathrm{kg \cdot m/s^2}$$

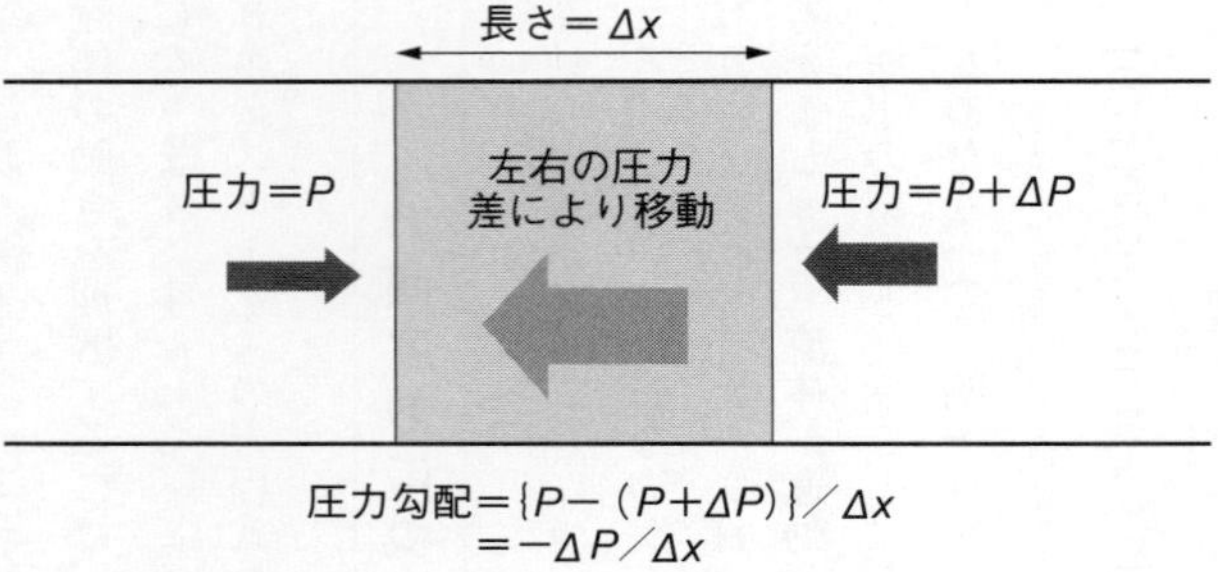

図5－3．管の中の圧力と圧力勾配。

になります。この数字は大気の一気圧とほぼ等しい値です。なお、流体が鉛直方向に運動しないで、圧力がその面の上に載った流体の重量による力と等しい状態を静水圧と言います。

注意しなければならないことは、圧力は水平面を通して下方向にだけ働く力ではないことです。管を通る流体を考えればイメージできると思いますが、横の面にも働きます。議論を簡単にするために、ある管を通る長さΔxの流体の塊を考えましょう（図5-3）。その流体の塊には左の面からの圧力だけではなく、右の面からの圧力もかかります。このため、その流体の塊を動かすのは、一方向からの圧力ではなく、両方向からの圧力の差となります。たとえば、右からの圧力が左からの圧力と等しければ流体は動きませんし、図5-3のように右の方が左より圧力が高ければ、流体の塊は左の方（圧力が高い方から低い方）に動きます。すなわち、流体の運動を考える場合は、流体にかかる圧力そのものではなく、圧力差（これを圧力勾配と言います）を考える必要があります。この圧力の差に伴う力を圧力傾度力と言います。

たとえば、大気に高気圧と低気圧があった場合、もし次項で述べるコリオリ力がなければ、空気は高気圧から低気圧の方向に流れる、すなわち風は高気圧から低気圧に向かって吹くことになります。そして高気圧と低気圧の中心気圧の差が大きいほど（等圧線が込んでいるほど）、圧力傾度力が大きくなり風は強くなります。

コリオリ力とは――北極点で観測した場合

天気図（図5-4）からわかるように、実際の大気では高気圧から低気圧に向かって風は吹いておらず、ほぼ等圧線に沿って吹いています。なぜこのようになるかを理解するには、コリオリ力を理解する必要があります。

コリオリ力は高校の地学の教科書に載っていて、北半球では直角右向きに働く見かけの力だと記されています。が、そのような文章が出てきても何のことか理解できなかったのではないでしょうか。そこで、本書ではじっくり解説したいと思います。

まず、いろいろな本やウェブサイトに記されている次の説明から入りましょう。北極点の上に

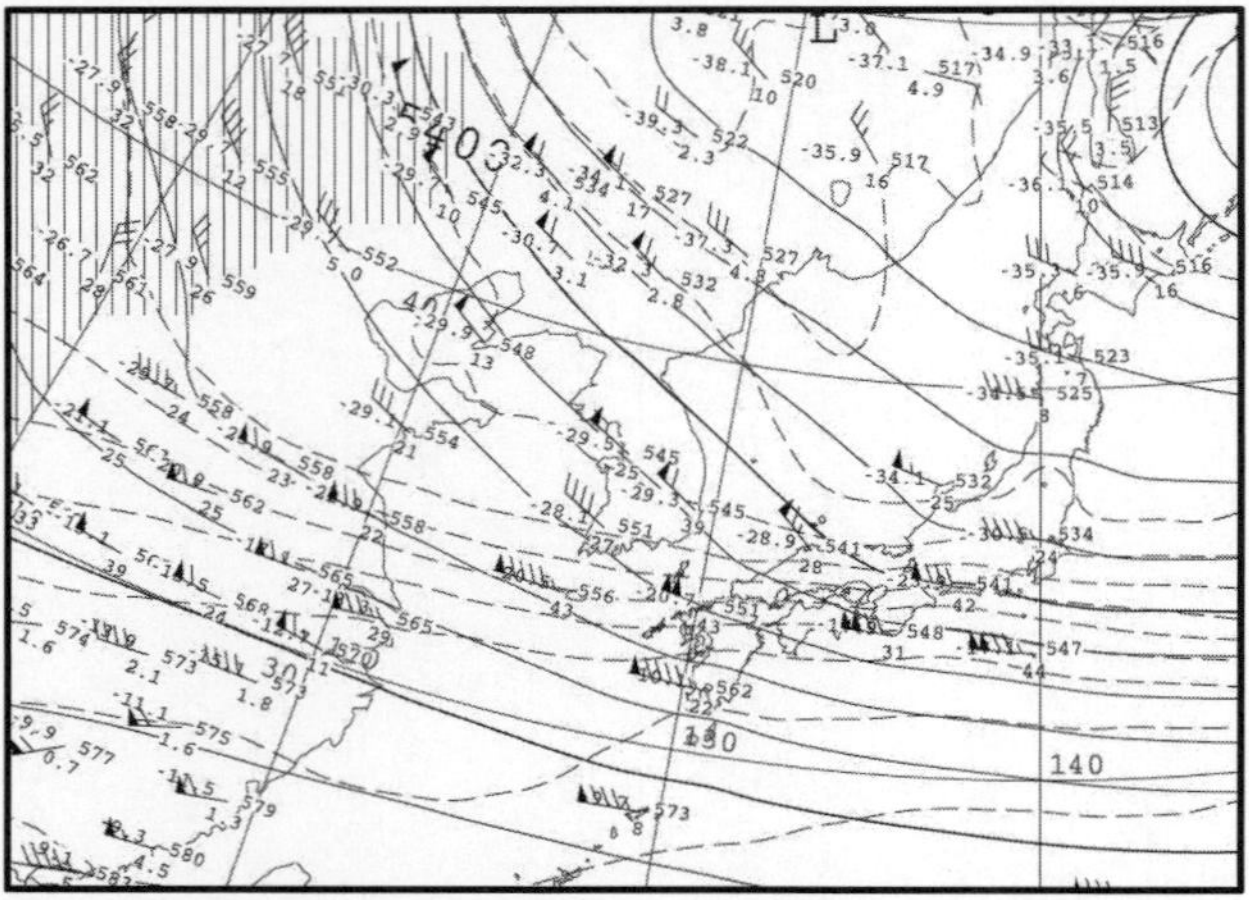

図5－4．2015年1月10日の高層500 hPa等圧面の天気図。実線は等圧面の高度の等値線を意味する（すなわちそれぞれの高度の等圧線と一致する）。矢羽根は風を意味し、矢羽根の向きは風が吹いてくる方向を、羽の数は風の強さを意味する。風の向きが実線の等値線（等圧線）とほぼ一致している。（気象庁提供の図を筆者がトリミングした）

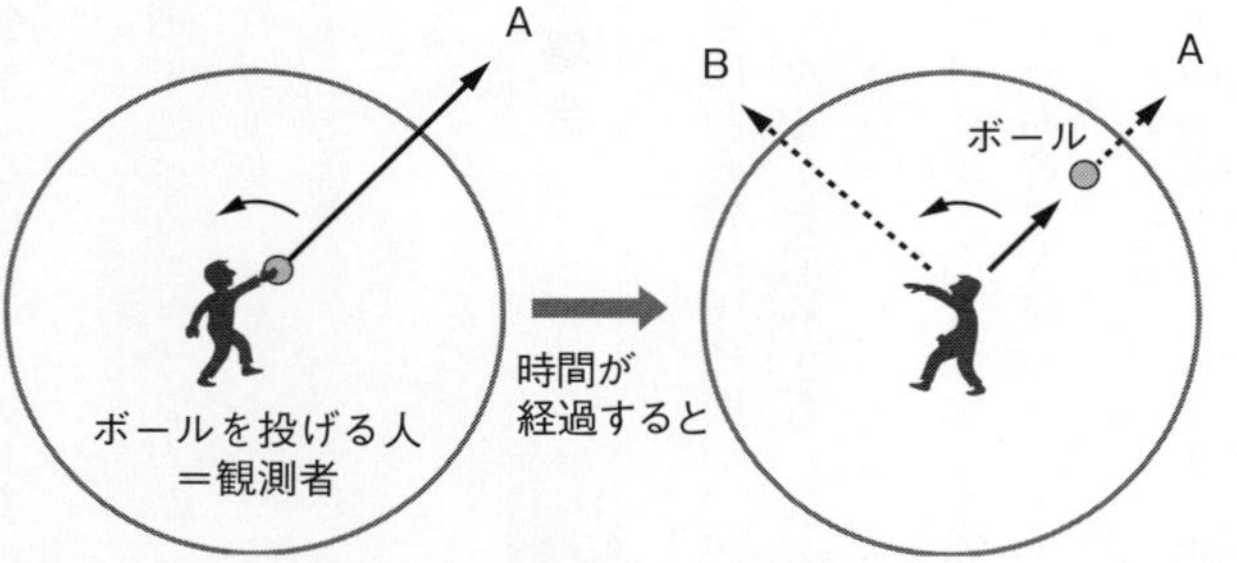

図5－5．コリオリ力の仕組み。反時計回りにまわる円盤の中心にいる人がAの方向にボールを投げた場合（左）と、ある時間が経過してその人がBの方向を向いた場合（右）。

円盤を置き、その円盤の中心に人がいるとします（図5-5）。その人がボールをAに向かって投げた場合を考えましょう。ただし、簡略化のために、円盤上での摩擦や空気抵抗はないものとします。投げられたボールは外部から力が加わらないので、ニュートンの第一法則により、そのままAの方向に向かって等速直線運動を続けます。ところが、北極点を上から見ると地球は反時計回りにまわっているので、北極点にいる人はボールを投げた時点ではAを向いていますが、時間が経過するとBの方を向くため、ボールが右にそれて見えます。つまり、ボールを投げた人が自分を軸に回転していることが、ボールがそれて見える原因です。

ここで注意したいのは、ボールには実際に外から力が加わっていないことです。実際、地球の外の点Aから見ると、ボールはまっすぐ飛んできます。ところが、円盤上でボールを投げた人は自分自身が回転していることを意識していないので、ニュートンの第一法則を考えると、なぜボールがそれるのかわかりません。このため、ボールを投げた人にとっては、ボールに何らかの力が働いていると考えないと、なぜそれるかが説明できないのです。この何らかの力がコリオリ力です。実際には力が加わっていないのですが、円盤上の人から見ると力が加わっているように見えることから、コリオリ力は見かけの力と言われているのです。

コリオリ力は、投げられたボールのスピードが速いほど、さらには円盤が速く回転するほど大きくなります。そして、円盤が反時計回りに回転する場合、物体の移動方向に対して直角に右方向に働いているように円盤上の人には見えるのです。

コリオリ力とは――他の場所で観測した場合

では南極点に円盤を置いてボールを投げるとどうなるでしょうか。南極点の真上から地球を見ると、北極点の場合とは逆方向に同じ回転速度で地球が回っています。ということは、北極点と逆の現象が起こる、すなわち中心からボールを投げると右ではなく左に同じ距離だけそれます。

我々が住む日本は北半球の中緯度に位置しています。その北半球中緯度に円盤を置くとどうなるでしょうか（図5-6）。円盤上の点Aにいる人が北極方向Cを見ているとします。地球が回転することにより、北極の方向を見ながら点Bに移動すると、見ている方角はDとなります。すなわち円盤上の人は、その緯度の周りを周辺とする円錐の頂点Eを見ながら移動しています。また、見ている方角がCからDに変わることで、円盤は円錐を展開したときの中心角の大きさの分だけ反時計回りに回転することになります。つまり、中緯度に置いた円盤も反時計回りに回転するので、その円盤からボールを投げても北極の場合と同様に右にそれるのです。

問題はボールのそれ方、すなわち円盤の回転速度です。円盤上の人はその緯度の周りを周辺とする円錐の頂点を見ながらまわっていますが、地球が一回転すると地軸の周りを一回転（三六〇

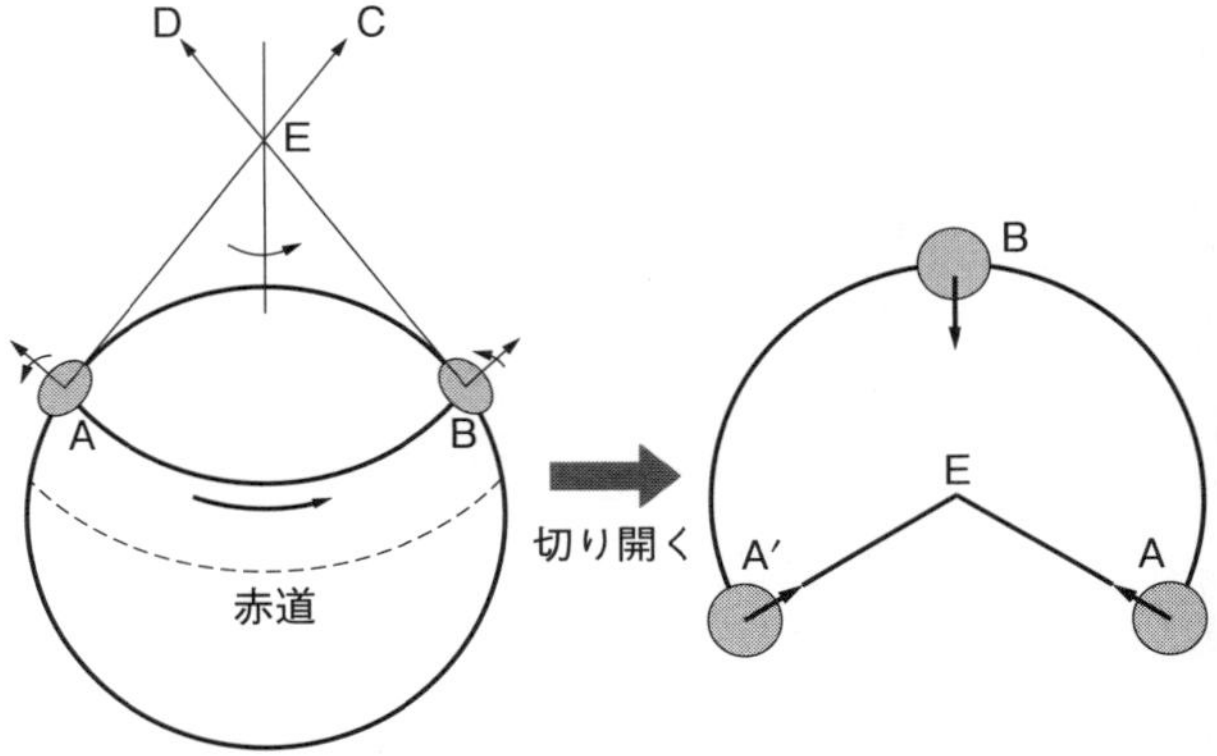

図5－6． 中緯度においた円盤の回転の様子（左）。Aの円盤の中心にいる人が真北を見ている場合、Cの方向を向いているが、地球が回転して円盤がBに移動した場合、Dの方向を向く。すなわち、地軸のまわりを一周すると円盤はEを頂点とする円錐を展開したときの中心角の分だけ回転する（右）。

度まわって）して、元の点A（A'）に戻ってきます。ところが、円錐AA'Eを紙で作って広げるとわかりますが、その中心角は三六〇度ではなく、それより小さい角度になっています。このことは円盤が三六〇度より小さい角度しか回転していない、すなわち円盤の軸の回転速度は地球の回転速度より小さいことを意味します。円錐は緯度が高いほどつぶれ、緯度が低いほど尖ることから、高緯度ほど中心角は三六〇度に近づき、低緯度ほど〇度に近づきます。したがって、高緯度に行くほど円盤の回転速度は速く、一方赤道では円盤が回転しません。すなわち、コリオリ力は緯度が高くなるほど大きくなり、赤道ではゼロになるのです[注1]。

　これまでの説明により、コリオリ力は回転する地球上では赤道上を除いて全ての場所で生じ、北半球にいる場合は右向きに働くことになります。では、「全ての場合」に働くのであれば、たとえばプロ野球のピッチャーが北半球でストレートを投げた時、全て右にカーブするはずだと思う人もいるでしょう。厳密に言うとそのとおりです。が、そのカーブが大変小さいので無視できるというのが答えです。例として北極点に野球場を作って、プロ野球のピッチャーが毎秒四〇メートルのスピードでボールをその球場のマウンドから一八・四四メートル離れたキャッチャーに投げたとします。その場合、ピッチャーが投げてからキャッチャーに届くまでに約〇・四六秒かかります。球場は地軸の周りを回りますが、その〇・四六秒の間にはたった〇・〇〇二度しか回転しないのです。このわずかな回転では、ボールを投げてからキャッチャーに届くまでに、〇・六ミリメートルしか右方向にそれません。したがって、観客はもちろん、野手やバッテリー、審判もコリオリ力によるボールのカーブに気がつかないのです。

つまり、コリオリ力は短い時間スケールや小さな空間スケールではほとんど効かず、海の海流や大気の低気圧などの時間・空間スケールが大きな現象ではじめて効いてくる力なのです。

海水の粘性

海水を含む流体には粘りがあります。わかりやすい例として、水飴を思い出してください。水飴を下に垂らすと、ゆっくりと垂れていきますが、すぐに切れて下に落ちることはありません。これは水飴に粘りがあるためです。この粘りを粘性と言います。

水飴ほど粘りはないですが、水（海水）にも粘性があります。この粘性は液体内部において、摩擦のような役割を果たしています。つまり、液体のある部分が動き出したとすると、まわりの液体もそれに引きずられて動くのです。

この粘性は分子レベルの摩擦によるものなので、分子粘性と言います。海流などの地球規模の流体の動きの場合、分子レベルよりはるかに空間スケールが大きいのですが、そのスケールでも粘性の効果は働いています。そのスケールでの粘性は、分子粘性によるものではなく、海洋中の乱流によるもので、渦粘性と呼ばれています。海洋中の乱流にはさまざまなスケールのものがあり、第四章で述べた中規模渦やサブメソスケール現象もその一つです。

この渦粘性は分子粘性に比べ大きさがはるかに大きく、一億倍以上も違いがあります。また、海洋の乱流は鉛直方向と水平方向でスケールが異なるため（海洋の鉛直方向の乱流のスケールはたかだか数十メートルであるのに対し、海洋の渦の水平スケールは数十キロメートルにもなります）、渦粘性も鉛直方向と水平方向で大きさが異なり、鉛直スケールの渦粘性は水平スケールのものに比べはるかに小さくなっています。

粘性による力は、外洋の海においてはコリオリ力や圧力傾度力に比べ一般には小さいですが、海底に近いところや、風によってかき混ぜられる表層の混合層においては重要です。また外洋であっても、渦粘性は海洋中の運動エネルギーを散逸させる効果を持っていますので、まったく無視できるものではありません。

地衡流

以上、ニュートンの運動方程式の左辺の力Fについて記しました。次にこれらの力が釣り合った場合がいくつか考えられますが、その中で最も重要である圧力傾度力とコリオリ力が釣り合った場合に見られる流れについて説明します。

風が等圧線に沿って吹くという話を先に記しましたが、実は黒潮などの海流や、中規模渦に伴う流れもそうなっています。その理由ですが、これまで述べた圧力傾度力とコリオリ力が釣り合っているためです。この釣り合いを地衡流バランスと言い、その場合の流れを地衡流（気象学では地衡風）と言います。

例として、北半球において、図5-7のように右から左に海面が傾いている場合を考えます。圧力で見ると海面高度が高い右側が高圧になります。もしコリオリ力がなければ、水は圧力が高いところから低いところに流れるので、右から左に流れます。なぜならば、圧力傾度力が右から

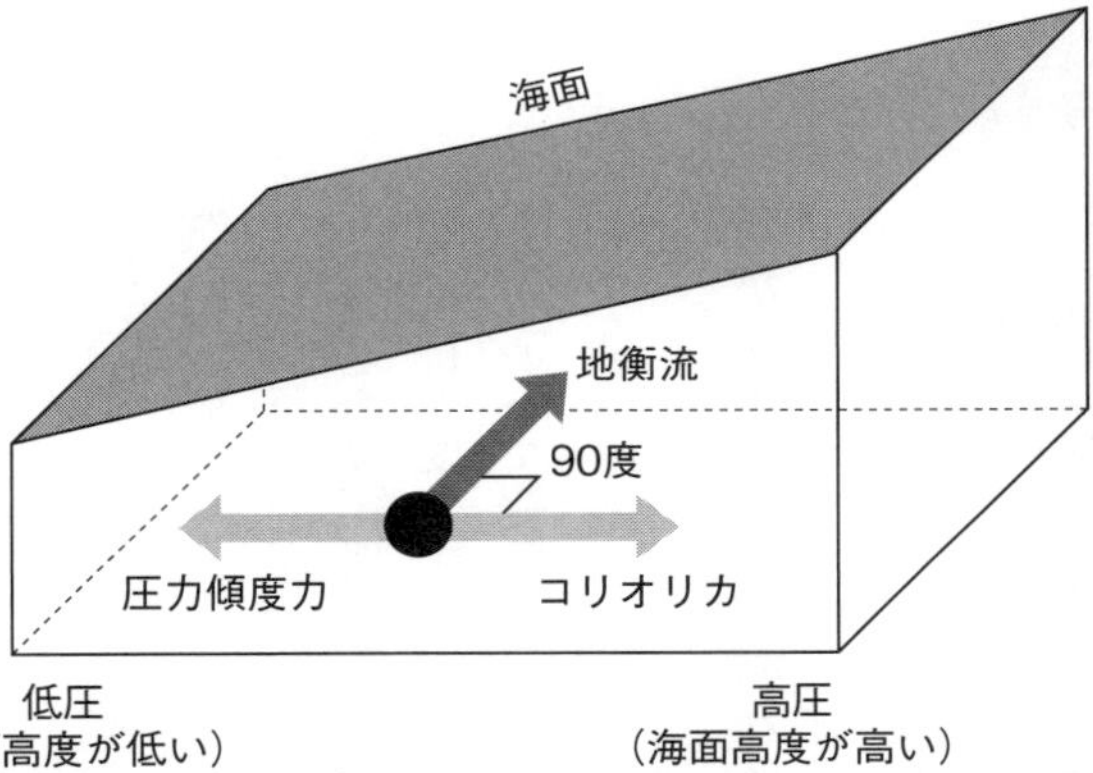

図5－7. 海面が右から左に向かって傾いている場合における地衡流バランスの模式図（北半球）。

左に向かって働くからです。ところがコリオリ力と圧力傾度力が釣り合う地衡流では、コリオリ力は圧力傾度力と反対方向を向きます。コリオリ力は北半球の場合、物体の移動方向に対して直角右向きに働きますので、図5-7において海水は手前から奥に向かう方向、すなわち等圧線に沿って圧力が高い方を右に見て流れます（南半球では圧力が高い方を左に見て流れます）。

ところで、海面高度が高いということは海面が膨張している、すなわちそこでは海水の密度が小さいことを意味します。海水の密度は温度・塩分・圧力の関数で、温度が高いと密度が小さいので、塩分が一定ならば右側で温度が高いということになります。さらには左右の温度差が大きければ大きいほど、海面の盛り上がり方にも差が出るので、圧力勾配が大きくなり、結果として流れが速くなります。

第四章の図4-11において、等温線が北から南に大きく傾いているところを黒潮が流れていて、黒潮の南側で北側より温度が高く、海面高度も高いと述べました。それは、黒潮が地衡流バランスをしているためなのです。

地衡流バランスでは、ニュートンの運動方程式で考慮しているのは、コリオリ力と圧力傾度力のみであり、時間変化は考えていません。しかし、現実の海洋ではもちろん時間変化し、粘性も作用しています。言い方を換えると、現実の流れにはコリオリ力・圧力傾度力以外の力や時間変化が働いているために、地衡流の流速とは差があるのです。たとえば、黒潮など空間スケールが大きく、かつ数日程度では変化しない流れでは地衡流バランスがほぼ成り立っているのですが、沿岸や湾の中において数時間程度で変動する潮汐に伴う流れでは地衡流バランスは成り立たなくなります。

風が吹くと海の流れはどうなるか

これまでの話をもとに、黒潮を含んだ亜熱帯循環を生み出す風成循環について考えてみましょう。まず、風が吹くと海にどのような流れが生じるかを述べます。

フラム号の北極探検（第二章参照）における成果の一つに、風が吹いた方向に流れができないと

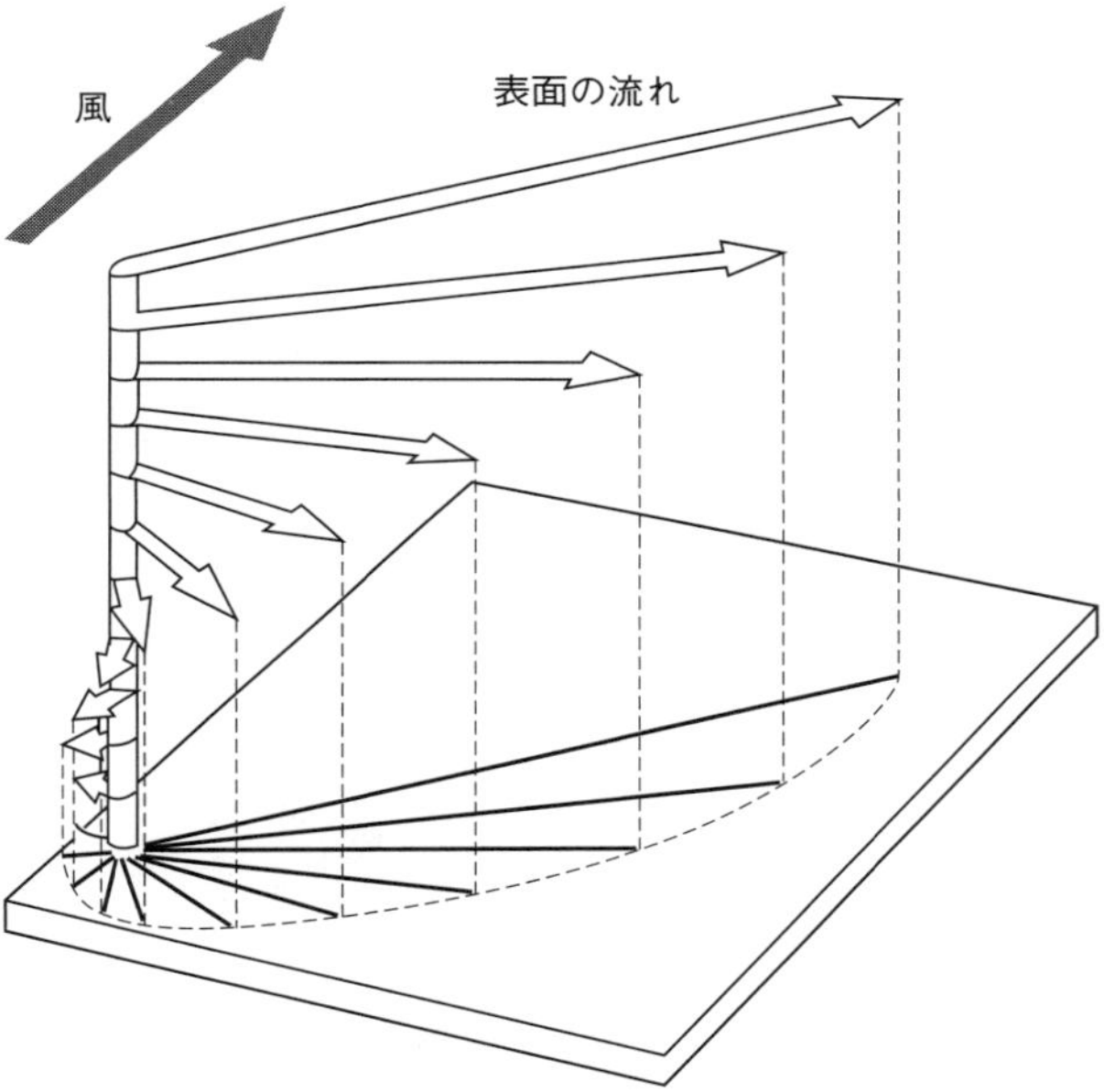

図5－8．北半球におけるエクマンらせん。（永田豊『海流の物理』[18]より）

いう発見がありました。それについて、フォン・エクマンが理論的な研究を行いました。具体的には無限に深い海を考え、その海において鉛直方向に働く粘性がコリオリ力と釣り合うと仮定したのです。鉛直方向の粘性を考えたのは、海面を吹く風が鉛直方向の粘性を通して海面下に流れを作ると考えたからです。

その理論的考察の結果が図5－8です。北半球の場合、海面においては風の吹いた方向に対して右に四五度ずれた方向に流れができます（南半球では左方向に四五度ずれます）。深くなるにつれ流速が小さくなるのですが、流れのベクトルは徐々に時計回りに回転する、らせん構造となります。このらせん構造は、理論を考えたエクマンの名前をとって、エクマンらせんと呼ばれています。また、この風によって直接生み出される流れをエクマン吹送流と言います。

このエクマン吹送流の流量は、海面から深さ方向に流速を合算（積分）すると得られます（その海水輸送をエクマン輸送と言います）。その結果は、北半球（南半球）では風下に向かって直角右（左）向き方向となり、風の吹く方向の成分は流量としてはゼロなのです。図5-2では風と海流がよく対応しているように見えますが、このことから風の向きと同じ方向に海流が生じているのではないことがわかります。

エクマンらせんの鉛直方向の深さ、すなわち風による影響が直接的におよぶ深さをエクマン深度と言います。その値は流速が表層の1／e（eは自然対数の底でネピア数と呼ばれ、値は約二・七です）となる深さで定義されますが、せいぜい数十メートルしかありません。つまり、風による海に対する直接的な影響は深さ数十メートルまでしかおよばず、深さ一〇〇〇メートルまでおよんでいる黒潮のような流れは、エクマンの理論で説明できないのです。

風成循環とストンメルの理論

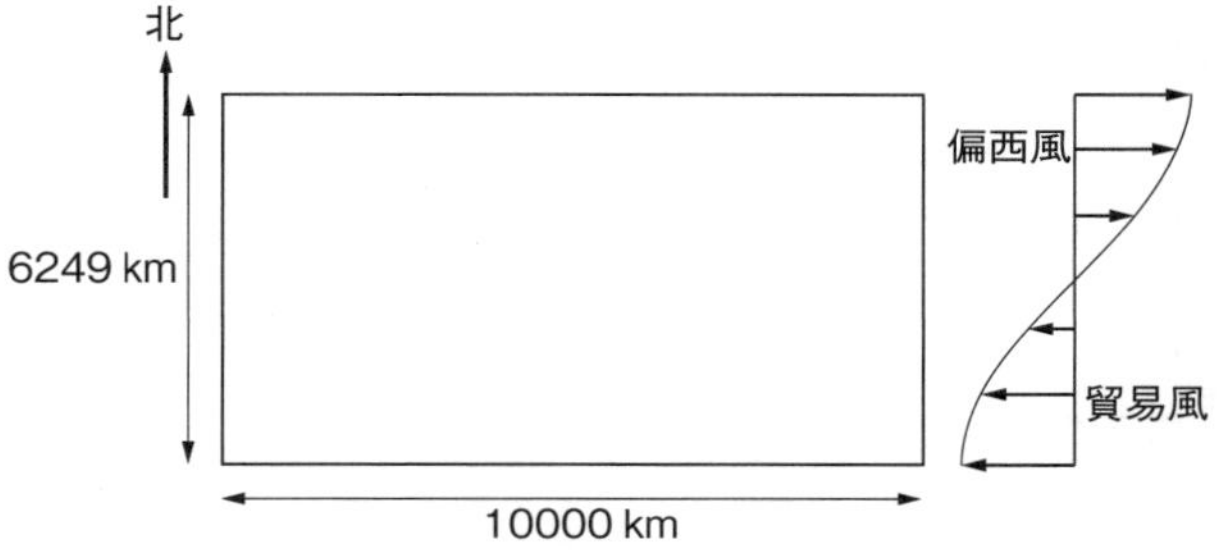

図5－9. ストンメルが考えた理想的な海と風の分布。

では、黒潮や湾流を含む環流はどうしてできるのでしょうか。また、黒潮などの西岸境界流（第四章参照）はなぜ大洋の西側にあるのでしょうか。その問いに対して初めて理論を考えたのが、米国のウッズホール海洋研究所にいたヘンリー・ストンメルで、一九四八年のことでした。

ストンメルは、横一万キロメートル、縦六二四九キロメートル、水深が二〇〇メートルの直方体で、密度が一様な北半球中緯度の海を想定し、そこに亜熱帯循環の上を理想化した風（図5-9）を吹かせる設定としました。まずコリオリ力が働かない場合を考えました。コリオリ力が働かなければ、海の流れは風の吹く方向、すなわち高緯度側では西から東に、低緯度側では東から西に向かって流れます。このため、北東の角と南西の角では吹き寄せられた海水のため海面高度が上がって圧力が高くなり、一方北西の角と南東の角では圧力が低くなります（図5-10a）。コリオリ力が働かないと水は高いところから低いところに向かって流れるので、大洋の西側では北向きに、東側では南向きの流れができ

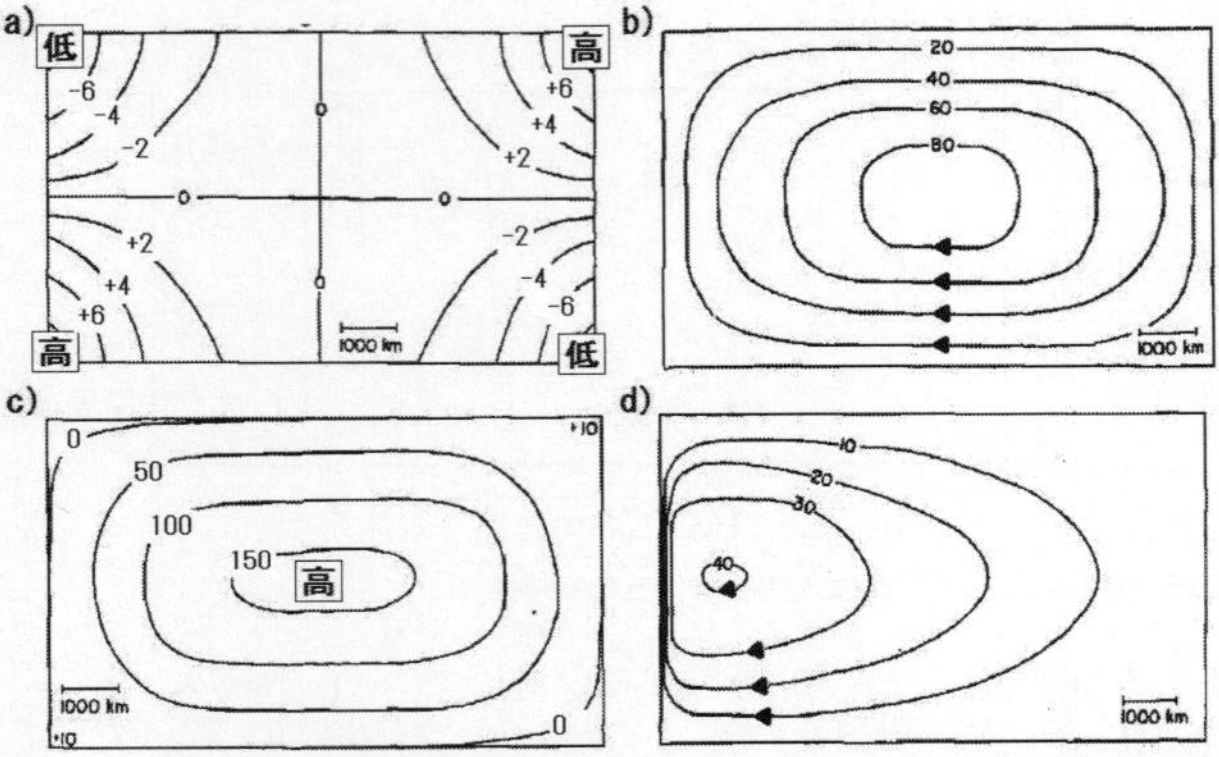

図5－10. ストンメルの西岸強化の実験。a）コリオリ力が無い場合の海面高度（単位cm）、b）そのときの流線関数。c）コリオリパラメータが一定の場合の海面高度。d）コリオリパラメータが緯度の関数の場合の流線関数。（Stommel（1948）[64]に筆者が加筆）

ます。結果として図5-10bのように時計回りの環流が生じます。なお、図5-10bは流線関数という物理量を図にしたのですが、流れは流線関数の等値線（これを流線と言います）に沿って生じ、また流線が混んでいるところで流れが速いことを表しています。

かくして、図5-9のような風が吹くと、時計回りの環流（北半球の亜熱帯循環）ができることはわかりました。しかし、大洋の西側に生じる北向きの流れと東側に生じる南向きの流れの強さは同じで、黒潮や湾流のような強い流れは西側には生じません。また海面高度の高いところと低いところでその数値の差は二〇センチメートルもなく、黒潮を横切った際に見られた約一メートルもの海面高度の差は生じません。つまり、図5-9の風だけでは、大洋の西側に存在する強い海流や、海面高度の大きな差は説明できません。

次にコリオリ力が働く場合を考えましょう。ただし、今回はコリオリパラメータ（「コリオリ力とは」の項で説明した円盤の回転速度の二倍）が直方体の海のどこでも一定と仮定します。この場合、コリオリ力が働くためエクマンの理論に従い、高緯度側では偏西風によって南向きに、低緯度側では貿易風により北向きにエクマン輸送が生じます。このため、海水は海の中央に集められそこで海面が高くなります（図5-10c）。この高くなった海面に対して地衡流バランスが成り立っため、海面の高い方を右に見る流れ、すなわち時計回りの環流ができます。今度は、海面高度が中央で一五〇センチメートルも盛り上がり、実際の海洋の状況に似てきます。しかし、それでも大洋の西側には強い流れはできず、コリオリ力がない場合の流れのパターンとほとんど変わりません。

ところで、実際の地球ではコリオリパラメータは一定ではなく、北半球では北極で最大、赤道でゼロになります。そこで、最後にコリオリパラメータが一定ではなく、緯度に対して変化する場合を考えましょう。この場合、結論を先に言うと、西側に強い流れができます（図5-10d）。つまり、コリオリパラメータが緯度に対して変化することで西岸に強い流れができるのです。では、なぜコリオリパラメータの緯度変化がこのような流れのパターンを作るのでしょうか。その説明のために次項で渦度という概念を導入し、それに伴って生じるロスビー波について解説します。

渦度・ロスビー波と西岸境界流

渦度とは、流体の中の渦の度合いを示すものです。図5-11は正の渦度の流れの例です。X軸方向に南北流速が大きくなる場合や、Y軸方向に東西流速が小さくなる場合（負の東西流速が大きくなる場合）は反時計回りの回転となり、流体は正の渦度を持っていると言い、その逆（時計回り）は負の渦度となります。また、このような流れによって作られる渦度を相対渦度と言います。

一方、北半球では地球の自転に伴って海全体が反時計回りに回転していることから（コリオリ力のところで説明した円盤を思い出してください）、たとえ海に流れがなくとも海は正の渦度を持っています。これを惑星渦度と言います。その反時計回りの回転速度はコリオリパラメータの緯度変化により北に行くほど大きいことから、高緯度ほど正の惑星渦度が大きくなります。

さて、議論を簡単にするために水深が一定で密度一様、コリオリパラメータが緯度とともに大きくなる海を考えます。水深が一定、密度が一様の海の場合、惑星渦度と相対渦度の和は一定になるという保存則が成り立ちます。つまり、渦度もエネルギーと同様に保存量です。[注2]

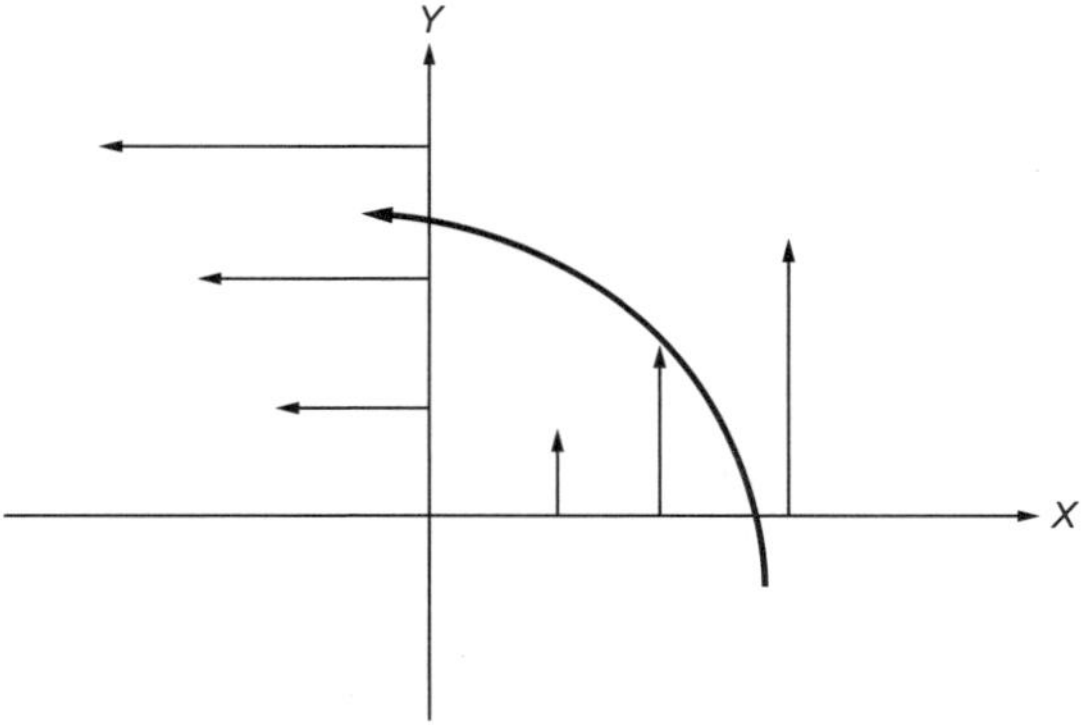

図5－11．正の渦度の例。図のとおり、Y方向の流速がXの増加とともに大きくなる場合、もしくは負のX方向の流速がYの増加とともに大きくなる場合、反時計回りの渦となる（図の太線の矢印）。

以上のような海において、緯度θの緯線上の流体の運動を考えます。まず、東端の点Aの流体を北にずらします（図5-12a）。すると、その流体の惑星渦度は増加します。（惑星渦度＋相対渦度）が一定であることから、惑星渦度が増えた分、流体の相対渦度が減って、流体は負の相対渦度により時計回りの回転をします。その時計回りの回転により、渦の西側では北向きの流れが生じ、その流れのため点Bの流体は北向きに移動します（図5-12b）。すると、北に移動した点Bの流体は同様に時計回りの渦となります（図5-12c）。この点Bの渦は、東側で南向き、西側で北向きの流れを作ります。このため、点Aの渦は元の位置に戻され、点Cでは北向きに流体が移動します。次のステップ（図5-12d）では、点Cの時計回りの渦が点Dの流体を北に、点Bの流体を南に動かします。そして、点Dでは流体が

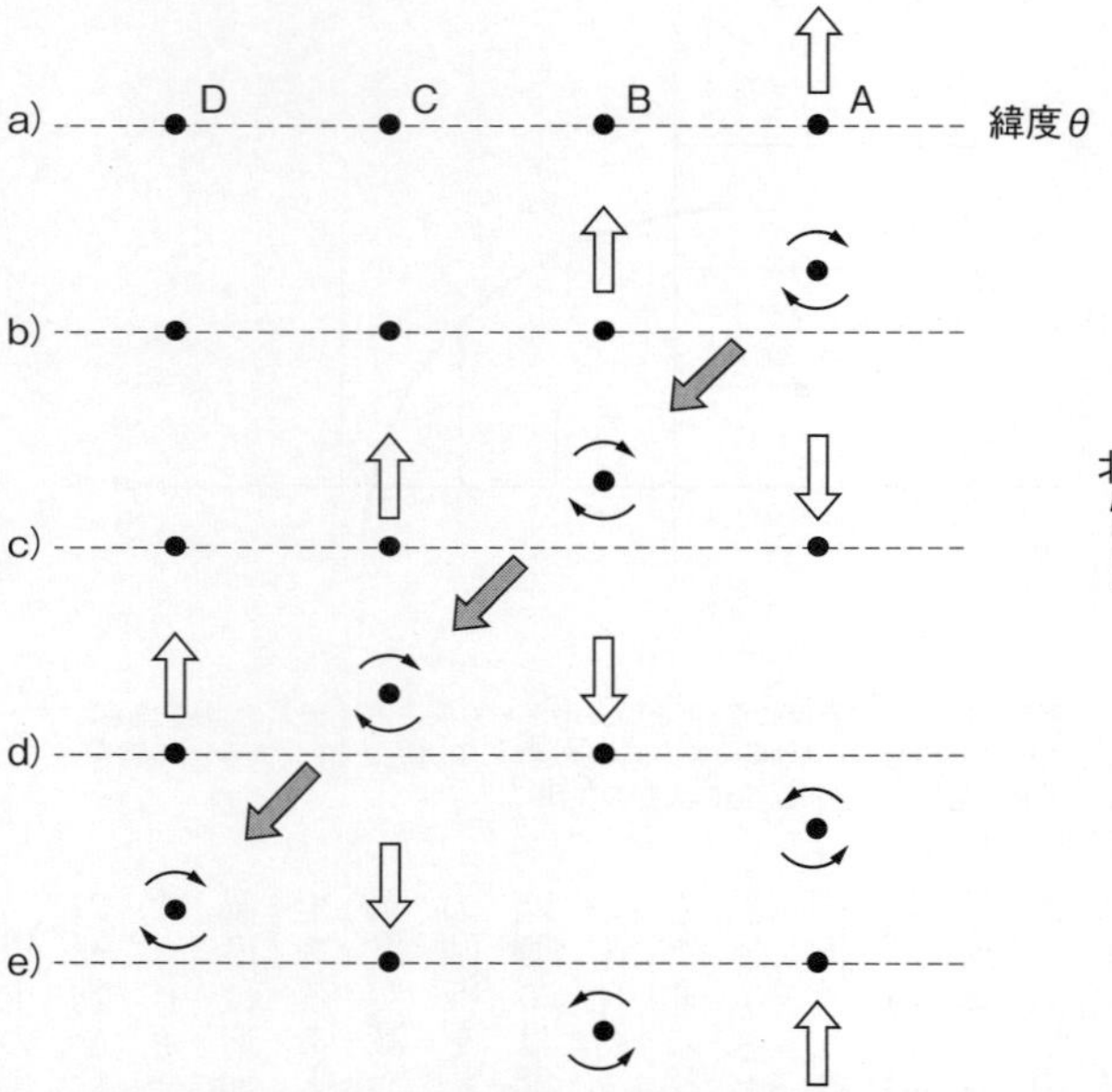

図5－12. ロスビー波のメカニズム。緯度θにおける水塊の南北移動を模式化したもので、時間が進むにつれ時計回りの渦が西側に現れる、すなわち西側に変動が伝播している。

北に移動して時計回りの渦になります（図5-12e）。

こうした一連の動きを見ればわかりますが、渦の南北移動が西側に伝わっています。その運動は、あたかも緯度θを水面に見立てて西に伝わる波のようです。この波をロスビー波と言います。以上の説明でわかると思いますが、ロスビー波は西側にしか伝わらないという変わった性質を持っています。これは北半球だけでなく、南半球でも同じです。

このロスビー波の考え方を使うと、西岸境界流が簡単に説明できます。コリオリ力が効くような大きなスケールの海において、図5-10cのようにエクマン輸送により海の中央に水が集められて海面高度が高くなったとします。すると、その海面の盛り上がりはロスビー波として西側に伝わり、西側に偏ります。その結果、海面高度の等値線の間隔は西側で狭くなり、東側では広くなります。等高度線（等圧線）が混んでいる西側の方が東側より流れが強くなることから、西岸境界流ができるのです。

もし、コリオリパラメータが一定であれば（緯度に依存しなければ）、上に述べた渦の動きはないことからロスビー波は存在せず、西岸境界流も生じません。黒潮などの西岸境界流は、単に地球が回転しているというだけでなく、地球が丸い（コリオリパラメータが緯度によって変わる）効果によって生じているのです。

深層水の形成と子午面循環

ここからは第四章に示した深層での流れについて見ていきましょう。地球を南北に切った面を子午面と呼ぶことから、そのような南北・鉛直方向の循環は子午面循環と言います。前項までで述べた風成循環はせいぜい深さ一〇〇〇メートルまでしか及んでいませんが、この子午面循環は海底近くの深さ四〇〇〇メートルより深いところにまで及ぶ循環であることから、深層循環とも呼ばれています。

深さ四〇〇〇メートルにもなると、ポテンシャル温度（圧力の効果を除いた温度、第三章参照）が二℃以下の非常に冷たい海水が分布しています。また、海水の密度は温度が低いほど大きいことから、深層水は密度が大きい（重い）海水です。海底には海水を冷やす冷熱源はないため、そのような重く冷たい深層水は地球のどこか別な場所から流れてくるしかありません。その起源は、地球全体を見渡しても二ヵ所しかありません。

一つ目は北大西洋のグリーンランド付近で、そこでは北大西洋深層水が作られています。そこには比較的塩分が高い海水が北大西洋海流により運ばれていますが、冬にグリーンランド周辺の海面において海水が大気によって強く冷却されるため、重くなって沈み込んでいます。もう一つは南極周辺で、同じく大気による強い冷却のために、南極底層水が作られています。

どちらも大気による冷却が重要ですが、それだけではなく塩分の効果も深層水の形成には重要です。海水の密度は温度・塩分によりますが、低温の海水においては高温の海水以上に塩分の変化が密度の変化に効いてきます。北大西洋の場合、北大西洋海流が運んでくる表層の海水の塩分が北太平洋の同じ緯度の海水に比べると二〜三PSUも高く（図4-5）密度が大きいことから、冷やされて沈みやすいのです。一方北太平洋では表層海水の塩分が低く軽いため、その海水を結氷温度まで冷やしても数百メートルまでしか沈み込まないことから、北太平洋の高緯度では深層水はできないのです[注3]。

南極底層水の形成については単に強い冷却だけでなく、さまざまなプロセスが働いています。詳しくは第九章で述べますが、一言で言うと南極大陸からの冷たい風によって冷やされて海氷が出来る際に氷から抽出されるブラインという高塩分の海水と、北大西洋から流れてくる温かく塩分が高い深層水が混ざって作られます。

以上のとおり、深層水の形成については冷却と塩分の効果が重要であると考えられていたことから、深層水の循環は熱塩循環とも呼ばれていました。しかし最近の研究では深層水の形成過程において風の効果も重要であること、一方沈み込んだ海水が浮いてくる過程においては、風や第七章で述べる潮汐《ちょうせき》の効果が大きいことから、子午面循環という言葉が使われることも多くなりました。

ブロッカーの海のコンベアベルト

海洋全体の大循環をより簡単に表現したものとして、一九八七年にウォーレス・ブロッカーが海のコンベアベルトを提唱しました（図5-13）。これは、海洋全体の循環が工場のコンベアベルトのように流れて一周して戻ってくるというものです。まず、深層水が北大西洋において作られ

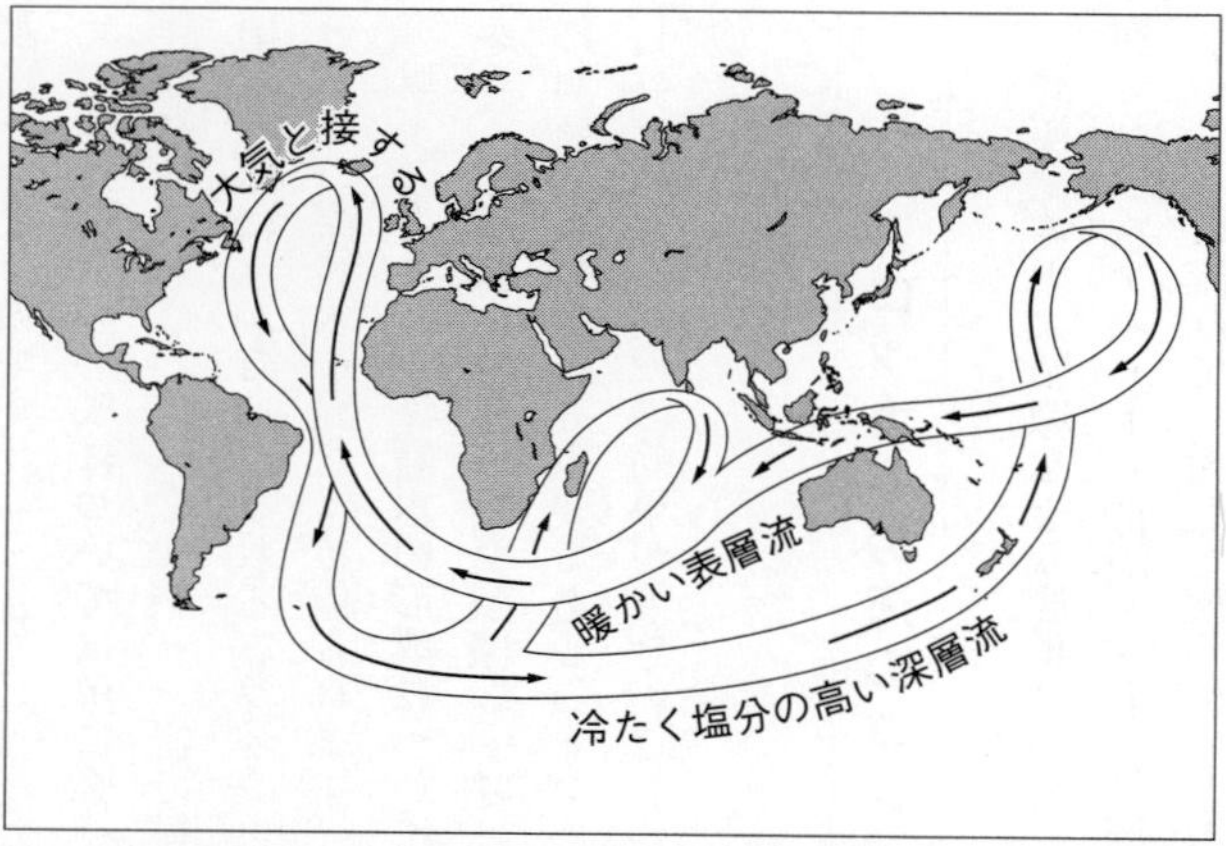

図5－13．ブロッカーの海のコンベアベルト。（道田豊他『海のなんでも小事典』[26] より）

沈み込み、大西洋を南下します。そしてその深層水は南極海で南極周極流に乗って東に流され、インド洋と太平洋に入り、その北端で表層にわき上がります（海水がわき上がることを湧昇と言います）。太平洋でわき上がった海水はインドネシア多島海をインドネシア通過流（第四章参照）として通過してインド洋に流れ込み、インド洋でわき上がった海水と合流して表層水として大西洋に戻り、また北大西洋で沈み込むというものです。大変ゆっくりした循環で、北大西洋で沈み込んでから北大西洋にもどるまで約二〇〇〇年の時間がかかること、またその流量は約二〇スベルドラップと見積もられています。

　この循環像は非常にわかりやすくユニークであることから、教科書など多くの本で紹介されています。また、その変化が気候変動に大きく影響する可能性があることから、多くの海洋・気候学者によりこの循環像について研究が進められています。ただ、この循環像はあまりに単純化しすぎており、実際の海洋の循環はもっと複雑なものであることに注意してください。例えばこの循環像には、南極底層水の形成と各大洋への流入という深層循環を考える上で大変重要なものがもれています。

ブロッカーは、この海のコンベアベルトが大西洋のちょっとした塩分の違いから生じたり消えたりすると述べています。第四章に示しましたが、北大西洋は北太平洋の同じ緯度に比べ塩分が高くなっています。その塩分の差を決めているのは〇・三五スベルドラップの大西洋の海面から大気への水輸送（蒸発量から降水量を引いたもの）です。それは海洋大循環の二〇スベルドラップに比べると小さな数字ですが、そのわずかな水輸送に伴う塩分差により北大西洋では深層水が形成され、海のコンベアベルトが駆動されていることをブロッカーは示しました。

ヨーロッパはアジアの同じ緯度の場所に比べると温かいですが、これは北大西洋海流が南から温かい海水をヨーロッパに運ぶためで、それは海のコンベアベルトが機能しているからです。言い方を換えると、海のコンベアベルトが止まるとヨーロッパは今より大きく冷えることが考えられます。たとえば、海のコンベアベルトが止まった際の大西洋周辺の温度変化をコンピュータシミュレーションして得られた結果によれば、場所によっては一〇℃も気温が低くなることが示されています。実際、今から一万二〇〇〇年くらい前に温暖だった気候が急に寒冷化したことがありましたが（このイベントはヤンガードリアスと呼ばれています）、それは海のコンベアベルトが停止したためで、またその寒冷化は五〇年程度の時間をかけて起こったのではとブロッカーは述べています。

南極オーバーターン

ブロッカーの海のコンベアベルトは簡単でわかりやすいが、簡略化しすぎていると述べました。現実の子午面循環の構造は、第二章で述べた世界海洋循環実験の観測結果から、図5-14のようになります。ブロッカーの海のコンベアベルトと違い南極を始点にしているので、南極オーバーターンと呼ばれます。実際、どこの大洋でも南極周辺で作られた深層水が沈み込んで北に流れています。

まず大西洋ですが、これまで見てきたとおり南極周辺で南極底層水が深く沈み込んでいて、北大西洋では北大西洋深層水が沈み込んでいます。北大西洋深層水は南極底層水より軽いため南極底層水の上に乗り上げる形で南下して南極近くまで達して、南極周極流に取り込まれます。南極底層水は北に流れますが、赤道近くまでしか届かず北大西洋深層水と混合して南極方向に戻ります。深さ一〇〇〇メートル以浅の中層では、南極中層水や亜南極モード水という水塊が南極周辺

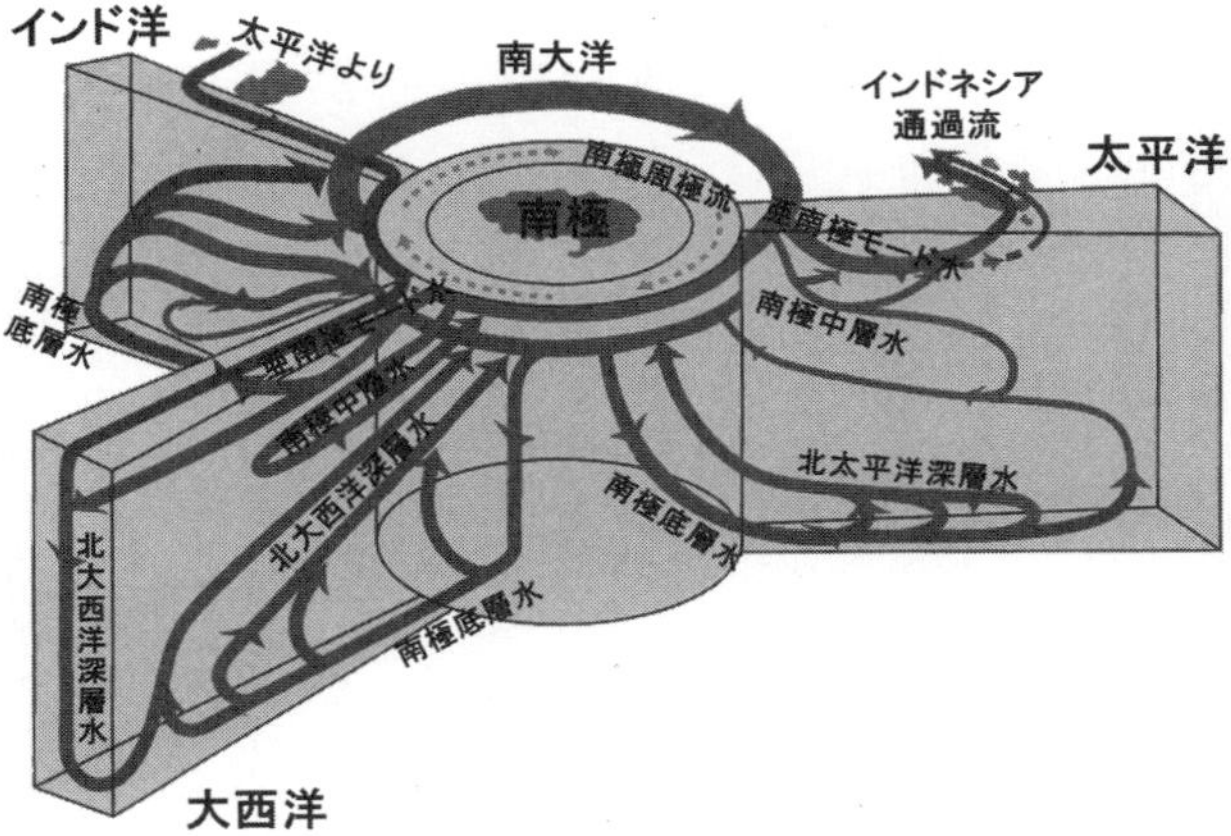

図5－14. 南極オーバーターン。（Schmitz（1996）[63] に筆者が加筆）

で作られて北に流れていきます。

南極底層水は北大西洋深層水と混ざって、南極周極流にのって、太平洋やインド洋に入っていきます。太平洋ではその南極底層水が北に流れながら、少しずつ軽くなって北太平洋深層水として湧昇し、南極方向に戻って行きます。中層は大西洋と同様南極中層水・亜南極モード水が北流しています。また、太平洋からインド洋には表層の海水がインドネシア通過流として流れ込んでいます。

インド洋でも南極底層水が北に流れ、北インド洋で湧昇して南極方向に戻って行きます。

かくして、世界海洋循環実験による高精度観測により世界の海洋大循環の構造がかなりわかってきました。しかしながら、この南極オーバーターンにおいても重要なことがわかっていません。海のコンベアベルトでもそうですが、インド洋や太平洋で深層水がわき上がっていることが示されていますが、深層水のわき上がりについては、現在わかっている知見だけでは説明できないのです。深層水は非常に重く、それをわき上がらせるには浮力を与えるものが必要です。具体的には深層水に熱を加えれば温度が上がって軽くなりわき上がるのですが、海底には火山を除けば熱源はありません。では、何が深層水に熱を加えてわき上がらせるかというと、乱流による鉛直方向の混合によるものと考えられています。上層の温かい海水と深層の冷たい海水が乱流によりかき混ぜられることで、熱が上層から深層に伝えられるのです。しかし、現在観測されている乱流による鉛直混合だけでは、海のコンベアベルトの流量二〇スベルドラップを湧昇させるには十分ではないのです。このため、深層水の湧昇メカニズムについては海洋大循環の重要な研究テーマの一つとして残されています。

深層水の変化

今、地球温暖化が叫ばれていますが、その結果、地球の気候にさまざまな影響が出てくるものと考えられています。温暖化の影響によるものか断言できませんが、これまで述べてきた深層水の循環に変化が見られるようになりました。まず、日本の研究者が一九八五年と一九九九年に行った北太平洋の北緯四七度における横断観測の結果を比較したところ、深さ五〇〇〇メートルより深い太平洋の海底付近で、〇・〇〇五℃の温度上昇が起こっていることを発見し、『ネイチャー』誌に二〇〇四年に発表しました。〇・〇〇五℃と言うと小さい数字のように思えますが、海洋は大気の一〇〇〇倍の熱容量を持っていることから、気候へのインパクトを考えると無視できない数字です。

その深さの海水は南極から流れてくることから、その起源である南極付近の気候変動が反映されて北緯四七度の北太平洋にまで伝わってきている可能性を示唆しています。そこで、同じ日本研究者のグループが一九九〇年代と二〇〇〇年代に太平洋で行った高精度海洋観測の結果を比較したところ、底層水の移動経路（図5-15）を中心として、太平洋全体の深層水に蓄えられている熱量が二〇〇〇年代の方が増えていることを発見し、その示唆が裏付けられました。さらに、シミュレーションで詳しく調べたところ、南極のアデリー海岸付近の表層の海水の温度上昇が原因で南極底層水の沈み込む量が減ったこと、その変化は四〇年程度の時間で北太平洋まで広がっていることがわかったのです。

なお、同様な深層水の温度上昇はインド洋、大西洋でも観測されています。

また、海のコンベアベルトの変化が北大西洋の気候に大きく影響を与えることを述べましたが、北大西洋深層水の沈み込みに伴う大西洋の子午面循環がこの五〇年の間に三〇パーセント弱くなっているという報告があります。これらの結果は、南極だけでなく北大西洋でも深層水の形

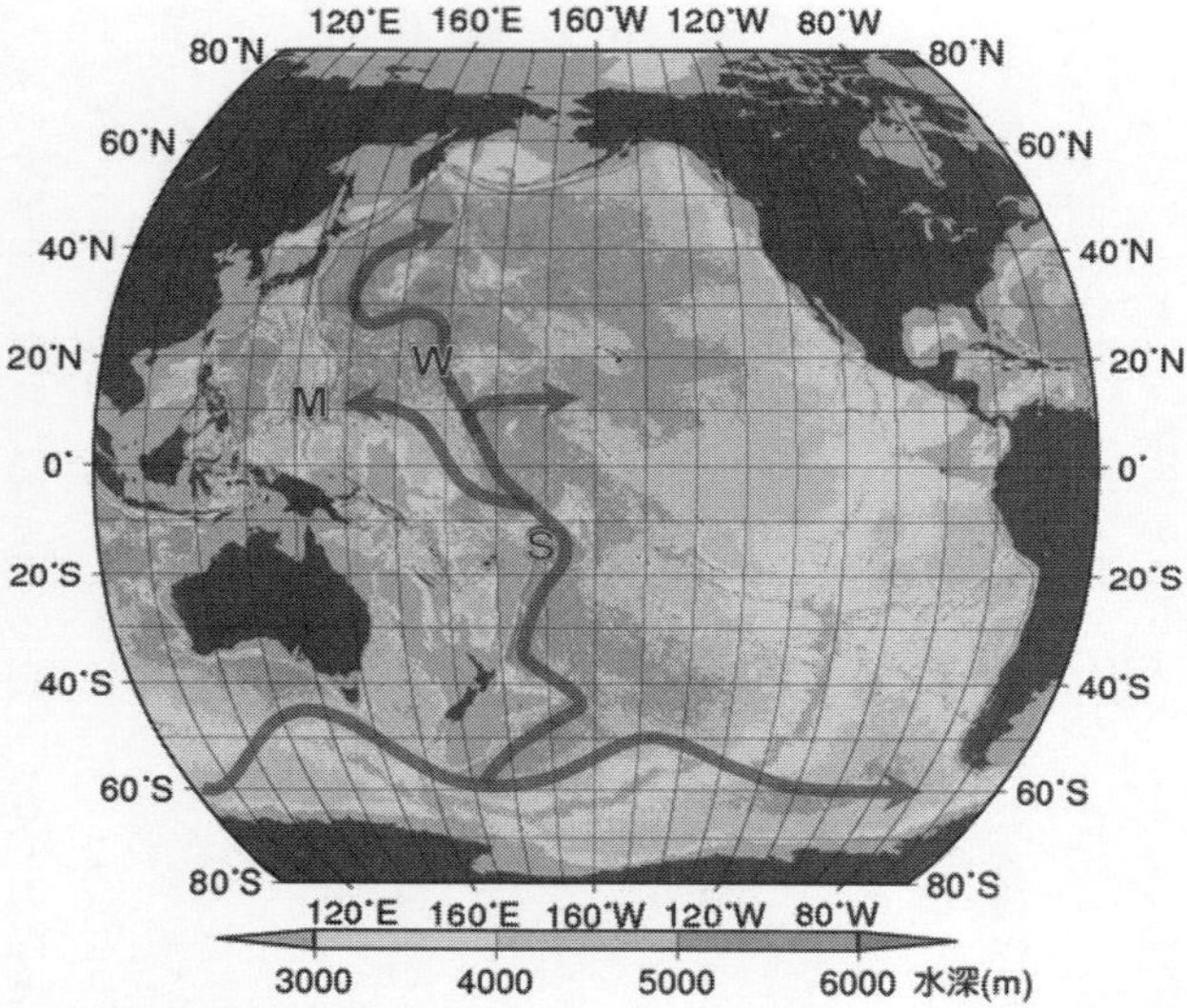

図5－15．太平洋における底層水の経路。Sはサモア諸島、Wはウェーク島、Mはマリアナ海溝最深部を意味する。（気象庁のウェブサイト、http://www.data.jma.go.jp/kaiyou/db/mar_env/knowledge/deep/np_deep.html より）

成に変化が生じていることを意味しています。その深層水の変化が今後どのように推移するか、そしてそれが地球の気候にどのような影響を与えるかを解明するため、さらなる研究が期待されているところです。

注1：両極以外での円盤の回転速度について

速度は方向と大きさを持ったベクトル量ですが、軸の周りをまわる回転も角速度というベクトル量で定義できます。その大きさは回転速度（＝ラジアンで表した角度÷時間）で、向きは回転軸の方向です。たとえば地

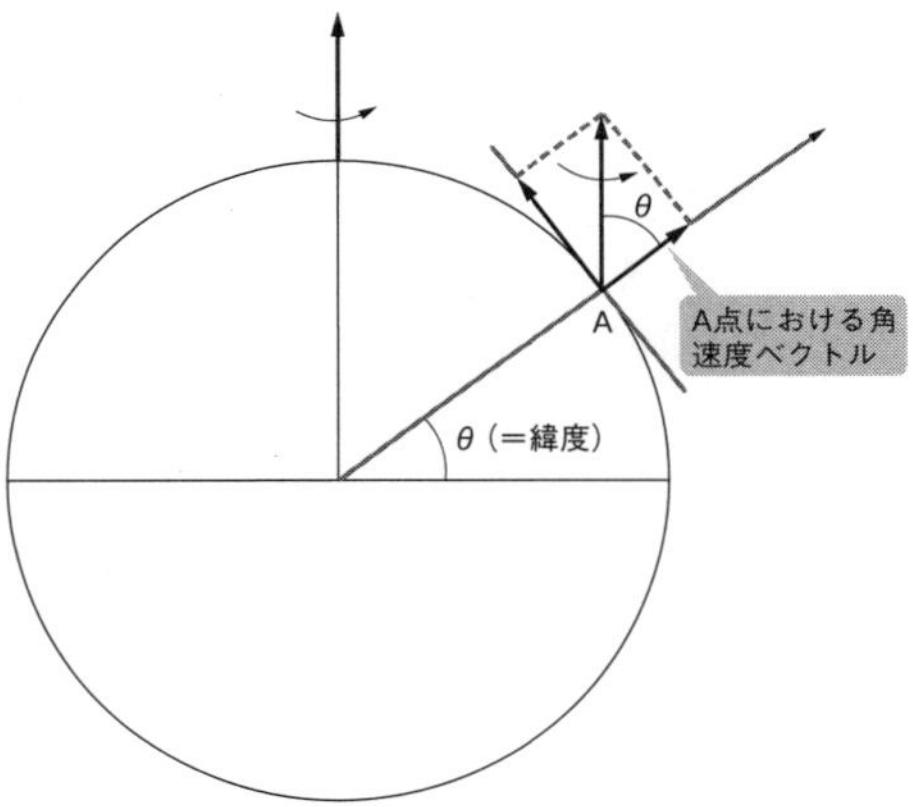

図5－16. 中緯度の点Aにおける円盤の回転速度（角速度）ベクトル。

球の角速度ベクトルは、大きさが二×π÷八六四〇〇（秒）で、その方向は地軸の方向を指します。任意の緯度における回転軸の角速度ベクトルは、図5-16のとおり地球の角速度ベクトルをその緯度における鉛直方向と水平方向に分解することで求められ、鉛直方向の成分は緯度の正弦関数に比例することがわかります。

注2：渦度の保存

厳密に言うと、（相対渦度＋惑星渦度）÷流体層の厚さが一定となります（一定となることを物理ではよく「保存する」といいます）。この量をポテンシャル渦度と言います。

注3：北太平洋における深層水の形成

最後の氷河期が終わった後の一万七五〇〇年前

〜一万五〇〇〇年前にかけて、北太平洋でも深さ二五〇〇メートルに達する深層水が形成されていたという形跡が見つかっています。北太平洋では北大西洋に比べ表層の塩分が低いので深層水は出来にくいのですが、このときは北アメリカにあった氷床の溶け水が大量に大西洋に流れ出し、大西洋表層の塩分が低下して南からの暖水輸送が止まることで北大西洋が冷えました。その結果大西洋からの水蒸気蒸発が減り、北太平洋への水蒸気輸送量が減ったので、北太平洋表層の塩分が高くなりました。このため、一時的に北太平洋で深層水が形成されていたと考えられています。

第六章

海の波の不思議

ハワイのオアフ島ノースショアの砕波したうねり（筆者撮影）

陸上で暮らしている人にとって最も身近な海洋現象は、岸に打ち寄せる波ではないでしょうか。その波がどのように生まれて、どのように伝わってきたか、ご存じですか？　風が吹けば波が立つのは当たり前だ、そこに未知のメカニズムなどない、と思う人もいるかもしれません。しかし実は、波はとても面白い性質を持っていて、不思議な現象なのです。この章では、海の波について解説しましょう。

波とは？

まず、波とは何？　というところから話を始めましょう。たとえば、池に石を投げると、石が落ちたところを中心に水面の変動が四方に伝わります。また、固定した点、たとえば棒を池に立てて波を観察すると、水面がある決まった周期で上下に振動して見えます。これらのことから、海面の波という現象を定義するとすれば、水面が周期的に変化し、その変化が伝わる現象と言えるでしょう。ただし、この定義は海面の波の場合に限ります。本章の後半で述べますが、海面で上下運動する波だけが海の波ではありません。そういう意味では、波は物理量の周期的な変化が

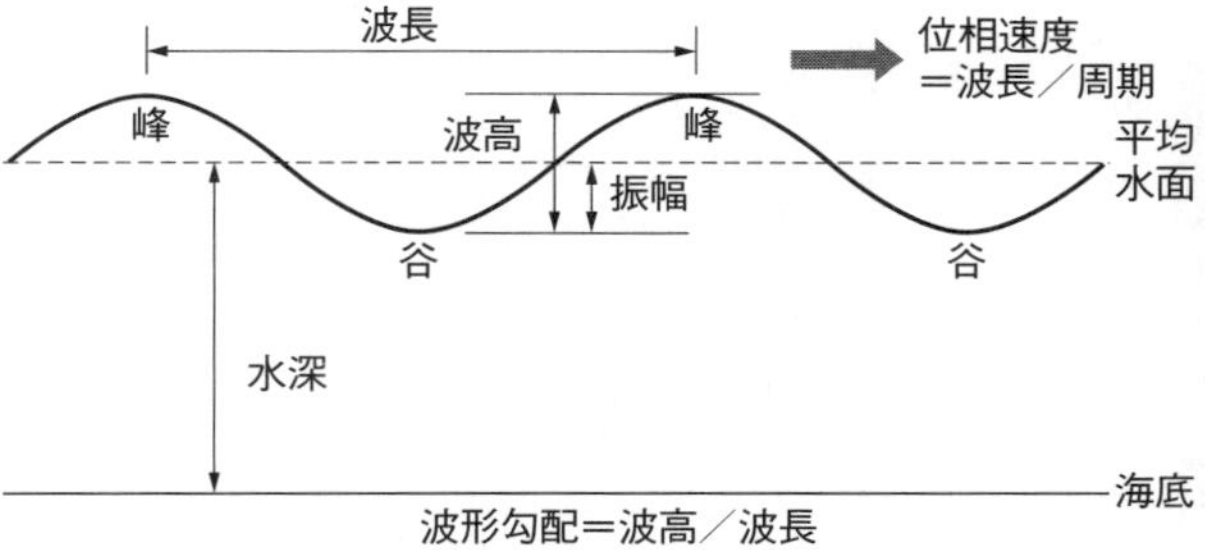

図6－1. 正弦波とそのパラメータ。

空間に伝わるものと定義した方がよいでしょう。

次に波に関する物理量についてまず定義します（図6-1）。簡単な例として、波の形が三角関数となっている正弦波を考えます。まず、一般に言われる波高ですが、波の峰と谷の高さの差を言い、波高の半分は振幅と言います。波の峰（谷）と峰（谷）の間の距離は波長と言い、一つの波の峰（谷）が通過してから次の波の峰（谷）が通過するまでの時間を周期と言います。個々の波の移動速度は位相速度と言い、波長÷周期で定義されます（なお、位相とは波のような周期的な運動のなかで、どの位置にあるかを示す量です。たとえば、振動を三角関数 $\sin(x)$ で表すならば x が位相となります）。また、波高と波長の比は波形勾配と言って、波のけわしさを表します。

また、波について議論する場合、波長と周期に似たものとして波数と角周波数という物理量もよく用いられます。これらは単位長さ（時間）あたりの波の数×2πとして定義され、

波数＝2π÷波長、　角周波数＝2π÷周期

となります。

ところで、水面の波はなぜこのような上下振動をするのでしょうか。一般に水面の波は進行しますが、ある一点で見ると水面は上下運動しています。まず、水面が最も盛り上がった状態にあったとします。その後水面は徐々に下がっていき、平均（水平）の状態に戻ろうとします。平均の状態になった時に動きは止まるように思えますが、そうならずに波の進行とともにさらに水面は凹んでいきます。そして最も低くなった状態で水面の低下は止まり、その後は盛り上がっていき、平均の状態に戻ろうとします。ところが、平均の状態になっても止まらずに盛り上がり、最初の状態に戻ります。そして、これまで述べた動きを繰り返します。この動きは、振り子の振れやバネに重りをぶら下げた時の動きと同種類のもので、単振動と呼ばれます。

このような振動を生じさせるには、盛り上がったところを凹ませ、凹んだところを盛り上がらせる力、すなわち変動を平均の状態に戻そうとする力が必要です。この力を復元力と言います。上で示した水面の波においては、盛り上がった／凹んだところの水の質量の過不足、すなわち重力が復元力となっています。

普通の海面の波の場合、重力が復元力であり、それによる波を重力波と言います。さざ波のよ

うな波長が非常に短い波では、重力よりも表面張力が復元力となります。このような波は表面張力波と言います。

波の群れ

海面の波をよく観察すると、いろいろな波がいろいろな方向に伝わっているのがわかります。その際、微妙に周波数や波長が異なる波が重なった場合、面白いことが起こります。図6-2は波長が少し異なる振幅が等しい二つの波を重ね合わせた結果を示した図ですが、波の重ね合わせにより波が強め合うこともあれば打ち消し合うこともあります。すなわち、二つの波の頂点がともに正、もしくは負の場合は、振幅が二倍となりますが、逆に頂点が正と負で逆転するとお互いの波を打ち消し合います。波の峰・谷同士を結ぶと、破線で示される波長の大きな波が現れます。この現象はうなりと呼ばれています。お寺の鐘を鳴らすと、ゴーンという音が大きくなったり小さくなったりして響きますが、それがこの現象です。うなりは、個々の波が群れとなり、あたかも一つの大きな波として振る舞っているのです。

ところで、波の振幅が大きいと水面は激しく動くことから、波のエネルギーは大きくなります（振幅の二乗に比例します）。図6-2に示されるとおり、振幅の大きな部分は、波の群れの腹に集中

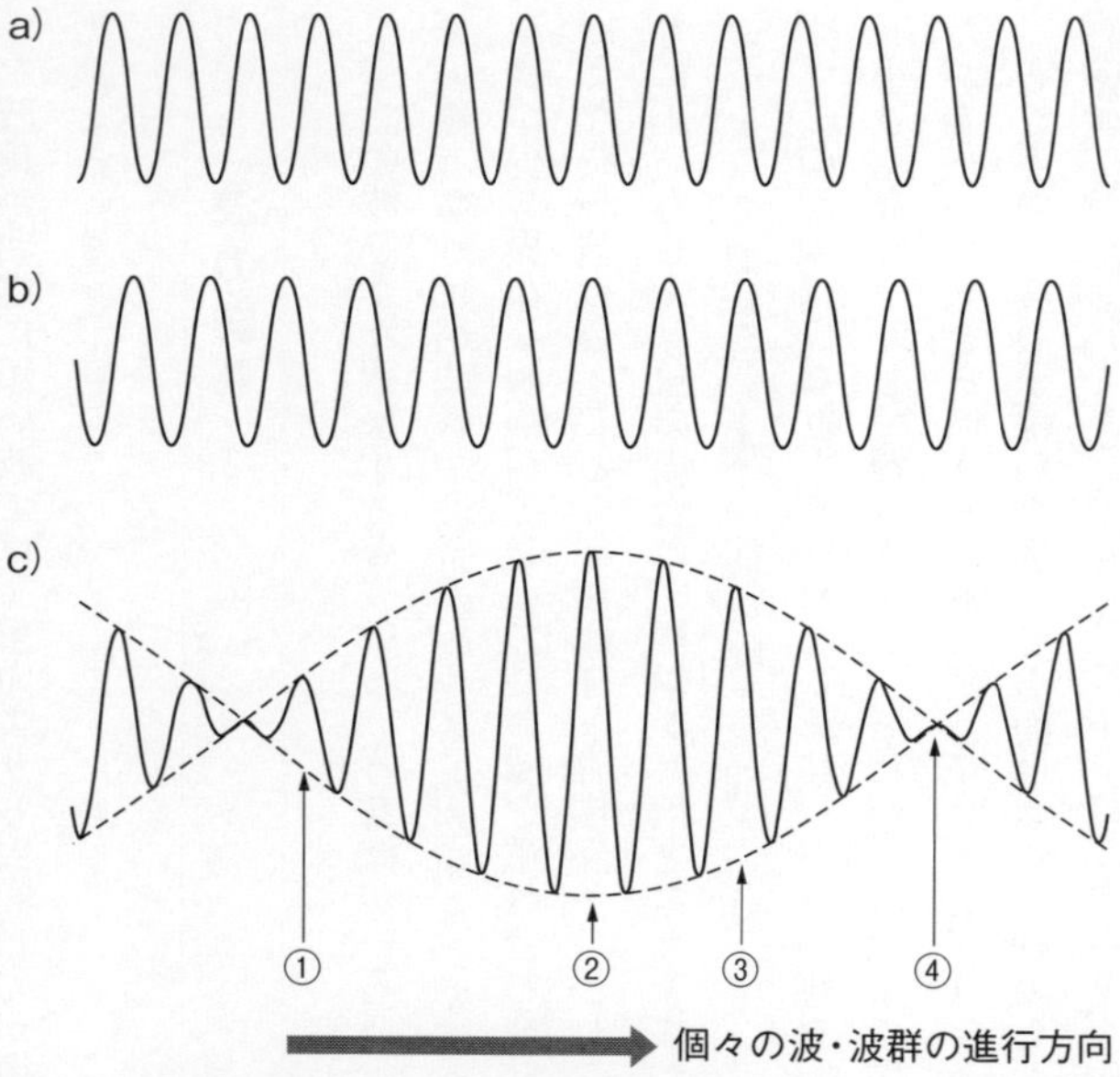

図6－2. 波の重ね合わせ。c の波は微妙に波長が異なる a の波と b の波を重ねたものである。

していることから、波のエネルギーは個々の波としてではなく、群れで伝わります。この波の群れの伝わる速度を群速度と言います。このため波を議論する場合、先に示した個々の波の物理量だけでなく、群速度にも注意する必要があります。

たとえば、遠方で嵐により高波が発生したとします。その高波が観測者のいる場所へ到着する時間ですが、単純に考えれば、観測者と嵐の場所の距離を位相速度で割れば得られるように思いますが、実は違います。確かに最初の小さな波はその時間で到達しますが、ある程度の高さの波は波長の異なる波が重ね合わされた群れとして伝わってくるので、その到達時間は観測者と嵐の間の距離÷群速度となるのです。

一般に外洋の海で見られる波（波長が水深に比べ十分短い波）では、群速度は個々の波の位相速度の半分の速度です。つまり、個々の波は、波の群れより早く進むのです。たとえば、図6-2cの波の群れにおいて、後ろの方を右方向に進む波①に注目します。その波の位相速度は群速度より速いので、徐々に群れの前の方（右）に移動します。群れの中央②に来ると、波高が最大になり、それより前の方（③）では波高は小さくなって、群れの端（④）で消滅するのです。しかし、消滅しても波群の中の波の数は変わらず、消滅した分だけ新しい波が群れの後ろに現れます。このように波の群れは、個々の波が現れては消えながら伝わるのです。

水深による波の分類

波の分類には、波の波長と海の水深の相対的な大きさによって便宜的に分ける方式があります。海面の波は水面の上下運動ですが、波に伴う海水の動きを調べてみると、実は単純に上下に動いているのではなく、波の波長と海の水深との相対的な大きさによって変わるのです。

まず、波長が水深に比べ十分短い波（水深が波長の半分以上）は深水波（深海波）と言います。外

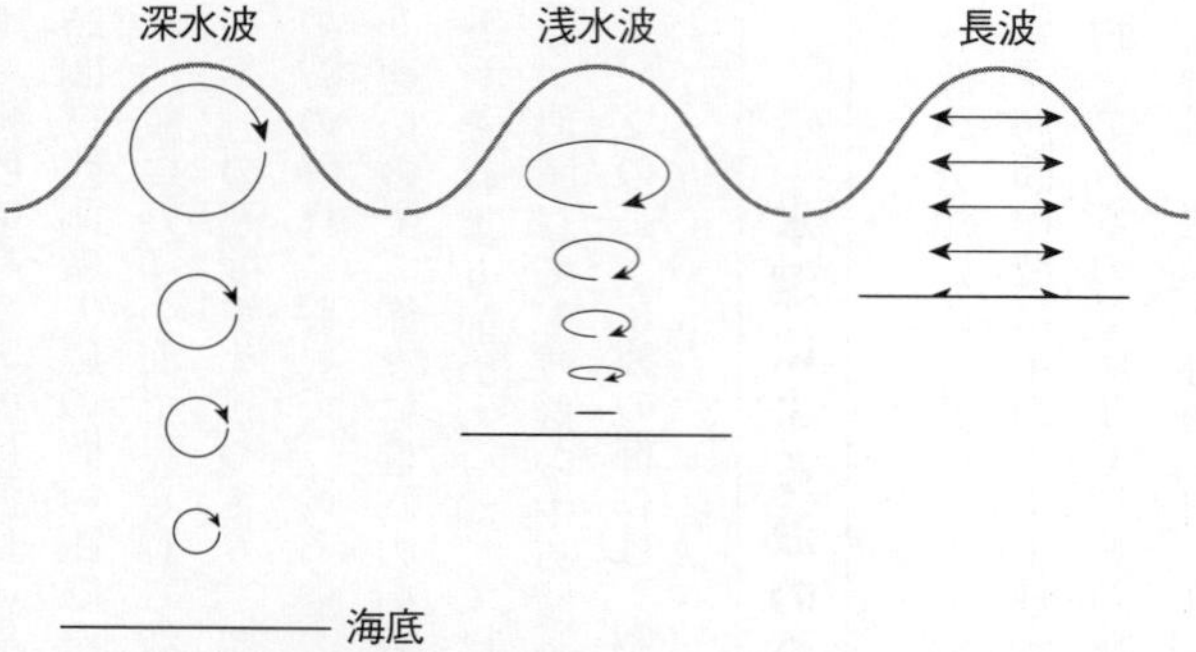

図6－3．深水波（左）、浅水波（中）、長波（右）における水の動き。（保坂直紀『謎解き　津波と波浪の物理』[24]より）

洋の海で見られるほとんどの波はこの波です。その深水波では、水は円運動をします（図6-3左）。円の上部では波の進行方向に、下部では戻る方向に水は動きます。そして、その円運動の大きさは、海面では波高と同じ大きさとなります。水深が深くなるにつれ、円運動の大きさは急激に（指数関数的に）小さくなり、波長の半分の深さでは海面の場合の二三分の一にまで小さくなります。

たとえば、嵐により波高一〇メートル、波長二〇〇メートルの波ができたとします。これくらいの波が起こると海は大荒れの状態になるので、船に乗っている人はたいてい船酔いしますし、小さな船ならば沈没の危険もあります（大きな船でも後述するフリーク波が発生すれば危険です）。ところが、水深一〇〇メートルまで潜ると、水の動きはわずか直径五〇センチメートル以下になります。波の周期を二〇秒とすれば、水の動く速度はわずか毎秒約七・五センチメートルです。したがって、もし潜水艦でその深さまで潜れば、そのような大嵐でも平気で航行できるのです。

深水波の位相速度および群速度は、波長（角周波数）によって変わるという性質があります。また、位相速度・群速度とも水深には依存しないので、流れの強いところを除けばどんな外洋の海でも同じように伝わります。

逆に波長が水深に比べ十分長い波（水深が波長の二五分の一以下）は長波と言います。津波や潮汐に伴う波がこの波に分類されます。この種の波では、水の運動は水平方向の直線運動となります（図6-3右）。注意したいのは、深水波と異なり海底近くでも水平方向の動きは海面近くと同じで、水は大きく動くことです。つまり、長波では、水は水平方向には海面から海底まで一様に振動するのです。

深水波では位相速度は波長によって変わりますが、長波では波長には依存せず、海の水深にのみ依存していて、その値は（重力加速度×水深）の平方根で計算できます。世界の海の平均水深は四〇〇〇メートル弱ですが、その水深では位相速度はなんと毎秒約二〇〇メートル（時速約七〇〇キロメートル）、すなわちジェット機並みのスピードにもなるのです。一九六〇年に南米チリの沿岸で大地震が発生した際、その津波がほぼ一日かけて太平洋を横断して、日本の三陸海岸を襲い多大な被害をもたらしましたが、その速度ではるばる地球の裏側から伝わってきたのです。

また、長波の群速度は位相速度と一致するという性質がありますが、位相速度同様、波長には依存しません。長波では、波は上記の超高速のスピードでエネルギーとともに伝わっていくのです。

なお、長波と深水波の間の波（水深が波長の半分より小さく、二五分の一より大きい）は浅水波（浅海波）と言います。性質は深水波と長波の間のようになり、たとえば水の動きは楕円形ですが、水深とともに指数関数的に小さくなります（図6‐3中）。

実際の波

これまで正弦波、すなわちサインカーブをした形の波について見てきました。しかし、実際の波の多くはそのような形をしていません。大半の波は峰がとがっている一方、谷は平らになっており、特に嵐の時に見られる高波では、峰が崩れて白波になっています。たとえば、図6‐4のような形の波をストークス波と言います。振幅が波長に比べ十分小さい場合、波の形は正弦波で近似できるのですが、そうでない場合は波の形がストークス波に近くなります。波形勾配が七分の一となった場合、波の峰の角度が一二〇度になり、理論上波が崩れる（これを砕波と言います）波形勾配になります（実際は一〇分の一程度でほとんど砕波します）。

実際の海面では同じような波長・波高の波で占められているのではなく、さまざまな大きさの

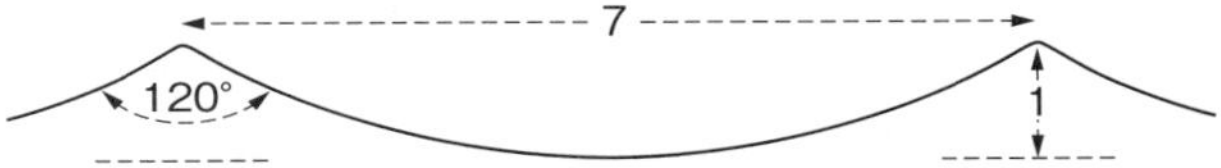

図6－4． 波形勾配が極限の状態のストークス波。（磯崎一郎・鈴木靖『波浪の解析と予報』[4] より）

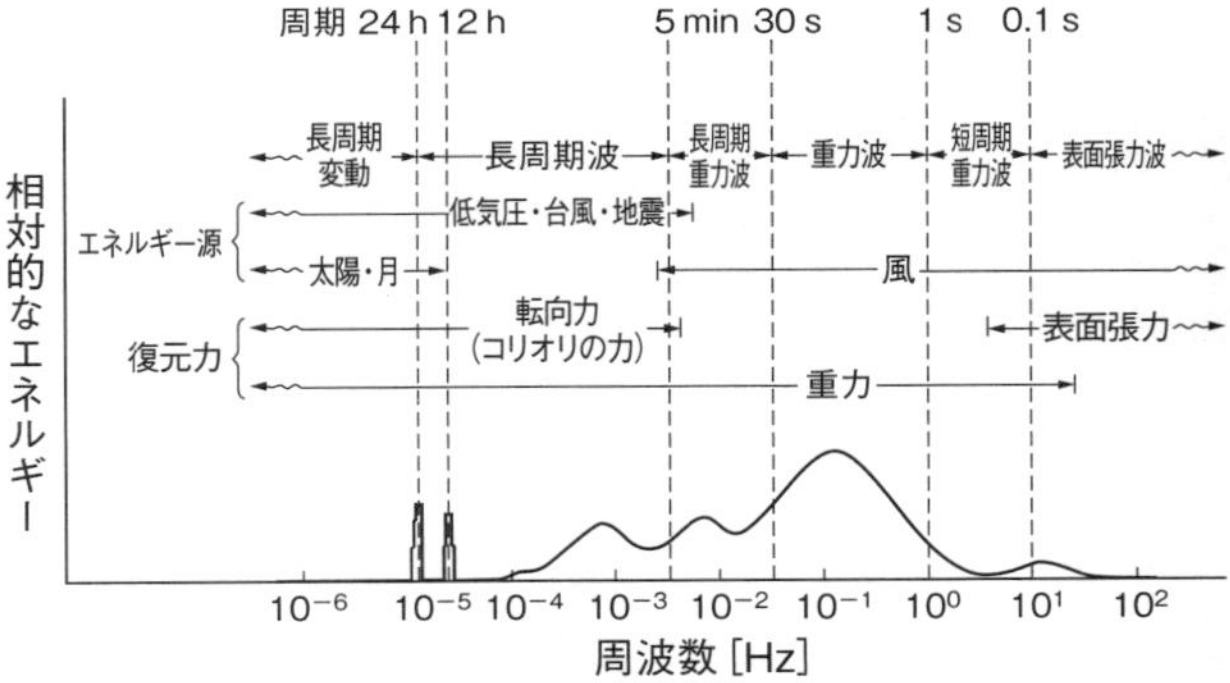

図6－5． 周期（周波数）に対応した海面の波のエネルギースペクトルの模式図。（光易恒『海洋波の物理』[27] より）

波が入り乱れています。そこで波の持つエネルギーを縦軸に、周期（周波数）を横軸に取って図を描くと図6-5のようになります。このような周期（周波数）に対する各成分のエネルギー分布をエネルギースペクトルと言います。もし、単一の種類の波だけが存在するのであれば、その周期のところに鋭いピークが出るはずですが、鋭いピークは潮汐周期の約一二時間と約一日のところに見られるだけで、あとは所々にゆるいピークが見られ、全体としてなだらかな曲線になっていることから、さまざまな周期の波が重なっていることがわかります。

右側（周期が短い方）から見ましょう。まず、周期が〇・一秒より短い波はさざ波（表面張力波）です。先に述べましたように、その復元力は主に表面張力です。それから周期が長くなると、復元力は重力になります。一秒～五分の周期で見られるものは、風によって発生する風浪やうねりと呼ばれる波（重力）です。全ての波の中で最もエネルギーが高く、実際海に見られる波のほとんどはこの波です。五分以上の周期の波になると、風ではなく他の要因、例えば大気の変動によって発生する振動や、地震によって発生する津波がこの範囲に入ります。そして、この時間スケールに達するとコリオリ力が効きはじめます。一二時間以上の周期では、潮汐に伴う波も現れます。前章で述べたロスビー波は、何十日～何年というこの図に現れないような長い周期を持っていて、渦度（第五章参照）の保存が復元力になっています。

波の観測と有義波高

次に海面での波の観測方法について見ましょう。その方法にはいろいろあり、たとえば昔ながらの目視観測も行われています。センサーで観測する方式としては、水中から観測する、水面で観測する、水面より上から観測する、という三つに分けられます。水中から観測するものには、水面の変位が圧力の関数であることを利用して、海中に設置した圧力計により測定する方法や、海中に超音波を発する機械を取り付けて、海面までの距離を音波により測定する方法がありま

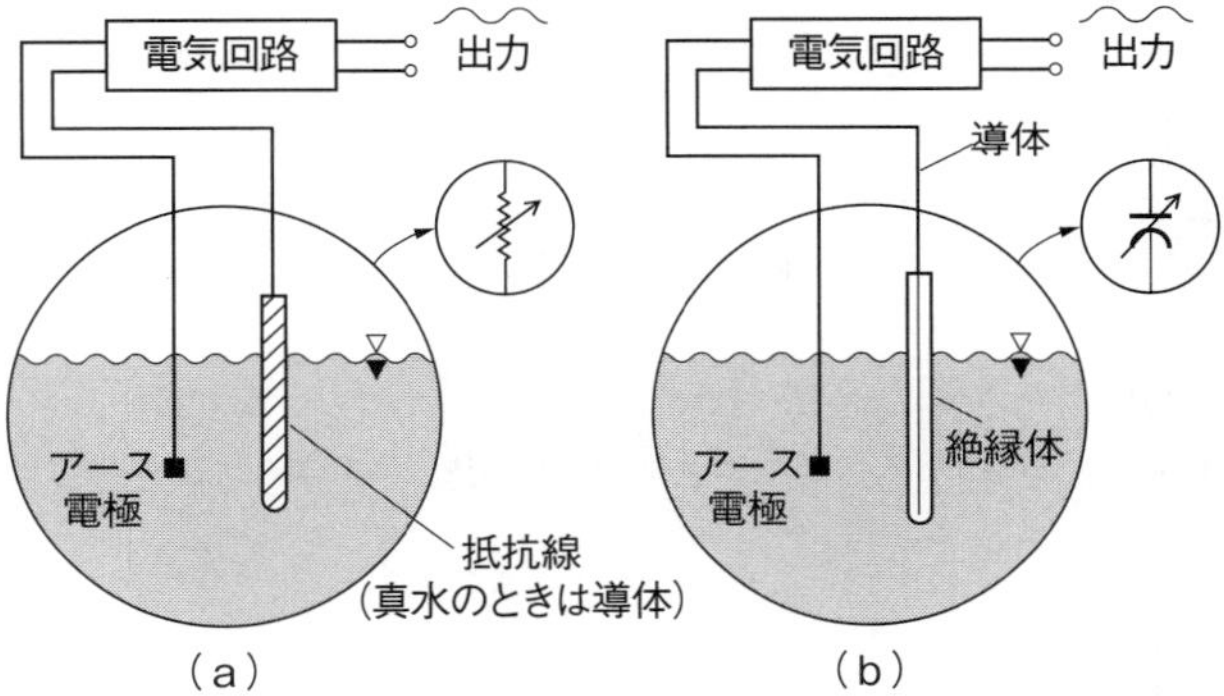

図6－6．電極型波浪計の概念図。a）電気抵抗型、b）電気容量型。（光易恒『海洋波の物理』[27]より）

す。

水面で観測する方式には、水に浸った長さにより電気抵抗が変わる導体を水面ぎりぎりに入れて電気抵抗や電気容量を測定するものがあります（図6-6）。

また、同じく水面で観測する方式ですが、船舶で用いられているものとしてタッカー式波浪計と呼ばれる計測器があります。これは船体の下に取り付けられた圧力計により、水圧の変化を測定します。ただし、圧力変化には船体の運動が含まれてしまうため、それを取り除くために船体の上下運動も同時に測定して補正します。

水面より上から測定する方式には、人工衛星搭載のマイクロ波散乱計や沿岸に据え付けられたレーダーなどがあります。

ところで、実際の海面ではいろいろな波が重なっているので、水面の変動は単純な正弦波とはなっていません。そこで、実際の波の高さを決める方法として、ゼ

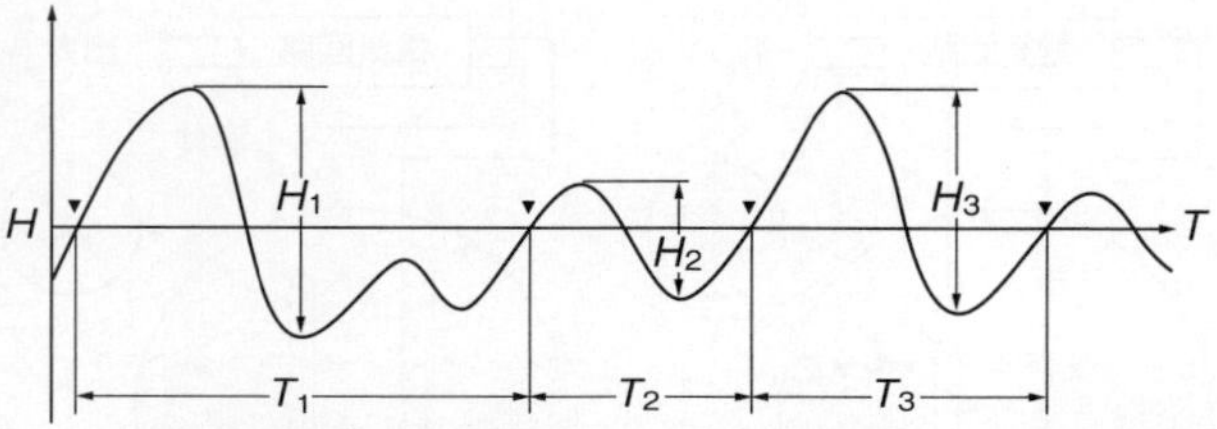

図6－7．ゼロ・アップ・クロス法による波の特定方法。（関根義彦『海洋物理学概論』[13]より）

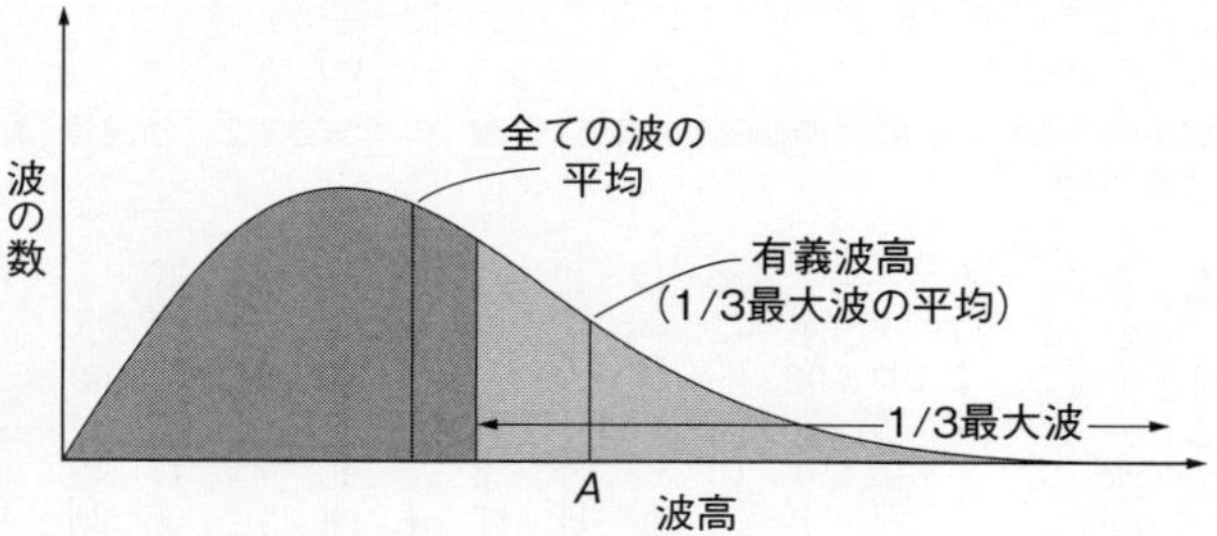

図6－8．波高に対する波の数の分布と有義波高。

ロ・アップ・クロス法を紹介します。図6-7に水面変動の時系列の例を示します。まず、測定期間中の平均値を求め、そこを水位ゼロとします。水位の値が負から正に転じる場所（図6-7の▼）と次に負から正に転じる場所の間を一つの波と定義します。図6-7の場合、波高H_1、H_2、H_3の三つの波が定義されます。

この観測によって定められた波を波高が高い順にならべ、上位三分の一の波を選び、選んだ波の平均の波高を計算します。こうして求めた波の高さを有義波高と言います。気象庁の天気予報で波の高さも予報されますが、それはこの有義波高です。図6-8に、横軸に波高を取った場合における波の数の統計的な分布のグラフを示します。この図では、有義波高はAになります。この図に示される波全体の平均より、有義波高はかなり高い方に偏った波高になっていますが、実際人間が目で感じる波の高さに近いと言われています。

注意したいのは有義波高より高い波が存在することです。確率的には一〇〇個の波のうち一つは有義波高の一・五一倍、一〇〇〇個に一つは一・八六倍の波高になります。このことは、気象庁が波高三メートルと予報していたとしても、頻度は小さいですが、三メートルより高い波が来ることがあり得るということを意味しています。海岸に出かける人、たとえば釣りが好きな人は、出かける前に天気予報をチェックすると思いますが、予報された波より高い波が来る可能性があることを気にとめておくべきです。

船を沈める巨大な波

前述のとおり、有義波高より大きな波は実際存在していて、時々船を沈めることがあるほど恐ろしいものです。例えば、一九八〇年一二月に日本東方を航行中の尾道丸という三万トンを超える大きな貨物船が突如現れた巨大な波に襲われ、船首が折れて沈没するという事故がありまし

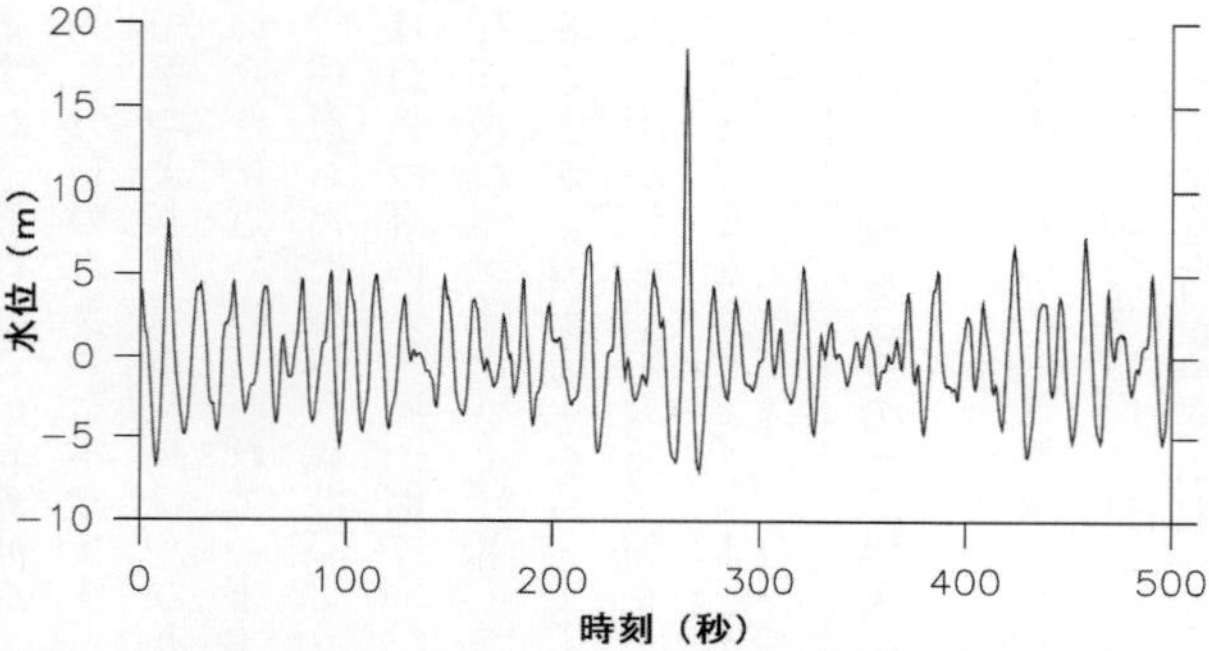

図6−9．北海油田で観測されたフリーク波の時系列。（早稲田卓爾東京大学教授提供のデータをもとに筆者が作成）

た。事故調査の結果、四〜八メートルのうねりの中、波高二〇メートル、波長が船の長さほど（約二〇〇メートル）の巨大な波が現れ、船首がその波に乗り上げ空中に浮き、船が波を乗り越えた際に船首が海面にたたきつけられて折れてしまったことがわかりました。このような巨大な波はフリーク波（Freak wave：変わった波）やローグ波（Rogue wave：ならずもの波）、一発大波と呼ばれています。

古くからこのフリーク波は船乗り達に言い伝えられてきましたが、海洋学的に研究され始めたのはごく最近のことです。これは、実際の観測データがほとんどなかったためでした。一九九五年になって北海油田に設置した観測装置により、[注1]二五メートルもの巨大波が観測されて以来（図6-9）、学問的にも注目を浴びるようになりました。図6-9の場合、有義波高は一〇メートル以下ですが、突如二五メートルもの波が単発で現れており、フリーク波（ローグ波や一発大波）という名前の由来どおりとなっています。その後、フリーク波は有義波高の二倍以上の波高を持った孤立した波として定義されています。

その形成メカニズムについては今でも活発に海洋学者の中で議論されていて、はっきりしたことはわかっていません。今のところ考えられているメカニズムの一つは、同じような波長を持った波が同じ方向に進行した場合、重なり合った波同士が影響し合いエネルギーを交換することで、大きな波になるというものです。

フリーク波は非常に危険な波で、実際多くの船がこの波によって事故にあっています。このため、研究が進んでこの波の予測ができるようになることが期待されています。

風波の形成と発達

海面に見られる波のほとんどは風によって生じます。これを風波といいます。ところが、実は風波の発生メカニズムについては、厳密にはまだわかっていないのです。ここでは、現在考えられていることについて述べましょう。

まず、海面において風が吹きはじめると、最初にさざ波ができます（図6-10 a）。しかし、ある程度以上の風が吹かなければさざ波もできません。弱い風では、波ができても水の粘性の効果により減衰してしまうからです。どれくらいの風ならば波ができるかですが、いろいろな研究者

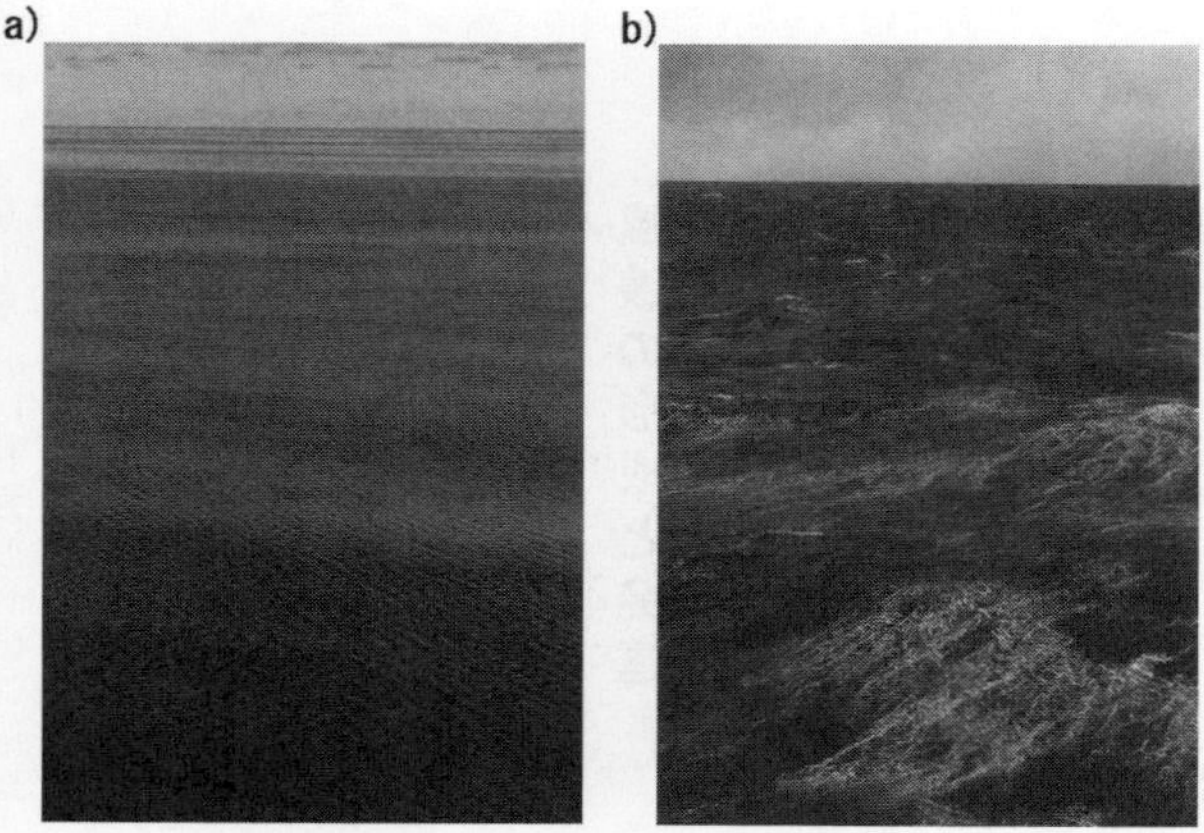

図6－10．a）さざ波、b）発達中の風波。（筆者撮影）

が実験室で行った実験や、実際の海の上で調べた結果、風速一～三メートルの値が得られています。すなわち、この風速以下では海には波ができないのです。外洋の海の上に出ると、たまにですが油を流したようななめらかな海面に出くわすことがありますが、それはまったく無風だからではなく、この程度の弱い風では波ができないからです。

それ以上の風が吹いた場合の波の発生については、現在二つの理論が考えられています。まず一つ目ですが、風と波の共鳴によるものです。風は海の上を一様に吹いているのではなく、小さな空気の乱れを含んで吹いています。海面には大気から気圧として力が加わりますが、その乱れによる気圧差のため海面には一様に力が加わるのではなく、圧力が弱いところと強いところができるため、それが海面の上下のぶれ、すなわち波を生み出します。そして生じた波の位相速度が風速と一致した場合、風の乱れと波が共鳴して波高を増幅させるというものです。もう一つの理論は、風が吹くと海面での摩擦により海面付近に流れが生じますが、風が強くなるとその流れが不安定になって波を起こすというものです。

これらの理論は波の発生の初期過程に適用できるもので、これだけでは波は大きくなれません。波が発達するには、波が起こした空気中の乱れが重要だと考えられています。風のエネルギーがその乱れにより効率よく下に運ばれ波に伝えられることにより、波はどんどん発達していきます（図6-10 b）。また、異なる周期を持った波同士が影響し合いエネルギー交換することによって も波は大きくなります。その結果、波長も周期も長い大きな波に成長します。波はある程度まで大きくなると、波形勾配が大きくなり砕波します。

波は風が強いだけでは大きくなりません。もちろん風速が大きければある程度大きくはなりますが、それに加え風が吹いている距離や吹いている時間が長いほど波は大きくなります。逆の言い方をすれば、どんなに風が強くても、小さな水たまりや池では波高が何メートルにもなる波は立ちません。広い範囲で長時間にわたって風からエネルギーを得ることによって、風波は大きくなるのです。

風が吹いている領域を離れると、波は周期が短い（波長の短い）ものから減衰していきます。ところが波長の長い波はなかなか減衰せずに、遠くに伝わっていきます。このように風の吹いている領域を離れて伝わってくる波を「うねり」と言います。夏に日本の南の海岸で時々土用波という高い波が見られますが、そのほとんどははるか南方の台風を起源として発生して、はるばる日本に到達したうねりです。うねりは風波に比べ一般に波長が長く、また風が吹いている領域を離れているので波としての成長が止まっていて、形も峰がとがらず丸くなっているものが一般的です。

ハワイではサーフィンがさかんですが、そのサーフィンに適した波長の長いうねりが見られます。特にハワイのオアフ島では、南のワイキキおよび北のノースショアで活発にサーフィンが行われていますが、ノースショアはうねりが高いため、プロ級のサーファーが活動をしており、国際的なサーフィンの大会がよく開かれます。本章扉の写真はノースショアで筆者が撮影した砕波したうねりの写真で、この時は波高が四メートルありましたが、最も高い時は六メートルにもなるそうです。このノースショアの波は冬に高くなるのですが、これはアリューシャン列島やアラスカ周辺で発達した低気圧を起源としています。一方ワイキキのうねりは小さく、主にビギナーのサーファーに適しています。ワイキキに来るうねりは南方から伝わってくるのですが、中には南極近海を起源として伝わってくるものも含まれていることがわかっています。

海岸での砕波

これまでは主に外洋での波について述べてきました。次に沿岸近くで波がどのような振る舞いをするかを見てみましょう。

海岸に立って波を観察すると、まず気がつくのは、風があまり吹いていない時、波は沖の方ではほとんどなだらかでも、岸近くに来ると波の峰が急になり波高が高くなってきて、逆巻いて崩れてくることとかと思います。どうしてこのようなことが起こるのでしょうか。

これは、波が岸近くに近づいてくるにつれてその性質が変わるからです。海の波のほとんどは波長が水深に比べ十分小さい深水波である、ということは前に述べました。ところが、波が沿岸に近づいてくると水深が浅くなることから波長と水深が同程度になり、さらに岸のそばでは逆に波長の方が水深より大きくなります。すなわち、波の性質が深水波から浅水波、さらには長波に変わるのです。

深水波の位相速度は水深には依存しませんが、長波の位相速度は、（重力加速度×水深）の平方根で計算されることから水深に依存します。すなわち、岸近くでは波の位相速度が水深の変化に影響されるようになります。長波となると、岸に近い波ほど水深が浅いため位相速度が遅くな

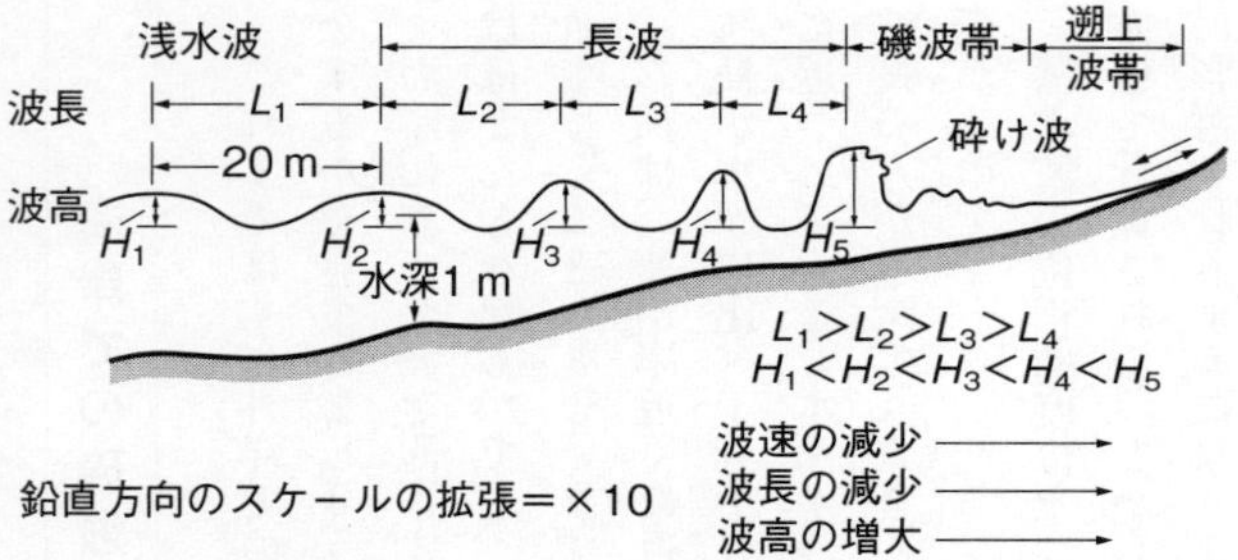

図6−11. 岸近くでの波の変化。（ポール・R・ピネ『海洋学』[25] より）

りますから、岸近くの位相速度が遅い波に岸から遠い位相速度が速い波が追いついてきます。このため岸近くでは追いついてくる波のために波長が短くなります。そうして波の峰と峰の間隔が狭くなると同時に波高も高くなり（図6-11）、波形勾配が砕波する限界の七分の一に近づき砕波するのです。砕波するときの形状ですが、次の三つがあります。

・崩れ波…波の峰から前面に白く泡立って崩れていく波で、一般に砂浜などの岸でよく見られる。

・巻き波…波の前面が急になって峰が前に覆いかぶさる波で、サーファーの間でチューブと呼ばれるもの。

・砕け寄せ波…波長の長いうねりが、岸近くで海底地形が急峻なところに伝わってきた際に起こるもので、波形勾配が限界に達して波の上部から砕けるのではなく、波全体が崩れて海岸をさかのぼるもの。

どの形状になるかは、海岸に到達する波の波形勾配と海底地形の勾配によって決まり、波形勾配が大きくゆるやかな海底地形では崩れ波に、逆の場合は砕け寄せ波となり、その間が巻き波になります。

岸近くでの波の屈折

海岸で波を観察して次に気がつくことは、波はいつも沖から岸に向かってくることです。直線の海岸線だけでなく丸い湾となっている海岸やとがった岬でも、波は沖から岸に向かってきます。すなわち、波は岸に到達する際、波の峰を結んだ線（峰線）が海岸線に平行になるように伝わってくるのです。

沖に出ると波の伝わる方向は風がどう吹いているかによって変わるので、海岸線と波の進行方向には何も関係がありません。では、どうして岸近くでは波の峰線が海岸線に平行になるのでしょうか。

外洋で深水波だった波は、岸に近づくにつれ浅水波から長波となり、海底地形の影響を受けるようになります。具体的には、波の位相速度は水深の平方根に比例するので、岸に近くなればなるほど遅くなります。そこで、図6-12のような一直線の海岸に外洋から斜めに長波として波が

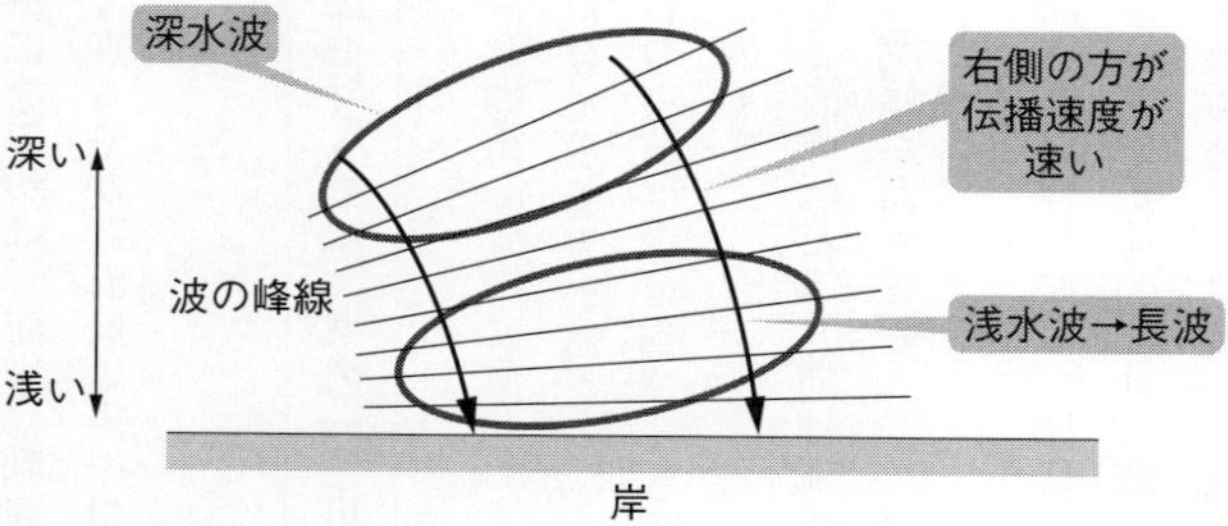

図6－12．沿岸での波の屈折。

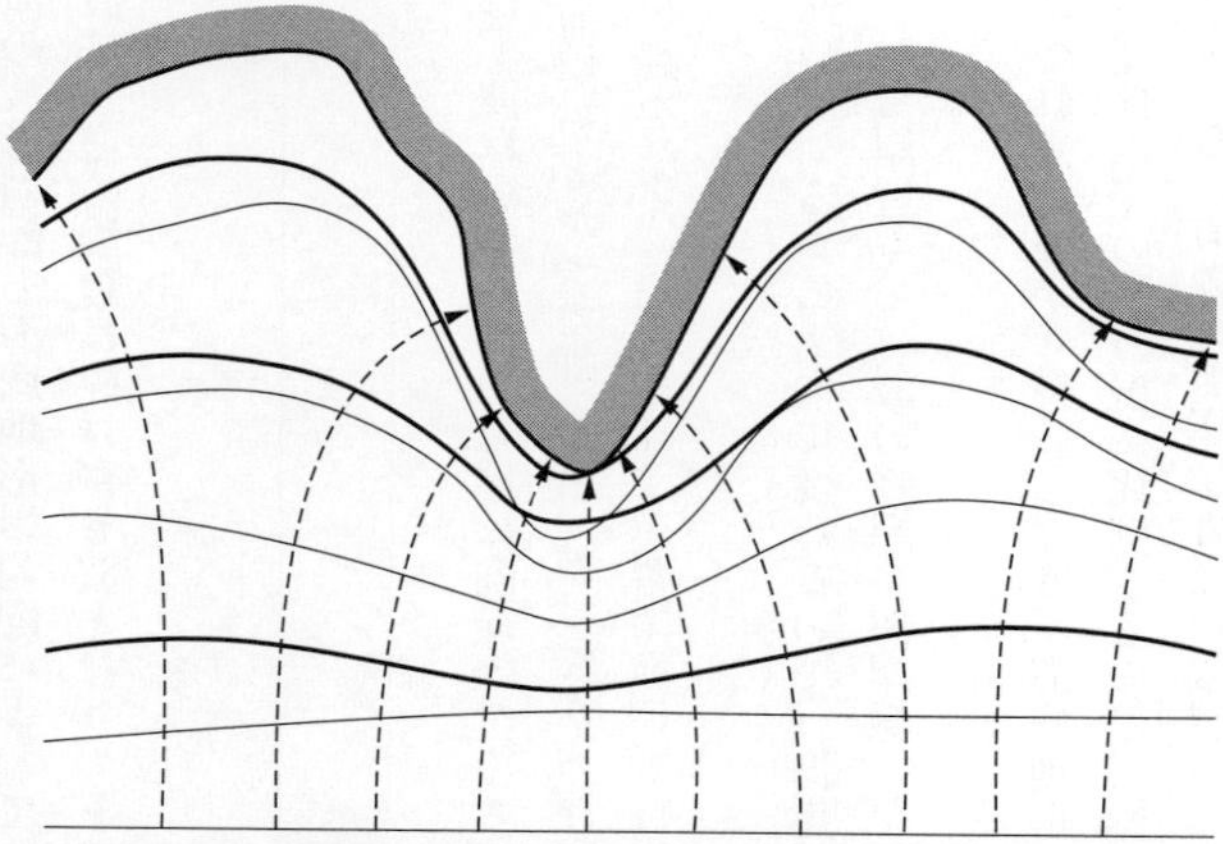

図6－13．湾や岬での波の伝播（点線矢印）。太い実線は波の峰線、細い実線は等深線を意味する。（関根義彦『海洋物理学概論』[13] より）

入射する場合を考えましょう。ただし、岸は一直線なので、海底の等深線も岸に平行に一直線になっているとします。沖の方では波の峰線は図の右側の方が左側より沖にあるため、深いところを伝わってくる右側の方が左側より速い位相速度を持つことになります。すると峰線の岸に対する傾きが小さくなり、最終的に峰線が海岸線に一致して、波は海岸線に平行に岸に向かってくるのです。言い方を換えると、波は水深が深いところから浅いところに伝わるように屈折することで、常に岸に向かってくるようにみえるのです。

さて、海岸線に平行に波が来るということは、図6-13のような海岸線の場合、波の伝わる経路（図の点線矢印）は湾では発散するように（図の点線と点線の間隔が広がるように）、岬では収束するようになります。波が発散するように伝わってくるということはエネルギーも発散しますから、湾では単位長さあたりの海岸線に届くエネルギーが岬に比べ小さくなります。このことは、湾では岬より波が低くなることを意味しています。一般に海水浴場に適している浜が湾の構造をしているところが多いのは、上で述べた理由により波が低いからです。

岸から沖に向かう離岸流

振幅が十分小さい正弦波の形をした深水波においては、水は円運動を描き、その大きさは深く

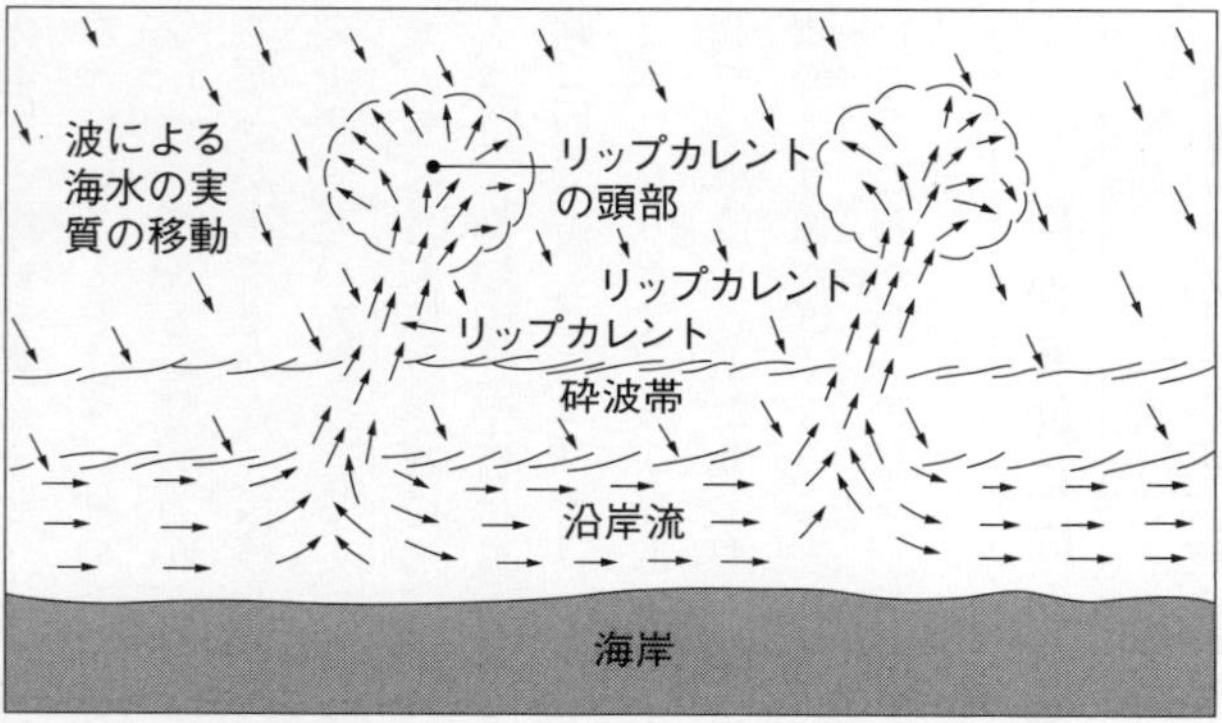

図6－14. 離岸流などの岸近くでの流れ。（永田豊『ハワイの波は南極から』[19] より）

なるにつれ小さくなり、また上部では波の進行方向に、下部では戻る方向に動くという話をしました。このため、固定点で時間平均を取ると波が通過しても、水そのものの移動はありません。しかし、振幅の大きさが無視できない波では、円運動の動きは円の上部と下部で異なり、下部の方が遅くなります。このため、水の軌道は閉じずに、波の進行方向に向かって回転しながら進む軌道を描きます。このような波の場合は、時間平均を取ると水そのものが波の進行方向に移動します。

外洋の海の場合は、その流量はあまり大きくないため無視できるのですが、岸近くでは無視できません。前述のとおり波は常に岸に向かって伝わるので、それに伴う質量輸送は常に岸方向になり、岸近くに水が集められることになります。ところが、いつまでも岸に水が集まりつづけることはできないため、どこかで岸から沖方向に集められた水が逃げなければ帳尻が合いません。この岸から沖方向に逃げる水の流れが離岸流（リップカレント）と呼ばれるものです（図6-14）。

離岸流は流速が速く、毎秒〇・五～一メートル程度になります。水泳選手でもこの流れに捕まると沖に流されるほどです。実際、この離岸流に捕まって逃げられなくなり、力尽きて亡くなるといった水難事故が多く発生しています。もし海水浴をしていて、急に沖に流されたら、この流れに捕まった可能性があります。その場合、流れに逆らって岸に向かって泳ぐのは困難です。幸い、離岸流は幅が数十メートルと狭いため、もし離岸流に捕まった場合は、岸に向かうのではなく、岸に平行に泳いで離岸流から抜け出すようにしましょう。

津波とは

二〇一一年三月一一日、日本東方にて有史以来最大の地震が発生し、それによる巨大な津波が東日本を襲いました。その被害は甚大で、多くの方が亡くなられ、建物などが破壊されたことは記憶に残っていると思います。津波も海の波の一つですが、そのメカニズムや性質については、高校以下の教科書には記されておらず、大学での海洋学などの講義でしか学ぶチャンスがないことから、ほとんど知られていません。そこで、次に津波のメカニズムと性質について見ていきます。

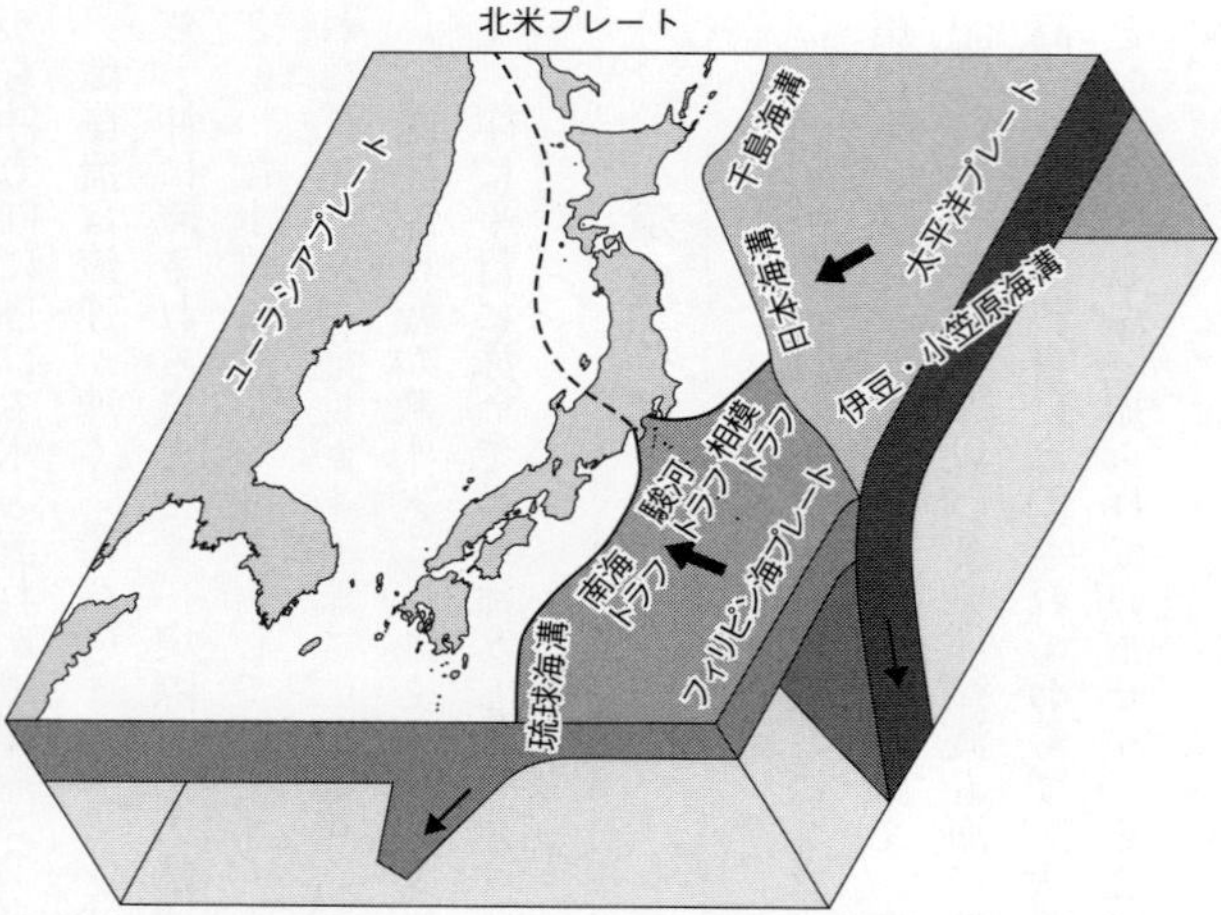

図6－15. 日本近海のプレート。（日本科学者会議編『地震と津波――メカニズムと備え』[21] より）

1　発生メカニズム

津波が地震で起こることはよく知られています。したがって、まず地震のメカニズムから先に述べましょう。地球の地殻は何枚ものプレートと呼ばれる岩盤から成り立っています。プレートは年に数センチメートルのスピードで動いています。したがって、プレートとプレートがぶつかり合う場所と、離れていく場所ができます。ぶつかる場所で、片方のプレート（海洋プレート）がもう片方のプレート（大陸プレート）の下に潜り込み、その場所には海溝ができます。こういった一連のプレートに関する学説はプレートテクトニクスと呼ばれています。

日本近海のプレートは、ユーラシアプレー

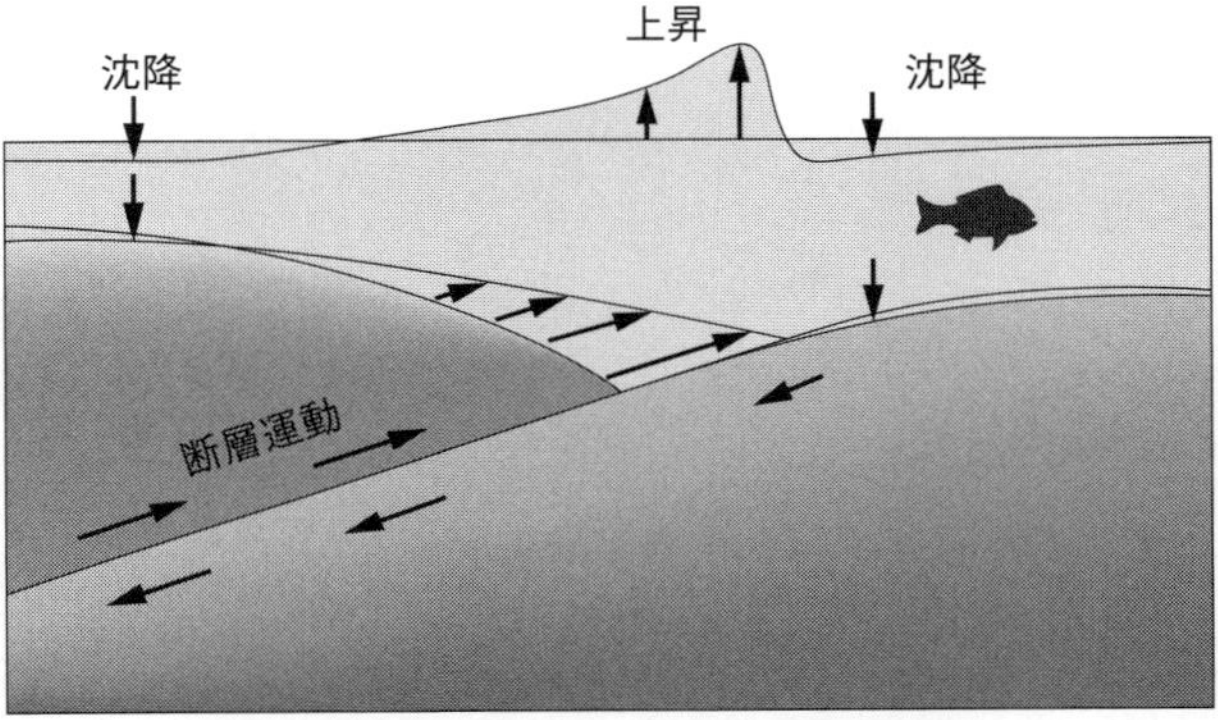

図6－16．津波発生のメカニズム。（日本科学者会議編『地震と津波——メカニズムと備え』[21]より）

トと北米プレートの二枚の大陸プレート、太平洋プレートとフィリピン海プレートの二枚の海洋プレート、計四枚のプレートからなりたっています（図6-15）。日本で起こる大きな地震のほとんどは、これらのプレートのぶつかり合いによるものです。海洋プレートは大陸プレートにぶつかってその下に沈み込む際、接している大陸プレートも一緒に引きずり込むので、大陸プレートはひずみます。そのひずみがある限界を超えると、大陸プレートがすべって跳ね上がることで広い範囲にわたってプレートが壊れます。これがプレート型地震と呼ばれる津波を起こすタイプの地震です（図6-16）。このときの大陸プレートの跳ね上がりにより、海底が盛り上がったり凹んだりするので、上の海水に衝撃を与えます。その結果として津波が発生します。

地震が発生すると、気象庁が震度の分布図とともに震源（震央）の位置に印を付けてテレビ等で示すので、その印の場所一点で地震が発生すると思われがちですが、そうではなく、地震はある程度の範囲を持って起こります。例えば東日本大震災の場合は、岩手県から茨城県の南北五〇〇キロメートル、東西二〇〇キロメートルの広範囲で地殻が破壊されて起こったものです。このような広範囲で海底が海に衝撃を与えるのですから、津波は広い範囲で起こり、波長もそのスケールになります。日本の東方海域の水深は海溝部でも八〇〇〇メートルあまり、海溝の西側（日本側）では急に浅くなって三〇〇〇メートル以下しかありません。このため、津波の波長は水深よりかなり大きくなり、長波として振る舞うのです。

地震に伴う海の変化が広い範囲で起こることから、海水が持ち上げられたり引き込まれたりしても、周辺部を除けば震源域では直ちに水が外に逃げたり外から入ってこられません。このため発生直後は海底地形の変化をほぼそのまま反映して、海面が変動します。たとえば、海底が上に二メートル盛り上がると、その場所では約二メートルの水面の盛り上がりが生じます。しかし、波長が長いので外洋を航行する船では津波の発生にほとんど気がつかないでしょう。

ちなみに、津波の最初は引き波が来ると思われがちですが、そんなことはありません。最初にどんな波が来るかは、海底地形が地震でどのように変化したかなどの条件によります。

なお、地震だけでなく火山噴火でも津波が発生することがあります。一八八三年にインドネシアのクラカタウ火山が噴火した際、島が噴火に吹き飛ばされて巨大な津波を引き起こし、多くの人命を奪う大災害になっています。日本でも九州の雲仙岳が一七九二年に噴火した際は、崩壊した山体が有明海になだれ込んで発生した津波により、対岸の熊本県に大きな被害が出ています。

2　津波の伝播と沿岸での振る舞い

津波は風波・うねりとは振る舞いがかなり異なりますが、その違いは波長の長さによるものです。風波・うねりの場合はどんなに長くても数百メートルですが、津波の場合は二～三桁大きく数十～数百キロメートルにもなります。このため、津波は水深四〇〇〇メートル以上ある外洋でも、長波として振る舞います。その位相速度は非常に速く、四〇〇〇メートルの水深では、毎秒約二〇〇メートルにもなります。また、長波は深水波と異なり位相速度が波長に依存せず群速度が一致することから、エネルギーも同じ毎秒約二〇〇メートルで伝わっていきます。

沿岸に近くなるにつれ水深は浅くなりますから、位相速度も水深の平方根に比例して遅くなります。水深が四分の一の一〇〇〇メートルになれば、位相速度は半分の毎秒約一〇〇メートルになります。水深が一〇メートルまで浅くなっても、まだ毎秒一〇メートルもあり、オリンピックの短距離選手が走るスピードと変わりません（図6-17）。したがって、すぐ近くまで津波が迫ってから逃げようと思っても逃げられないのです。東日本大震災の時はインターネットにいろいろな津波の写真や動画が残されていますが、このスピードを考えると撮影しながらの避難は非常に

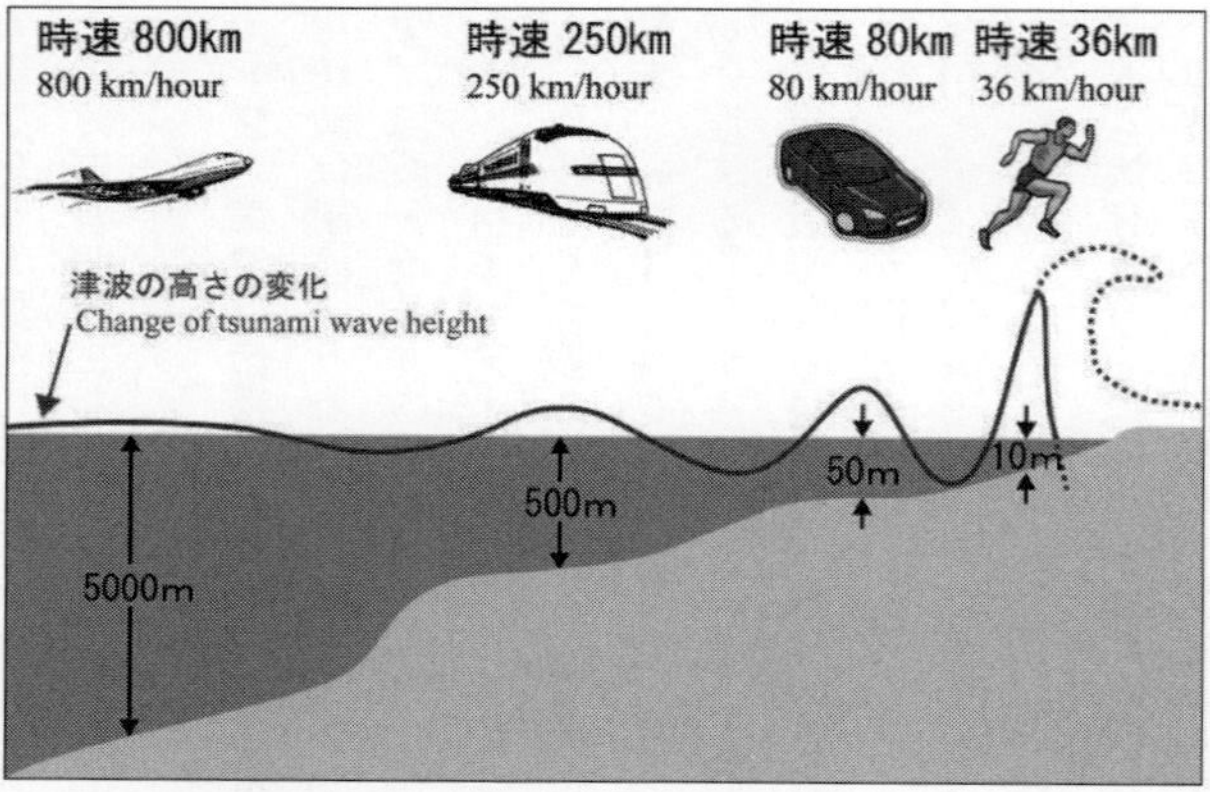

図6－17．津波の高さと位相速度の変化。（気象庁のHP、http://www.data.jma.go.jp/svd/eqev/data/tsunami/generation.html より）

危険なので、避難に集中すべきです。

さて、岸近くで波が砕波するところで述べましたが、長波の場合、先に岸に近づいた波に後ろから来る波が追いついてきます。すると波長は短くなります。波長が短くなるとエネルギーと水が狭い範囲に集中するので、波高も高くなり波の中の水の動きも速くなります。津波の波高は水深の四乗根（平方根の平方根）に反比例することが知られていて、たとえば水深四〇〇〇メートルの外洋で波高二メートルしかない津波でも、水深五〇メートルの海岸まで到達すると、その波高は六メートルにもなるのです。

さらに津波は長波なので、海水の運動は海面近くに限られず、底でも水平方向に往復運動をしています。すなわち海面から海底まで同じような速度で水が動いています。たとえば水深一メートルの岸近くに人が立っているところに、波高三〇センチメートルの波が伝わってきたとします。普通の波であれば、底近くではほとんど水は動かないので、その人は立っていられるでしょう。ところが津波では底でも水が動くので、そんな小さな波高でも立っていられないのです。ましてや何メートルもの大波になれば、それは波というより濁流という言い方が正しいのですが、家屋を破壊してしまうほどの強力なものとなるのです。

また、波長（周期）が短い普通の波であれば、岸近くを高波が襲ったとしても、陸の奥まで侵入することなく引いていきますが、津波は波長（周期）が長いので、襲ってきた波はすぐには引かず勢いも衰えず、ずっと陸の奥の方まで侵入してきます。川があればさかのぼって行きます。こうして、海面からの高さが低い場所では広い範囲にわたって津波に伴う濁流に流されるのです。引き波も強く、多くのものをさらって海に引きずり込みます。

ところで、周りに陸地がない水深が一定の海であれば、波源に近いほど、また第一波ほど波は大きくなります。ところが実際の地球の海には陸地があり、水深も一定ではありません。すると、波は地形の影響を受けて屈折・反射するという性質があるので、その振る舞いが変わります。長波の場合、波は深いところから浅いところに屈折するので、岬のようなとがった地形に波は集まり波高が高くなります。そこで高くなった波は、エッジ波という岸沿いに伝わる波に変わります。第一波の後にエッジ波が岸沿いに伝わって来たりすると第二波の方が大きくなることがあるのです。また、離れた海岸で反射された波と第二波以降の波が合成されて、第一波より大きくなることもあり得ます。

日本の三陸海岸はリアス式海岸と言い、ギザギザした海岸になっています。うねり程度の波長の波であれば、湾の中では波は屈折してエネルギーが分散するので波高は低くなります。ところが津波の場合、波長が湾の長さより長いので、湾に入ってきた波は屈折しないどころか逆に海水を湾の奥に集中させてしまい、波高が高くなります（波高は湾の幅の平方根に反比例して高くなります）。

また、次章で述べますが個々の湾には固有周期があり、それに近い周期の波が湾に侵入すると、波が湾に共鳴して波高がさらに高くなります。東日本大震災でも、いくつかの湾でこの共鳴現象が起こったと考えられています。

かくして、三陸海岸では東日本大震災も含めて過去に何度も波高一〇メートル以上の大津波が襲っていますが、それはこのようなギザギザした海岸地形が原因の一つとなっているのです。

もう一つ興味深い、しかし油断ならない話をしましょう。東日本大震災の場合は日本のすぐ近くで起こった津波により被害を受けましたが、一九六〇年にははるか離れた南米のチリ沖で起こった地震の津波が、二二時間かけて一万七〇〇〇キロメートルも離れた日本の三陸海岸に押し寄せてきました。このときは当然ながら事前に地震を感じなかったので大きな被害となりました。なぜ、はるか南米からの津波が日本に被害を及ぼしたのでしょうか？

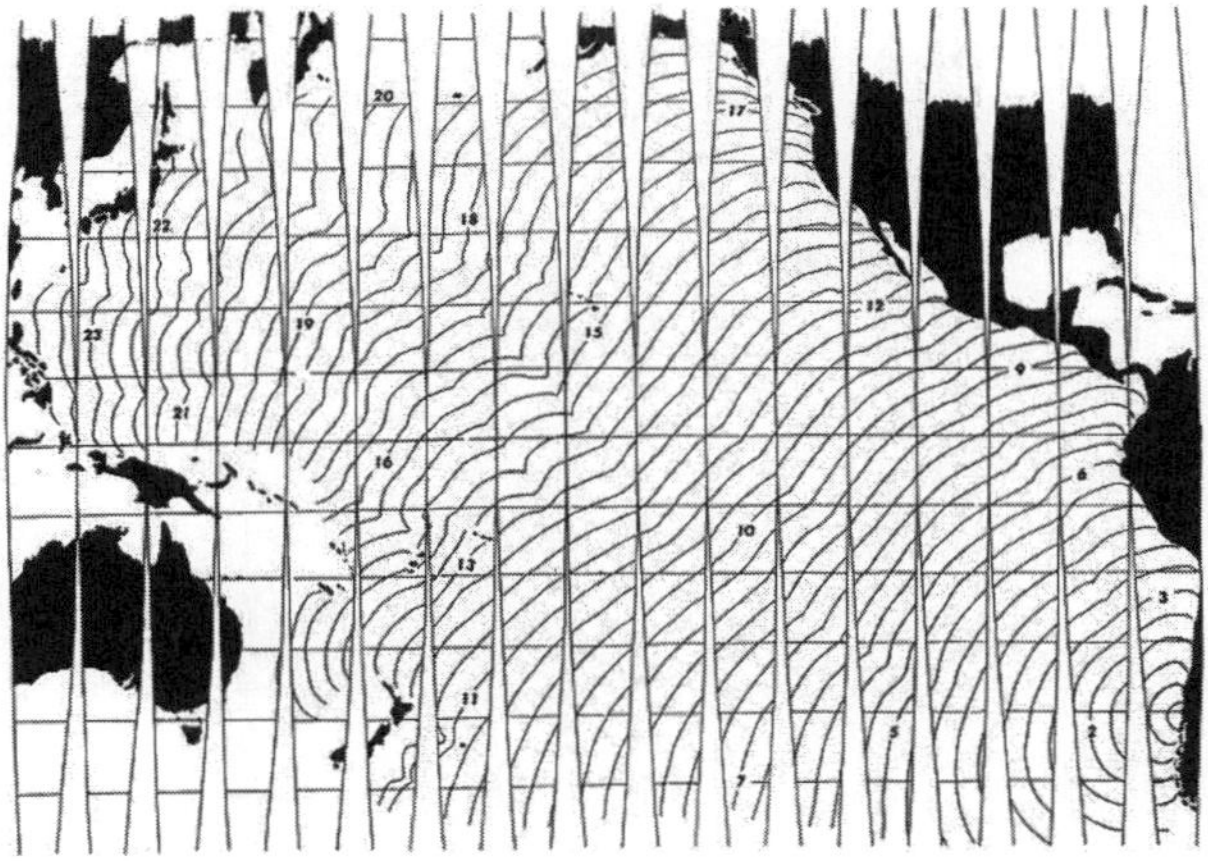

図6－18. 1960 年チリ沖地震の津波の伝播の様子。（永田豊『ハワイの波は南極から』[19] より）

図6-18にその地震で起こった津波の第一波の峰線が伝わる様子を示します。まず気がつくのは、波はチリ沖を出発した後しばらくは、水面に石を落とした時のように広がっていくのですが、半分ちょっと伝わった後は、逆に収束していく様子がわかります。これは地球が平面ではなく丸いためで、この収束の効果により日本近くで波のエネルギーが集中したのです。

また、波の峰線がハワイの周辺で折れ曲がり、カーブして日本の三陸海岸に向かっています。これは、ハワイ周辺の海底地形が浅いので、津波がそこで屈折したためです。ハワイ諸島がちょうどレンズの役割を果たしたために、本来三陸海岸には伝わらない波まで三陸海岸に伝わってきたのです。

さらには、長波は深い方から浅い方に屈折するので、チリ沖地震のように沿岸で発生した津波は震源域を出た後、大半の波は浅い方に曲げられて沖の方に伝わりにくいのですが、唯一等深線に直角方向に伝わる波はそのまま外洋の海に出て行きます。そのチリ沖の等深線に直角の向きがちょうど日本の三陸海岸を指していて、その方向に伝わる波はエネルギーがあまり水平方向に分散せずに伝わったことも、波が高くなった原因の一つです。

東日本大震災の津波も逆にチリに伝わって二メートルの波高が観測されており、またアメリカやパプアニューギニアで死者が出る被害が出ています。

このように、津波は非常に危険な波であり、またはるか遠方で起こった地震でも油断ならないということがわかります。また、日本近海で大きな津波を発生させる可能性がある場所は日本本土とそう離れていないので（数百キロメートル程度）、地震発生から津波が来るまで一〇〜三〇分程度の時間しかありません。「津波てんでんこ」という言葉（三陸地方に伝わる言葉で、津波が来たならば、なりふり構わず各自で高台に逃げろという意味）が東日本大震災の時に話題になりましたが、その言葉のとおり津波警報が出たならば、なりふり構わず逃げるべきでしょう。

海の中にも波がある

図6－19．エクマンの内部波の実験。

これまで述べてきた波は海面での波、すなわち海と大気の境界面の上下運動でした。しかし、実は波は海の中にもあります。大気の代わりに海水より軽い液体、例えば油や淡水が海水の上に乗っている状況を考えれば想像がつくでしょう。海の中の場合、軽い海水が重い海水の上に乗っているので、その境界が波として変動するのです。これを内部波と言います。

ナンセンによるフラム号の北極探検で発見されたものの一つに、船が岸近くを航行していた際に思うように進まなくなる「死水」という現象がありました（第二章参照）。この現象を調べるために、吹送流の理論を考えたエクマンが、水槽の中に軽い淡水と重い海水が混ざらないように上層・下層に来るように入れて、船を浮かべる実験を行ったところ（図6-19）、船のスクリューが内部波を引き起こすことを示したのです。すなわち、死水は内部波の発生にスクリューのエネルギーの一部が使われることで、船の推進力が奪われる現象だったのです。

外洋の海洋の場合、密度は鉛直的に連続して変化しますが、温度躍層（第四章参照）のところで密度も大きく変わります。そこで、海洋物理学においては温度躍層のところを境界にして上層と下層で分けて力学を考えることがよく行われます。エクマンの実験では死水が対象なので、表層近くで鉛直方向に塩分が大きく変わるところを境界として考えましたが、一般の海洋の温度躍層は深さ数百メートルにあるので、そこを境界と考えます。ちなみに、このような躍層を境とした層に分けて海洋をモデル化したものを二層モデルと言います。

さて、普通に見られる海面の波の場合、さざ波を除けば復元力は重力でした。内部波の場合も、前章で述べたロスビー波を除けば重力ですが、海面の波の場合とはそのかかり方が異なります。というのは、内部波の場合、上層の海水と下層の海水の密度差が復元力にかかわるためです。海面の波の場合は水面の高いところと低いところの圧力差が、

（海水の密度－空気の密度）×水位差×重力

となり、それが復元力になりますが、内部波の場合は

（上層の海水の密度－下層の海水の密度）×水位差×重力

が復元力となります。空気の密度は水の密度に比べはるかに小さく無視できるので、海面の波の復元力に対する内部波の復元力の比は

（上層の海水の密度－下層の海水の密度）÷海水の密度

です。上層と下層の密度差は、海水の平均的な密度に比べるとかなり小さいですから、この比率は一よりかなり小さくなります。つまり、内部波の水が感じる重力は水面の波の水が感じる重力に比べ、かなり小さくなるのです。この内部波が感じる重力のことを還元重力と言います。

水が感じる重力が小さくなると、波の性格が変わります。例として、重力を復元力とする長波を考えましょう。海面での長波では位相速度は（重力加速度×水深）の平方根でした。海洋の内部波の場合、上の層（数百メートル）が下の層（数千メートル）に比べ薄く、その運動範囲が上層に限られると考えることが多いので、水深の代わりに上層の厚さ、重力には還元重力が用いられます。たとえば、上層の厚さを二〇〇メートル、還元重力を普通の重力の一〇〇〇分の五とすると、内部波の位相速度は毎秒三メートルにしかなりません。水深四〇〇〇メートルの長波の位相速度は毎秒約二〇〇メートルであることを考えると、内部波は大変ゆっくりした波なのです。

また、還元重力が小さいため復元力が弱いことから、内部波は波高が大きな波になります。図6-20は横軸に時間、縦軸に深さを取った温度変化図で、北緯八度東経一五六度のトライトンブイによる観測結果です。図には等温線のでこぼこが見えますが、特に約一二時間おきに大きな山が来ています（温度が低くなる）。これは半日周期の潮汐（第七章参照）に伴う内部波で、その波高

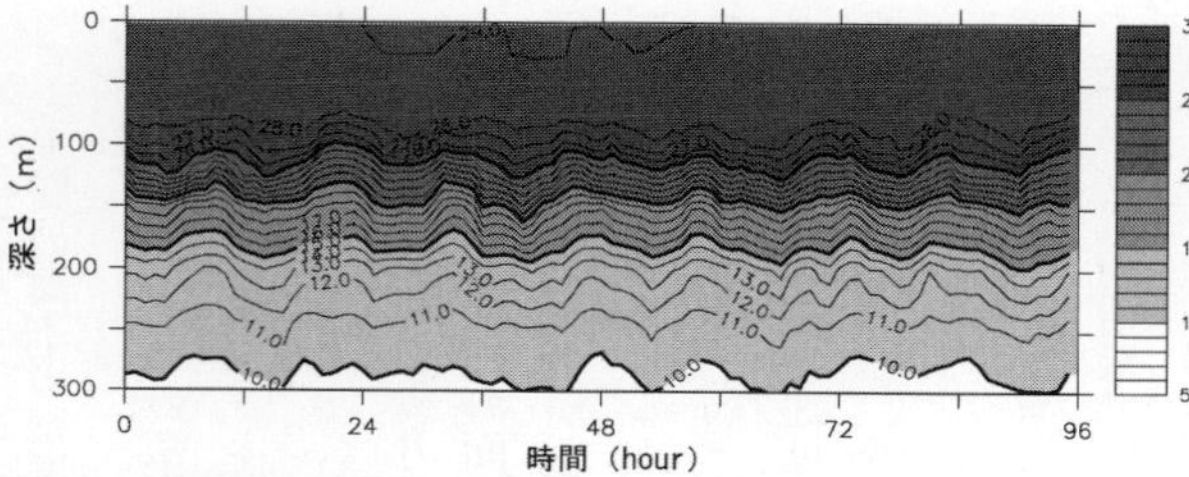

図6－20．北緯８度東経156度のトライトンブイで得られた温度の深さ-時間変動図。半日周期の内部波が見えている。（提供：JAMSTEC）

は二〇メートルにもなっています。こんな大きな波は海面ではめったに見られないのですが、内部波では当たり前のように見られます。この海域での半日周期の潮汐による海面での振幅はわずか四〇センチメートルですから、内部波がいかに大きい波であるかがわかります。

内部波は海洋の内部の変動においては重要な役割を果たしており、潮汐やエルニーニョ現象などさまざまな現象で観測されます。

注1：二五メートルもの巨大波

波高は波の谷と峰の差で定義されます。図6-9では、時刻二六〇秒前後で、水位が谷のマイナス約五メートルから峰の約二〇メートルへ変動しています。すなわち、その差が二五メートルある巨大な波となります。

第七章

潮汐とそのメカニズム

潮汐が原因で起きる鳴門の渦潮（筆者撮影）

潮の満ち引き（潮汐）は月の運動が起こすのだ、という説明がよく聞かれるかもしれません。でも、世界には満潮と干潮での海面の高さの差が一五メートルにも達する地域がある一方、そんなに変化しない所もあります。このような不思議な現象を、月の運動だけで説明できるのでしょうか？　この章では、世間であまり知られていない潮汐の実態とそのメカニズムを少し詳しく解説しましょう（なお、潮汐には気象変動に伴うものもありますが、本章では天体の運動によるものについて取り上げます）。

潮位の変化

潮汐に伴い海面の高さ（潮位）が実際どのような変動をしているかをじっくり観察した人や、そのデータを調べた人は少ないのではないでしょうか。たとえば、潮位の変化をはっきり見ることができる場所の一つに、世界遺産である広島県の厳島神社があります（図7-1）。右の写真は左の写真を撮ってからわずか二時間半しか経過していません。ここでは潮位が高い時はボートで鳥居の下まで行ける一方、低い時は歩いて行けるくらい潮位に差があります。

図7－1．世界遺産厳島神社における潮位変化。右の写真は左の写真の2時間半後に撮影したものである。（筆者撮影）

図7-2に厳島神社に近い山口県岩国市の二〇一五年八月一日における一日の潮位変化（海上保安庁による潮位推算）を示します。ちなみにこの日は満月の次の日で、大潮と呼ばれるその月の中で最も潮位差が大きい日です。図は潮位が最も高い時（満潮）と低い時（干潮）で四メートル近い差（これを潮差と言います）があることを示しています。この潮差は日本国内では有明海に次いで大きく、図7-1にあるような厳島神社の風景を作り出しています。

図7-2をよく見ると、だいたい一〇時と二二時に満潮、四時と一六時に干潮となっています。すなわち、約一二時間おきに満潮と干潮が起こっています。ところで、潮汐のメカニズムとして、月や太陽の引力によって海水が天体の方向に引っ張られて起こると説明しているのをよく見かけます。もし、月や太陽の引力で海水が引っ張られて潮汐が起こるのであれば、万有引力の法則か

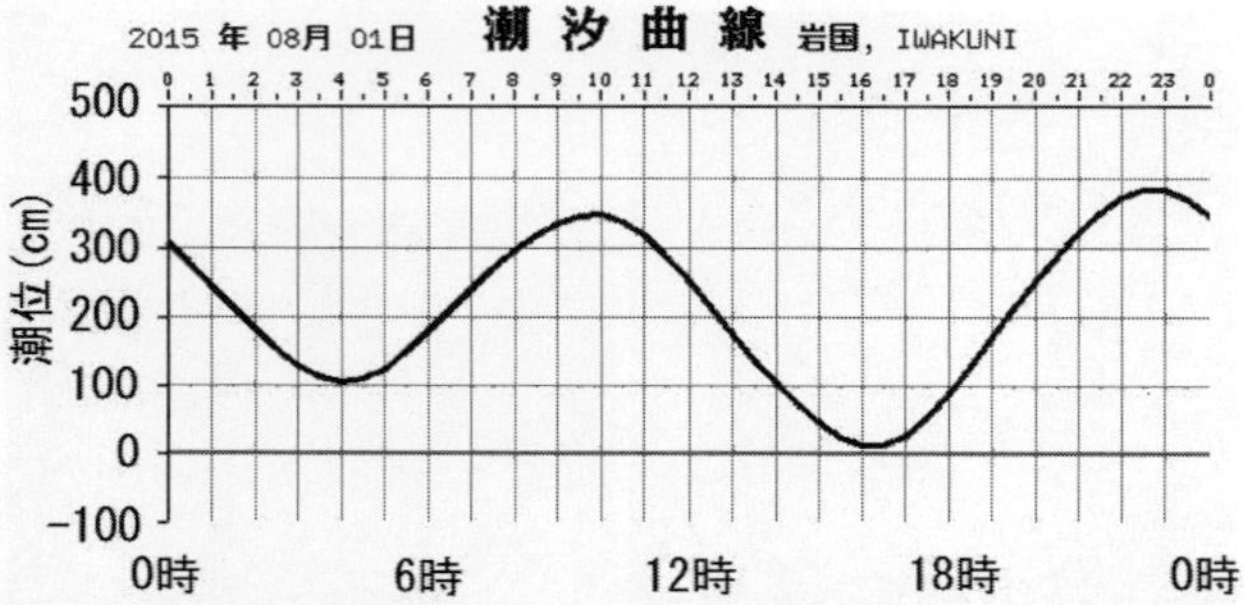

図7－2．山口県岩国市の2015年8月1日における潮位の推算結果。（海上保安庁海洋情報部のウェブサイト、http://www1.kaiho.mlit.go.jp/KANKYO/TIDE/tide_pred/index.htm より）

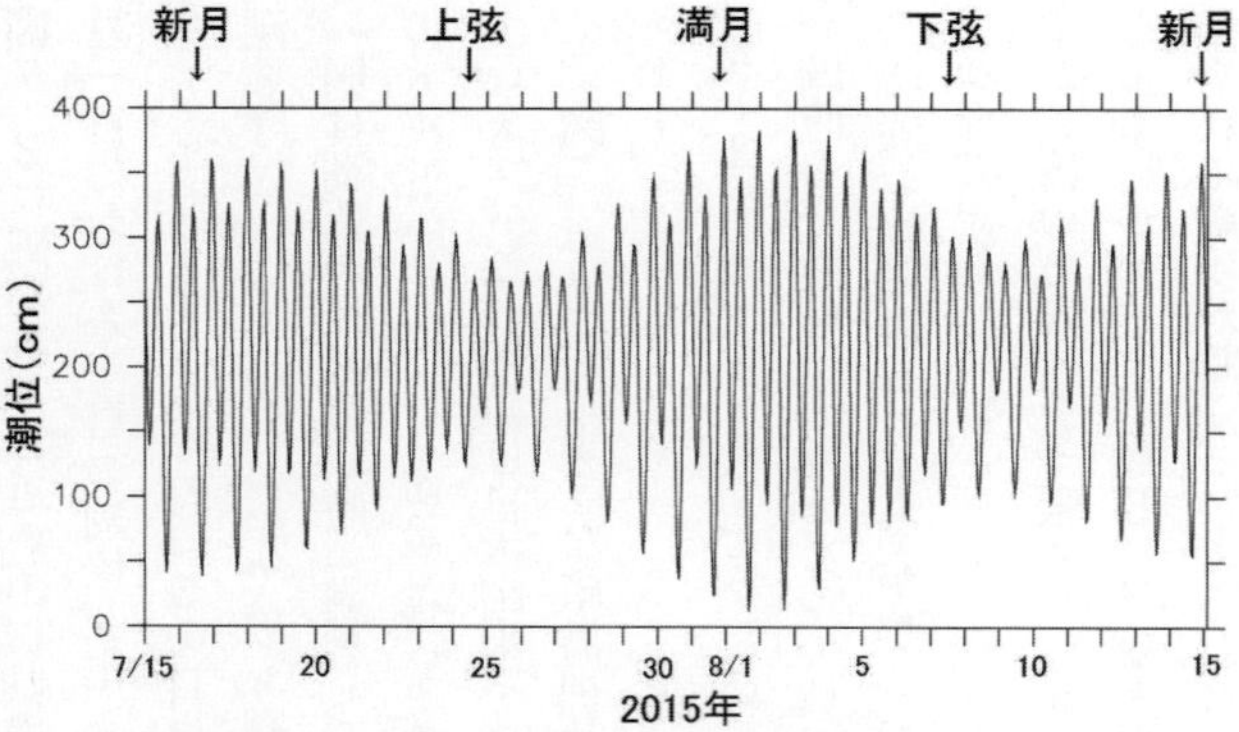

図7－3．岩国の2015年7月 15 日～8月 15 日の潮位変化の推算結果。（海上保安庁海洋情報部のウェブサイト、http://www1.kaiho.mlit.go.jp/KANKYO/TIDE/tide_pred/index.htm のデータより筆者が作成）

ら月や太陽が最も観測場所に近い時に引力が最大になるので、月や太陽が真南に来た時（南中した時）に満潮が起こるはずです。ということは、満潮の周期はそれぞれの天体が南中する周期（約二四時間）になるはずですが、そうなっていません。また、この日の月の南中時刻はほぼ〇時ですが、満潮時間にはなっていません。これらのことを考えると、月や太陽の引力だけを潮汐の原因とするのは間違いだということがわかります。

また、一日の中で満潮・干潮が二回ありますが、それぞれ同じ潮位になっていません。このように満潮と干潮の潮位が一日の中で異なることを日潮不等と言います。

次に、図7-3に八月一日の前後一五日間の岩国における潮位の変化（推算）を示します。この図から満月や新月のころに潮差が大きい大潮となっていて、上弦・下弦の月のころに潮差が小さい小潮となっているのがわかります。

これらの結果から、次のような疑問がわいてきます。

(1) なぜ約一二時間おきに満潮・干潮が起こるのか？
(2) なぜ満潮・干潮が一日の中で同じ潮位にならないのか？
(3) なぜ月や天体が南中するときに満潮にならないのか？
(4) なぜ大潮が満月・新月のころに起こり、小潮が上弦・下弦の月のころに起こるのか？

次に潮汐のメカニズムを解説しながら、これらの疑問に対して答えていきましょう。

起潮力とは

ニュートンの第二法則から、流体を含む物体の運動を引き起こすには外力が必要です。潮汐の場合、起潮力（潮汐力）という力が外力になりますが、それは次の二つの力の合力です。一つ目は、地球外天体（月・太陽）からの引力で、これは天体との距離の二乗に反比例する力です。もう一つは、意外に知られていないのですが、地球が月（太陽）との共通重心の周りを回転していることによる遠心力です。この二つ目の力がわかりにくいので、月の場合について詳しく説明します。

まず月は地球の周りを回っていると思われがちですが、厳密に言うと正しくありません。実は、月と地球の二つの天体には共通重心があって、その周りを月だけでなく地球も回っているのです（図7-4）。なお、共通重心とはその名の通り系全体の重さの中心であり、系全体を支えることができる場所のことで、やじろべえで言えば両腕が傾かないように支えることができる支点に当たります。地球と月の系の場合、地球が月より質量が圧倒的に大きいので、その共通の重心

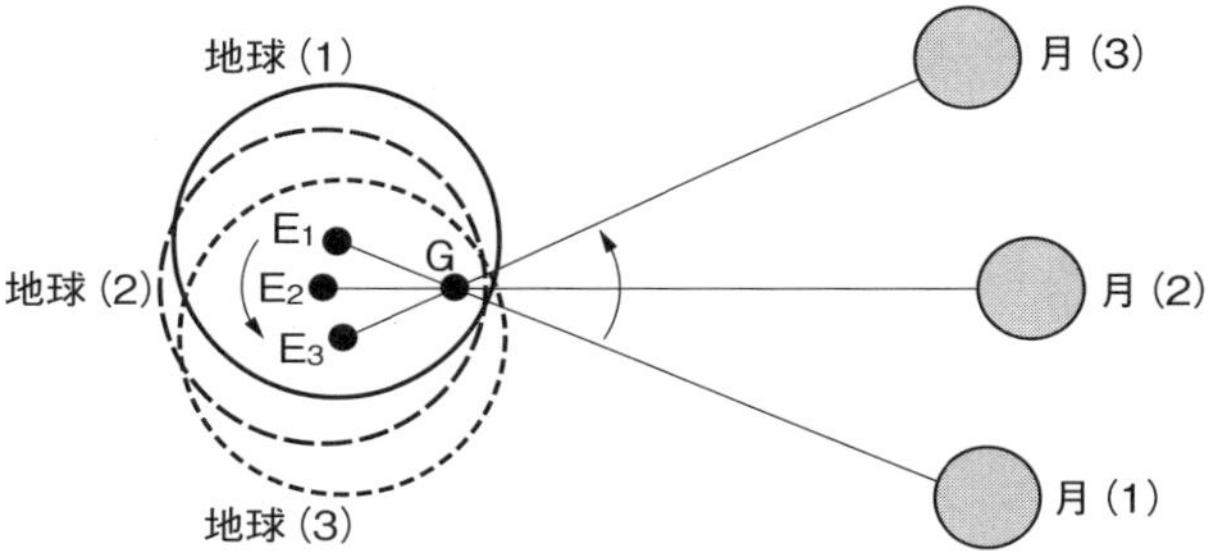

図7－4．共通重心Gの周りを回る月と地球の模式図。Eは地球の中心を意味する。1→2→3の順に地球と月が回る。

は地球の内部（地球の中心から四七〇〇キロメートルのところ）にあります。

地球もこの共通重心の周りを月の公転周期と同じ周期でまわっているので、地球には遠心力が働きます。もし、地球と月の間に引力しか力が働かないのであれば、地球と月は引き合ってぶつかってしまいますが、そうなっていません。これは遠心力が月と地球の間の引力と釣り合っているからです。すなわち、地球の中心で月から受ける引力は、この遠心力と等しくなっています。

その遠心力は、地球上ではどこでも大きさが等しくなります。その説明のために、図7－5に月との共通重心をまわる地球の例を示します。点Gが共通重心で、実線の丸が地球、点Cが地球の中心で、点Oを観測点とします。なお、ここでは地球の共通重心の周りの回転について考えているので、地球の自転については考えない、すなわち点Oの観測者は宇宙空間に対して常に同じ方向を見ているとします（図7－5では

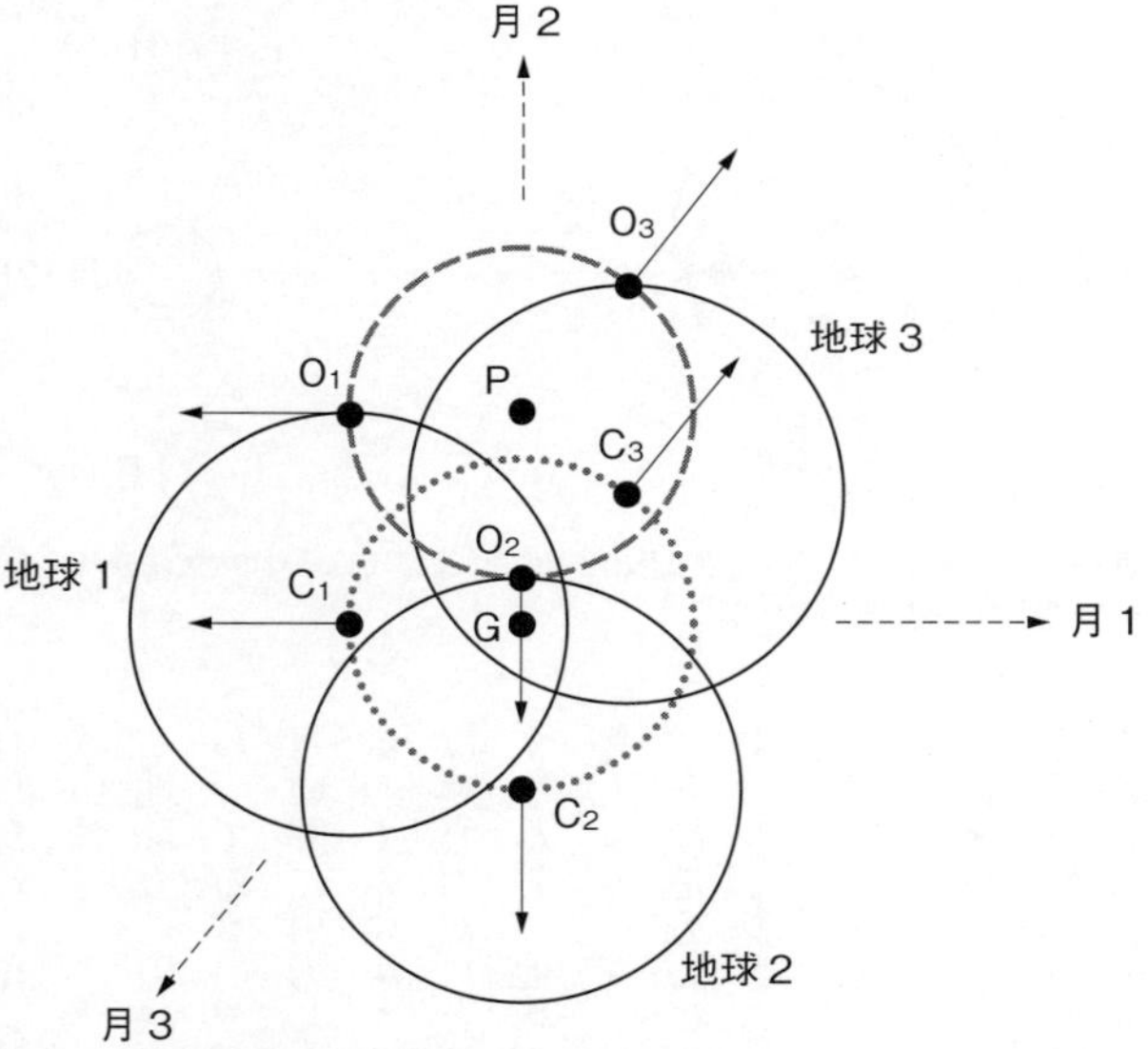

図7－5. 共通重心Gの周りを回る際の地球上における遠心力。1→2→3の順に回っているものとする。地球の中心を点C、地上の観測点を点Oとする。点Oは点Pの周りを点Cと同じ大きさの円を描いて回る。

常に円の上)。まず、地球の中心Cは、重心Gの周りを点C_1、C_2、C_3が通る円(点線の円)に沿って回ります。一方、観測点Oですが、点Pの周りを点O_1、O_2、O_3が通る円(破線の円)を回ります。破線の円の半径は点線の円の半径と同じです。遠心力は、質量×角速度の二乗×半径で表されるので、半径が同じであれば、遠心力も同じ大きさになります。したがって、地球中心での遠心力と、観測場所での遠心力は大きさが同じになるのです。なお、大きさだけではなく向きも、中心での遠心力と同じになります。

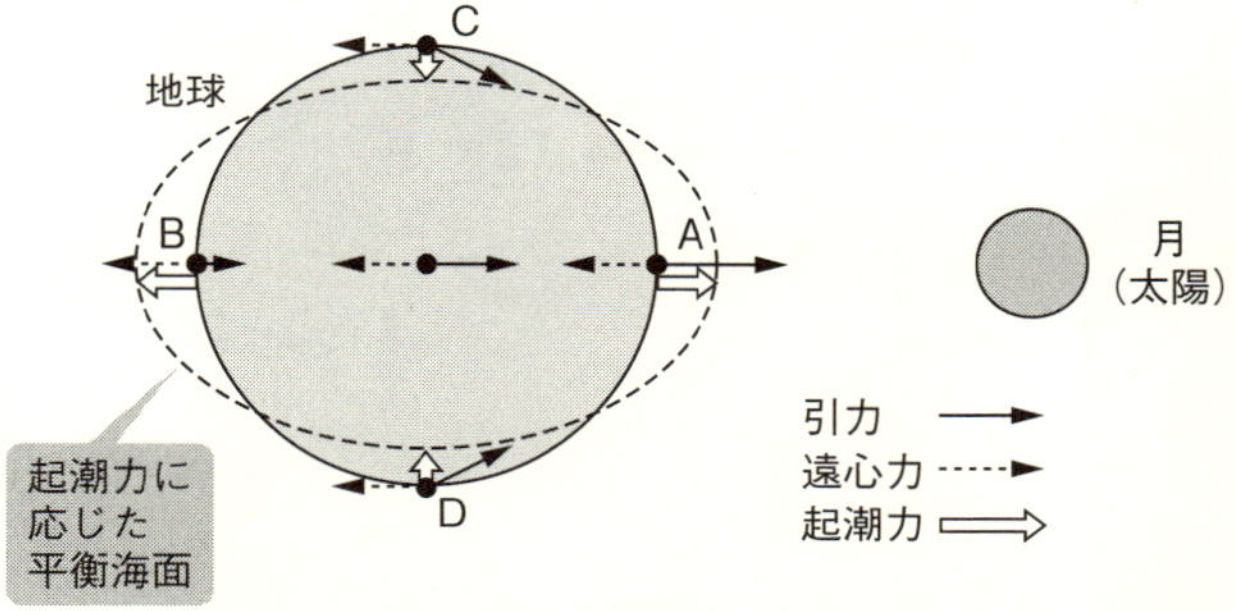

図7－6. 引力・遠心力とその合力である起潮力の分布と、起潮力に応じた平衡海面（太い破線の楕円）。

天体から受ける引力と共通重心の周りを回ることによる遠心力の合力を起潮力（潮汐力）と言いますが、それらの力を地球の各点で示すと図7-6となります。月に最も近い点Aでは、引力が最も大きいため、月の方向への力が最大となります。一方、月の反対方向の点Bでは、逆に引力が最も小さくなります。ところが遠心力はどこでも同じであるため、起潮力は点Aで月方向に最大となり、点Bでは月の反対方向に最大となります。点Cおよび点Dでは起潮力は地球の中心を向き、大きさは点A、点Bの半分となります。

この起潮力に海面が応答して平衡になったならば（これを平衡潮汐と言います）、海面の高さは点A、点Bで高く、点Cと点Dで低くなり、図7-6の破線の楕円のようになります。これに地球の自転が加わると、海面は月に対して常に平衡潮汐による海面を保とうとするので、観測点が月の方向および月の反対方向に来た時に満潮となり、月の方向

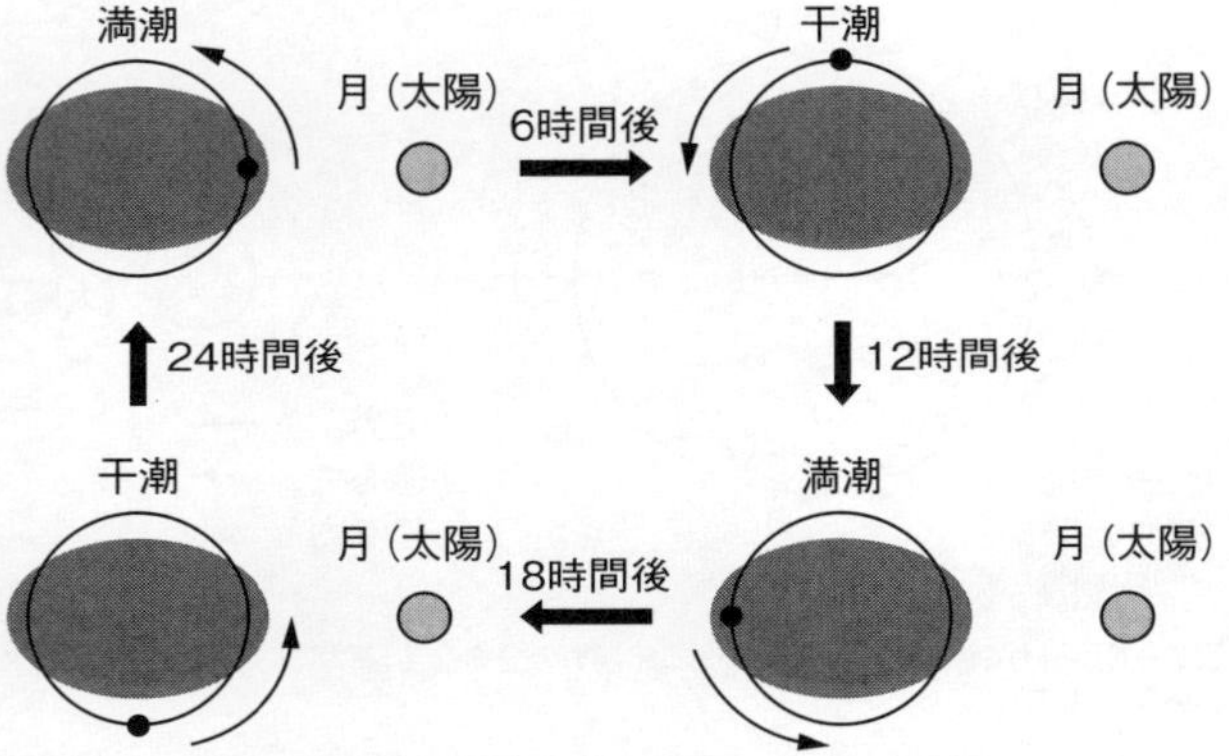

図7－7．半日周期の潮汐のメカニズム。実線の円が北極から見た地球を、楕円が平衡潮汐に対応した海面を、黒丸が観測点を意味する。

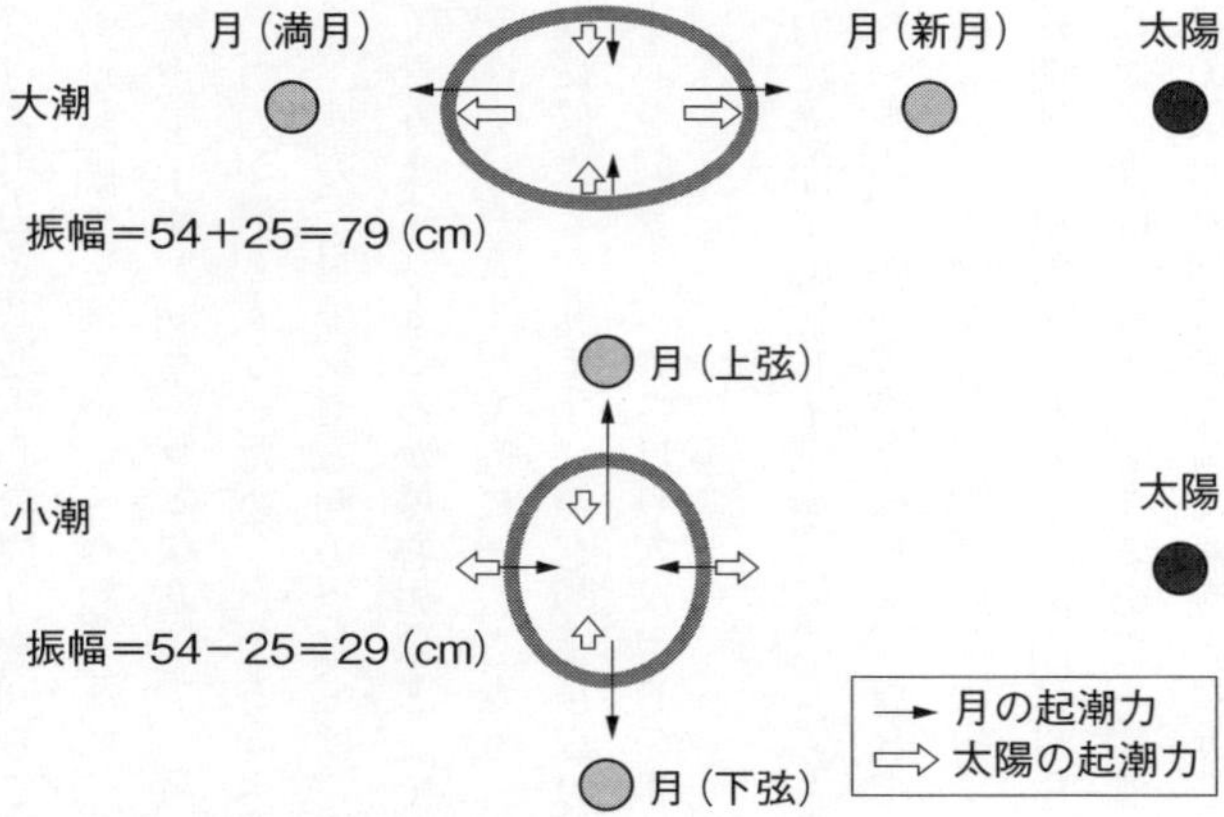

図7－8．大潮・小潮のメカニズム。

と九〇度ずれたときに干潮になります（図7-7）。つまり、約一二時間周期の潮汐は、月からの引力と共通重心のまわりを回転する地球の遠心力の合力である起潮力により海面が平衡になっている状態において、地球が自転することで説明できます。この平衡潮汐の理論によれば、月からの起潮力による振幅はどこでも五四センチメートルとなります。

以上の説明は月の場合ですが、太陽についても同様な理論を適用できます。太陽の質量は月より大きいですが、地球との距離が離れているので、太陽による起潮力は月の起潮力の〇・四六倍で、平衡潮汐による潮汐の振幅は二五センチメートルとなります。

大潮と小潮ですが、これも起潮力の考え方で説明できます（図7-8）。大潮は太陽と月と地球が一直線に並んだ時に、両者の起潮力が同じ方向を向くため、その和が最大になることにより起こります。一方、小潮は太陽と月と地球のなす角度が九〇度になったとき、片方の起潮力が潮位を最大にする方向に向いた際に、もう片方の起潮力が潮位を最小にする方向に向くため、お互いをキャンセルすることで起こるのです。平衡潮汐の場合、大潮は五四＋二五＝七九（センチメートル）、小潮は五四－二五＝二九（センチメートル）の振幅となります。

さまざまな周期の分潮

満潮から次の満潮までの周期が約一二時間と述べましたが、実は月の起潮力で発生するものと太陽の起潮力で発生するものの間に少し時間差があります。まず、月の場合ですが南中してから、次の日に南中するまでの時間が二四時間五〇分かかるので、月の起潮力による潮汐周期は二四時間五〇分の半分の一二時間二五分となります。これは、地球が自転している間に月は地球の周りを公転しているため、月が南中するためにはその分地球が余分に回転する必要があるためです。この一二時間二五分周期の潮汐を主太陰半日周潮（M_2）と言います。また、このような決まった周期の潮汐成分を分潮と言います。

一方、太陽が南中してから次の南中までは、ぴったり二四時間です。したがって、太陽の起潮力による半日周期の潮汐周期は一二時間となります。この一二時間周期の潮汐は主太陽半日周潮（S_2）と言います。

大潮と小潮のメカニズムですが、主太陰半日周潮と主太陽半日周潮の重ね合わせでできるともいえます。第六章の「波の群れ」の項で、周期が微妙に違う波を重ね合わせた時、長い周期のうなりができることを説明しましたが、周期の差が二五分しかないこれらの二つの潮汐成分を重ね

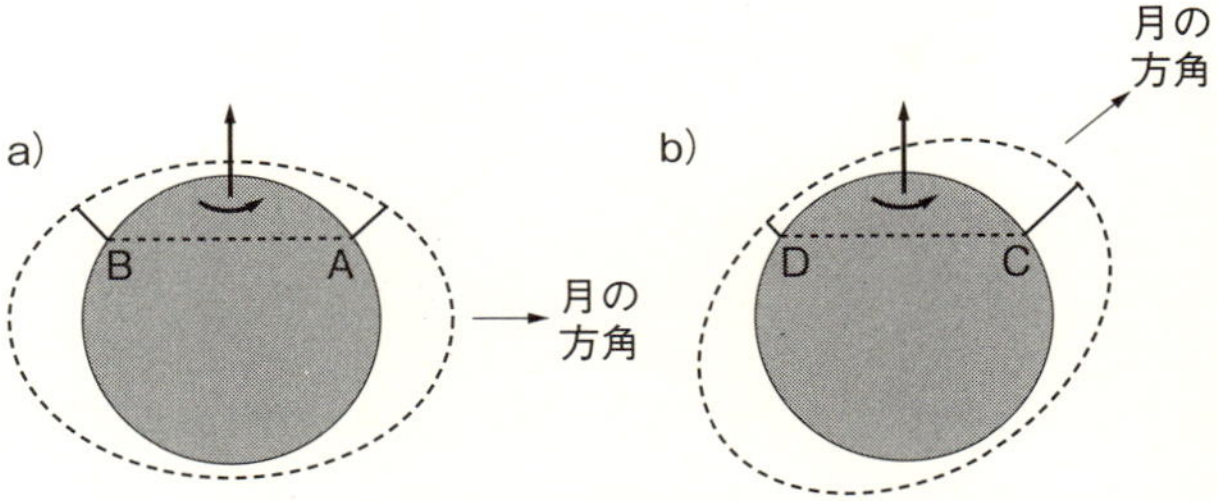

図7－9. 日潮不等のメカニズム。a)は地球の赤道面と月の公転面が一致している時、b) は両者が傾いた時を表す。点線は平衡潮汐による海水面を意味する。一致している時は、点AとBで潮位が同じになるが、傾いた時は、CとDで満潮時の潮位が異なる。

合わせてできたうなりの腹と節が、大潮・小潮とも言えるのです。

次に、満潮と干潮の潮位が一日で異なっている日潮不等について説明します。この現象は月の公転面と地球の赤道面が一致していないために起こります。図7-9は月が地球の赤道面にあった場合（a）と赤道面から北にずれた場合（b）の平衡潮汐の様子です。月が赤道面にある場合、観測点が月の方向（点A）と反対方向（点B）のどちらにおいても、満潮時の潮位は同じとなります。つまり、この場合は日潮不等が起こりません。一方、月が赤道面より北（南）にあった場合、平衡潮汐による海面の楕円が地球の赤道面に対して傾くため、観測点が月の方向を向いた場合（点C）は満潮の潮位が高くなり、反対方向（点D）を向いた場合は満潮の潮位は低くなることから、日潮不等が起こります。その差は、月が地球の赤道面から離れるほど大きくなります。ちなみに、月の公転面と地球の赤道面の角度は一八・六年を周期に変動しており、近年では二〇〇六年

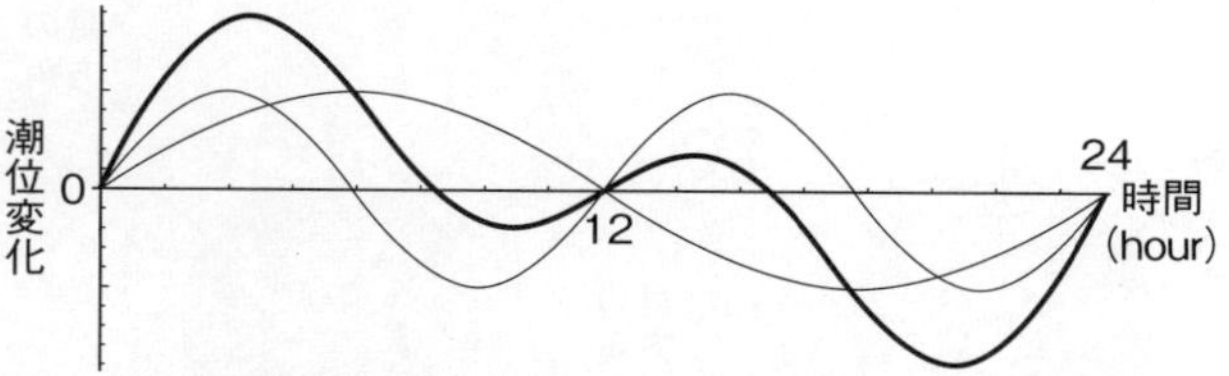

図7－10. 日潮不等の例。細線が半日周潮と日周潮で、太線がその和である日潮不等。

種類	記号	名称	周期	係数
長周期潮	S_a	太陽年周潮	365.23日	0.006
〃	S_{sa}	太陽半年周潮	182.6日	0.036
〃	M_m	太陰月周潮	27.55日	0.041
〃	M_f	太陰半月周潮	13.66日	0.078
日周潮	K_1	日月合成日周潮	23.93時間	0.265
〃	O_1	主太陰日周潮	25.82時間	0.189
〃	P_1	主太陽日周潮	24.07時間	0.088
〃	Q_1	主太陰楕円潮	26.87時間	0.037
半日周潮	M_2	主太陰半日周潮	12.42時間	0.454
〃	S_2	主太陽半日周潮	12.00時間	0.212
〃	N_2	主太陰楕円潮	12.66時間	0.088
〃	K_2	日月合成半日周潮	11.97時間	0.058

表7－1. 主な分潮。係数は全分潮を足し合わせた時を100とした時の各分潮の大きさを意味する。(関根義彦『海洋物理学概論』[13] より)

がその角度が最大の年でした。

この日潮不等は、見方を変えると半日周期の潮汐と一日周期の潮汐の重ね合わせと見ることができます(図7-10)。日潮不等が小さい時は半日周期の潮汐が大きく、日潮不等が大きい時は一日周期の潮汐が大きいと考えればよいのです。逆の言い方をすれば、一日周期の潮汐は月の公転面と地球の赤道面が一致していないことが原因で起こっているとも言えます。

ここまで約半日や一日前後の周期の成分の潮汐があることを述べましたが、実際の潮位変動を調べるとさまざまな周期の分潮が重なっていることがわかります。たとえば、地球や月の軌道が円でないために、それぞれの天体の公転周期を持った分潮もあります。このため、潮位変動は次の三角関数で表現されるさまざまな分潮の重ね合わせとして考えます。

$$H = A\cos(\omega t - k)$$

Hはその分潮に対する潮位変動、tは時刻、ωはその分潮の角周波数（＝2π÷周期）、Aは振幅、kは初期位相（時刻ゼロの時の位相）です。

表7-1に主な分潮について示します。この中で、最も大きい振幅を持つ主太陰半日周潮の他、主太陽半日周潮、日月合成日周潮（K_1）、主太陰日周潮（O_1）の三つは振幅が大きいので、これらを主要四大分潮として扱います。

潮位の長期間の観測データに対して表7-1にあるような分潮に分解して、各分潮ごとに振幅と初期位相を求めることができれば、潮位の予報ができます。なお、初期位相については、月・太陽が南中してからそれに対応した分潮が最大になるまでの角度となり、これを遅角と言います。日本の場合、日本標準時の場所である兵庫県明石市がある東経一三五度を基準に月・太陽の南中時刻からの時間差を角度で表します。振幅や遅角は調和定数と呼ばれ、観測場所ごとに異なります。海上保安庁や気象庁は、六〇もの分潮に対して調和定数を場所ごとに求めて潮位の予報を行っています。

潮汐波と潮位変動

平衡潮汐の考え方により、約一二時間周期の潮汐や大潮・小潮、日潮不等が説明できることを示しました。しかし、天体が南中する時に潮位が最大にならないことは、平衡潮汐の考え方では説明できません。また、調和定数の振幅や遅角が場所によって異なることも説明できません。これらを説明するには、海水が動くことを考慮する必要があります。

その海水の運動ですが、海に起潮力が加わることにより海面高度が変化し、波として伝わるのです。この波を潮汐波と言います。もし平衡潮汐により海面変化が生じるとすれば、地球全周でそれぞれ二ヵ所の峰と谷ができるので、その波長は地球一周の半分である二万キロメートルになります。すなわち、潮汐波は津波よりさらに長い長波です。実際の地球には大陸があり、また位相速度に限界があるのでそんな長い波は存在できませんが[注1]、それでも何千キロメートル以上と津波より長い波になります。

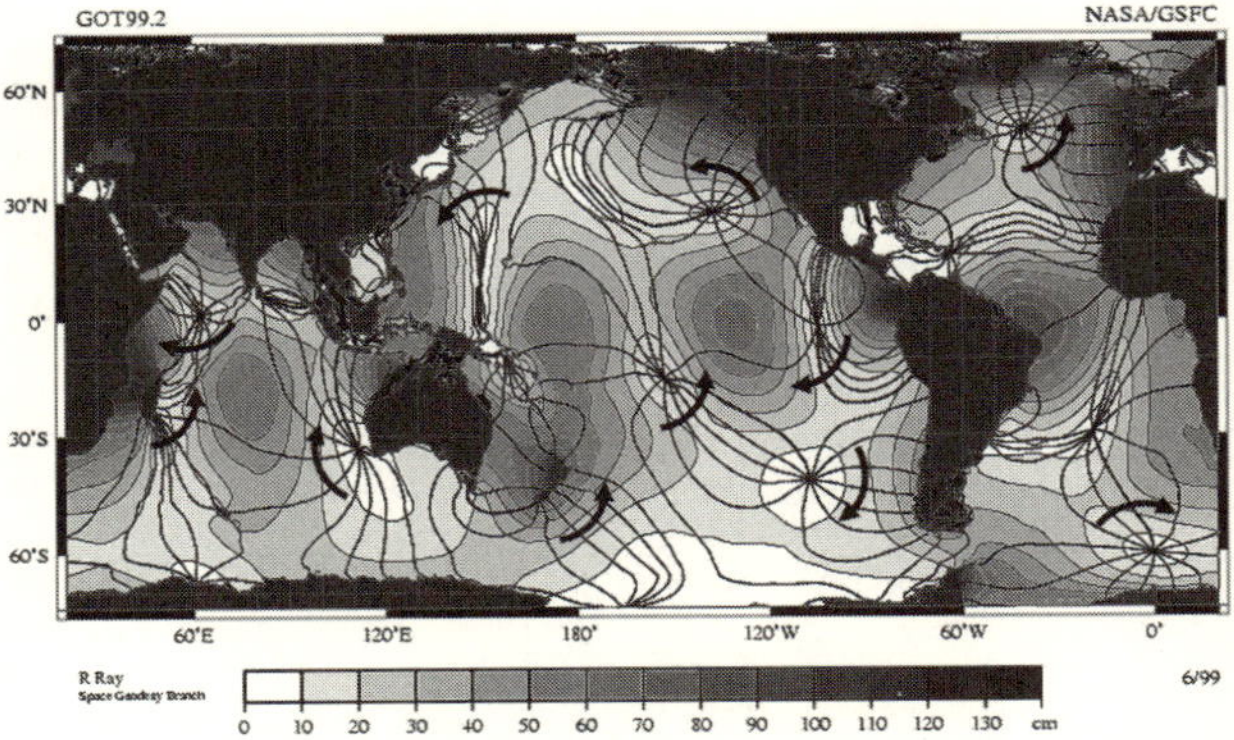

図7－11. M_2 分潮の振幅（等値線）と等位相線（太線）の分布。矢印方向に位相が進む。（NASA - Goddard Space Flight Center, "TOPEX/Poseidon: Revealing Hidden Tidal Energy", http://svs.gsfc.nasa.gov/stories/topex/tides.html より）

具体的に波の伝わる様子を見ましょう。図7-11にM_2分潮の潮汐波の振幅と位相の進行を示します。まず振幅ですが、大きい場所は陸の近くに限られていて、太平洋ではオホーツク海や東シナ海、アラスカ湾、パナマ湾などで大きくなっています。外洋の海ではせいぜい五〇センチメートルしかなく、ところどころで振幅ゼロの場所（これを無潮点と言います）が存在します。

潮汐波の進行ですが、たとえば北アメリカの西の北緯三〇度、西経一三〇度付近の無潮点の周りを反時計回りに位相が進んでいること、その進行においては、陸側の方が振幅は大きくなっています。すなわち、岸を右に見て波高の高い波が伝わっている様子を示しています。このような岸を右に見て（南半球では左に見て）伝わる波をケルビン波と言います。ケルビン波はコリオリ力の影響を受けた波長の長い波です。

しかし、ケルビン波だけでは説明できない変化の仕方をしているところもあり、様相は複雑になっています。たとえば、太平洋の赤道海域では振幅の大きなところ(腹)と小さなところ(節)が東西にならんでいます。このことは東西方向に進行が止まって同じ場所で振動している波(このような波を定在波と言います)の存在を示しています。何千キロメートルもの波長を持った潮汐波が陸で反射して進行波と反射波が重なり合うことで、このような変化が生じているものと考えられます。

日本の南では、上に述べたケルビン波の延長で、潮汐波は東から西に向かって伝わっています。このため、潮汐の位相は太平洋岸では東日本の方が西日本より進んでいます(たとえば満潮時刻は東日本の方が早くなります)。また日本の南のフィリピン海では位相の進行が止まっていて、上に述べた定在波の腹(振幅が大きいところ)になっています。

日周潮では半日周潮のような複雑さはなく、無潮点が各大洋で南北一点ずつしかありません。これは、日周潮の潮汐波は半日周潮のそれより周期・波長とも大きく、コリオリ力の効果を受けやすいためと考えられます。

以上のことから、実際の潮位の変動は、月や太陽からの起潮力を直接受けてその場で起こっているのではなく、外洋の広い範囲で起潮力により生じた潮汐波が伝わってくることにより起こっているのです。[注2] また、天体南中時に潮位が最大にならない理由ですが、潮汐波は長波の位相速度で伝わることから、潮汐波が観測場所まで伝わるのに時間がかかるためです。場所によって振幅や遅角が異なるのも、潮汐波が陸地での反射や海底地形での屈折などの影響を受けることによるものです。

湾内での潮汐振幅の増幅

潮汐による潮位変動は、外洋の海およびそれに面した場所では潮汐波の伝播によりもたらされることを述べました。では、東京湾のような湾や、瀬戸内海のような陸に囲まれた海ではどうなるでしょうか。

外洋でもそうですが、その場での起潮力による海面の上昇・下降では潮位変動は説明できません。日本の各観測点の調和定数を調べればわかりますが、平衡潮汐で示される月・太陽の起潮力による潮位変動と実際の潮位変動は一致せず、また遅角もゼロではありません。これは、日本南方を伝わってくる潮汐波が湾や内海に侵入するためで、湾や内海の海水が直接起潮力を受けて変動していないからです。潮汐波がこういった内湾などに侵入したとき、どうなるか見ていきましょう。

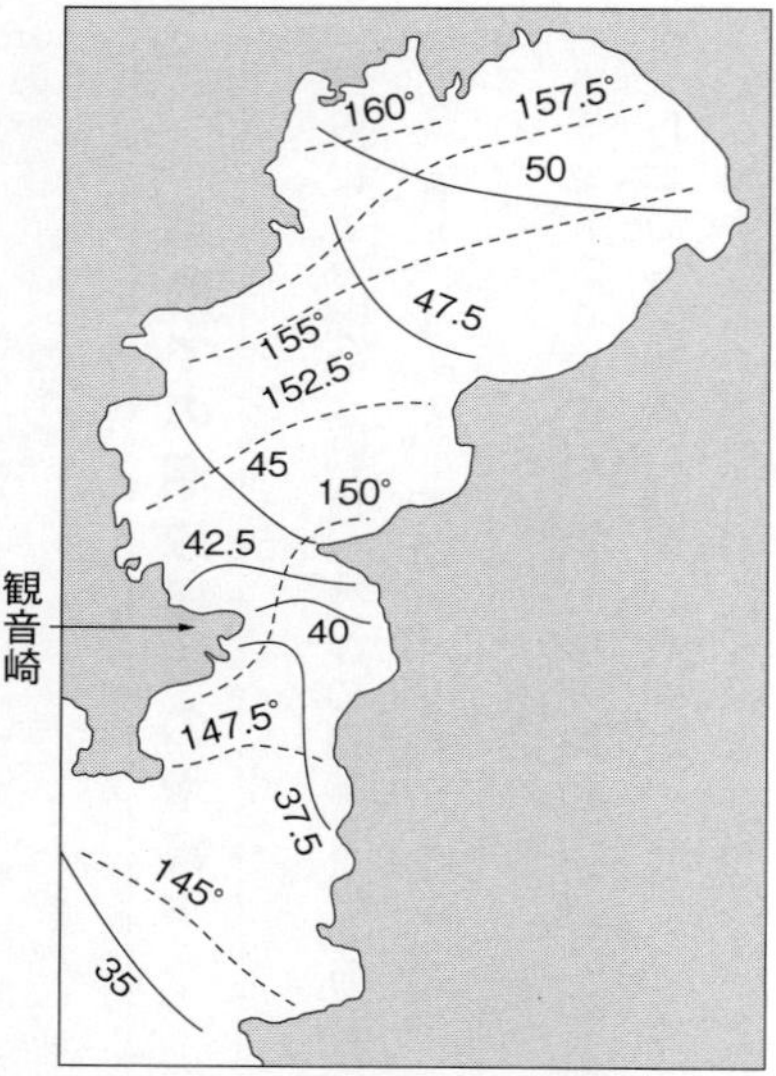

図7－12. 東京湾におけるM_2分潮の振幅（実線）と遅角（点線）。（宇野木早苗・久保田雅久『海洋の波と流れの科学』[8]より）

図7-12に東京湾のM_2分潮の振幅と遅角を示します。興味深いのは湾の奥に向かうにつれ振幅が大きくなっていることです。たとえば、入り口の三浦半島観音崎で四〇センチメートルなのが、湾の最深部の東京沖で五〇センチメートルと一・二倍以上になっています。なぜ、湾の奥で振幅が大きくなるかについて説明します。

その答えを示す前に、湾の固有振動というものを考えましょう。固有振動とはその名の通り系固有の振動で、それぞれに決まった周期（固有周期と言います）を持っています。例として、ギターの弦の場合を図7-

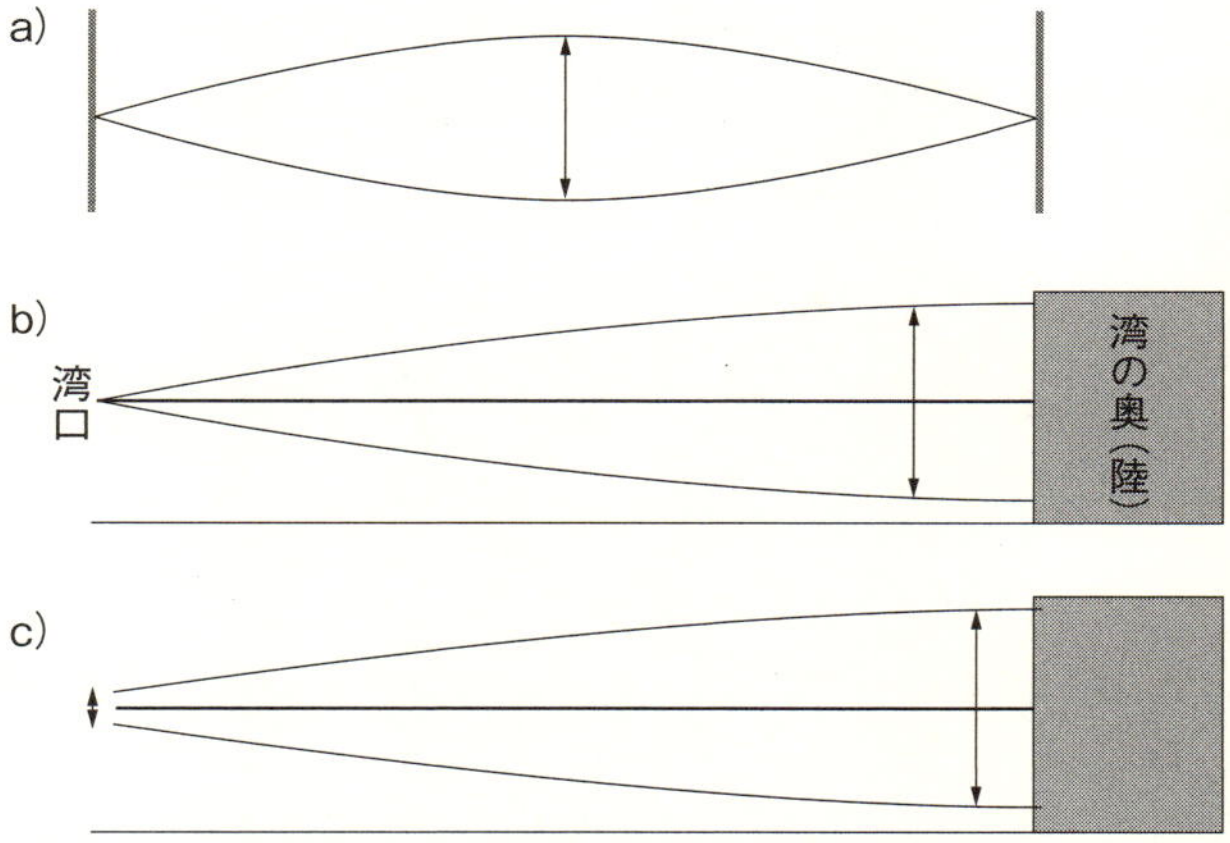

図7－13. a）ギターの弦の固有振動、b）湾の固有振動、c）湾の強制振動の例。

13aに示します。ギターを弾くと、弦の両端が固定されているため、弦は中央で最も振幅が大きく両端で振幅がゼロになる振動をします。これがギターの弦の場合の固有振動で、その固有周期は弦の長さに依存します。

湾の固有振動の場合、ギターの弦とは違って、湾の奥でも水位が変動できるため、片側半分の定在波になります（図7-13b）。その波の波長はその形から、湾の長さの四倍となります。このため、湾内を長波で振動が伝播する場合の湾の固有周期は、4×湾の長さ÷｛（重力加速度×平均水深）の平方根｝となります。東京湾の場合、三浦半島から湾の奥までの長さが約五〇キロメートル、平均水深は約一五メートルと仮定すると、約四・六時間となります。

固有振動は、振動する系に外部から強制的に力

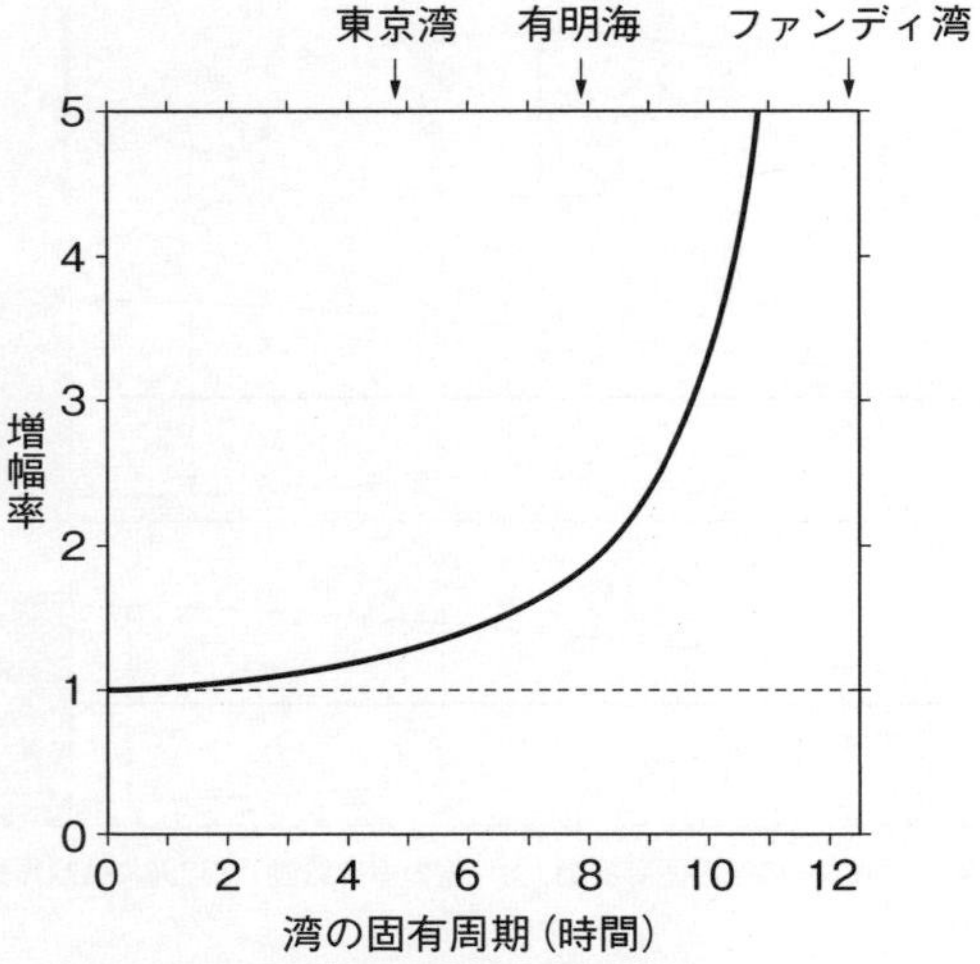

図7－14．湾の固有周期に対する M_2 分潮の増幅率。

を加えなくとも自身で振動します。ところが、実際の海では外洋において潮汐波がそれぞれの分潮の周期で伝わることから、東京湾の外では図7－13ｃのように振幅がゼロにはならず、その湾の外の潮汐に伴う振動が強制的に湾内の振動を引き起こします。このような潮汐振動を共振潮汐と言い、その周期は湾外の振動の周期に一致します。

共振潮汐では、湾の固有周期が長くなって外の振動の周期に近くなるにつれ増幅率は大きくなり、両者が一致すると無限大となります（実際の海では摩擦などの効果があるので増幅率は無限大にはなりません）。この現象を共鳴と言います。図7－14に湾の固有周期に対する M_2 分潮の振幅の増幅率を示しますが、常に一以上の値となります。つまり、外の潮汐に対して湾が共振することで、湾内の潮汐変動が増幅して潮位が高くなるのです。

東京湾の場合、固有周期が約四・六時間なので、振幅の増幅率は約一・二倍となり観測値と合います。

日本で最も潮差が大きいのは九州の有明海の奥で、最大六メートルもあります。その原因は、東シナ海が太平洋に比べM_2分潮の振幅が大きいこともありますが、有明海では水深は東京湾と同程度の浅い海である一方で、入り口から奥までの距離が長いことから、固有周期が八時間弱と東京湾よりかなり長くなるためです。このため、M_2分潮の周期との比が東京湾より一に近い値になることから、増幅率が二倍近くになります。

カナダのファンディ湾は潮差が世界一の一五メートルにもなる場所ですが、その湾の固有周期がM_2分潮の周期にほぼ一致するので、M_2分潮と湾の固有振動が共鳴していることがその原因となっています。

鳴門の渦潮

四国と淡路島の間には鳴門海峡という幅が一・三キロメートルの狭い海峡があります。そこで

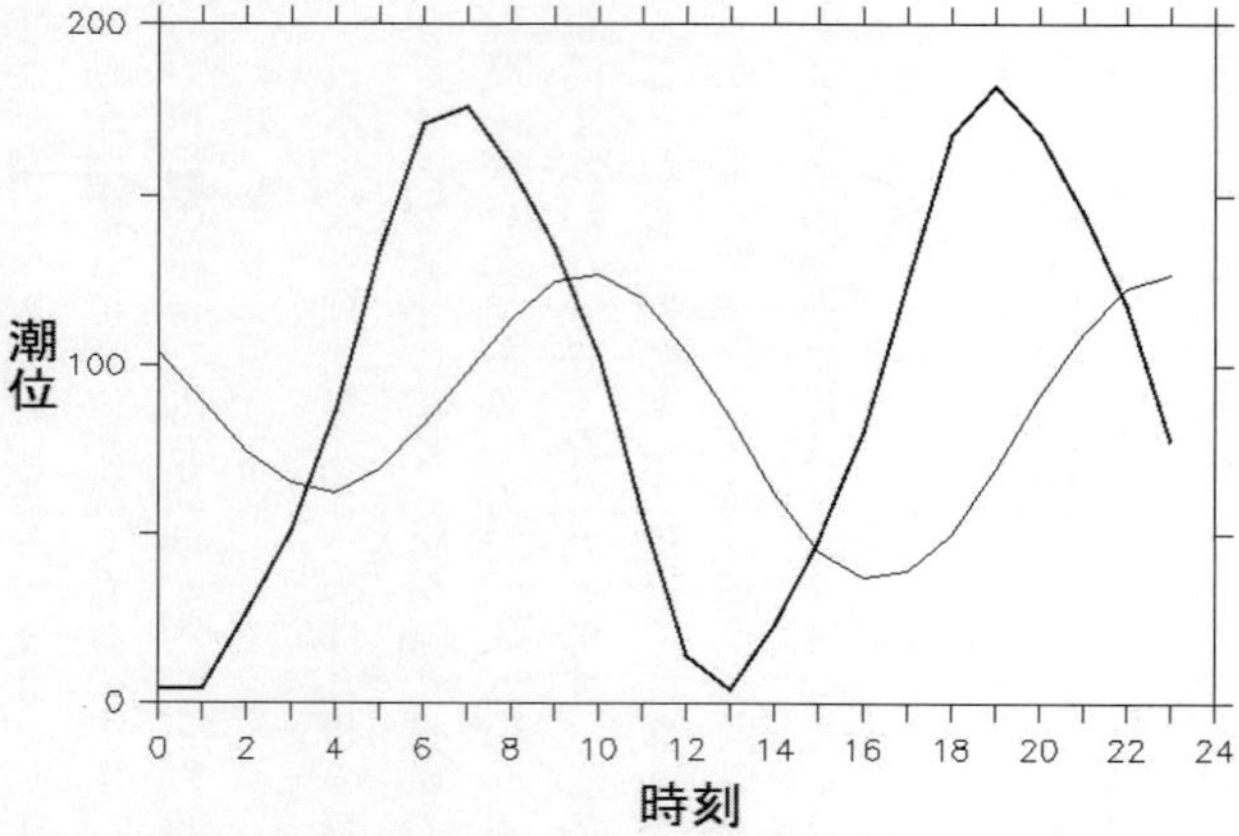

図7−15. 鳴門海峡の内側（孫崎：細線）と外側（福良：太線）の2015年5月17日の潮位変動の推算結果。（海上保安庁海洋情報部のウェブサイト、http://www1.kaiho.mlit.go.jp/KANKYO/TIDE/tide_pred/index.htm のデータより筆者が作成）

は直径が五メートル以上にもなるような大きな渦潮が発生し、観光名所となっていますという名前が付いたかまぼこがあるくらい有名な現象ですが、この渦も潮汐が関係しています。本章の最後として、この渦について述べましょう。

このような大きな渦が起こるためには、強い流れが必要ですが、鳴門海峡では最大一〇ノット（＝約五メートル毎秒）と黒潮の二倍にもなるような強い流れが生じています。このような強い流れが狭い海峡を通過する際、地形のそばで摩擦により弱くなった流れとの間に大きな流速差が生じることから、渦が生じます。その際、同じ向きの渦が並んでできますが、同じ向きの渦は合体しやすいという性

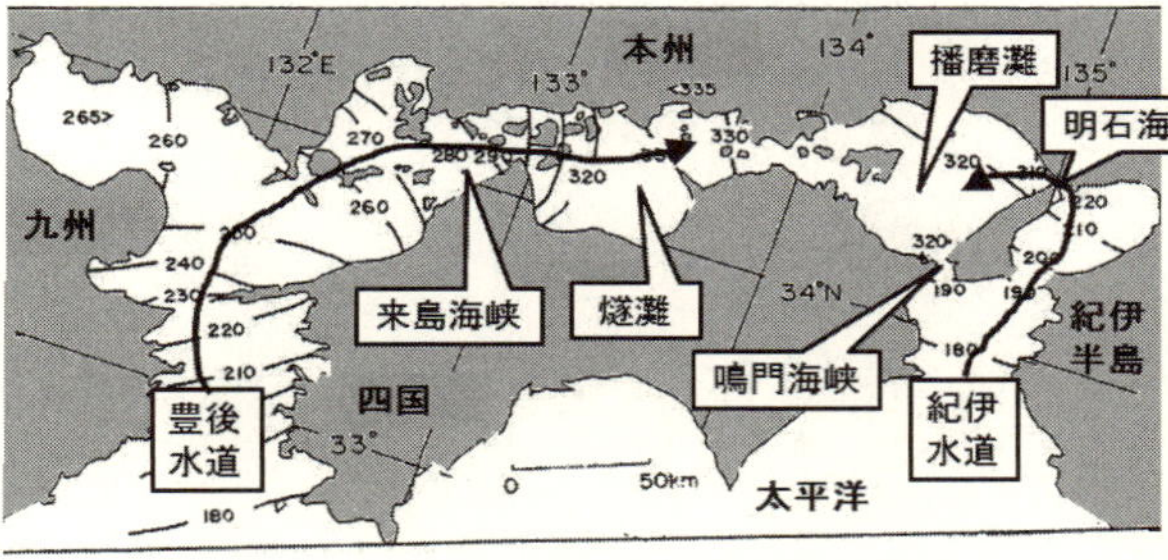

図7－16. 瀬戸内海における M_2 分潮の位相図。数字が進む方向（矢印の方向）に潮汐波が進行している。（Takeoka（2002）[66] に筆者が加筆）

質があるので、より大きな渦に成長します。

鳴門海峡の上には大鳴門橋という橋が架かっていて、その橋の途中まで歩いて行くことができます。そこでしばらく海峡の流れを観察すればわかりますが、いつも同じ向きに同じ強さで流れているのではなく、潮汐に対応した流れが生じています（潮汐によって生じる流れを潮流と言います）。図7-15は鳴門海峡の播磨灘（瀬戸内海）側にある孫崎と太平洋側にある福良《ふくら》の一日の潮位変化（推算）を示したものです。孫崎と福良ではやや福良の方が遅れていますが、ほぼ逆向きに変動しており、孫崎が満潮（干潮）になってから一〜二時間後に福良で干潮（満潮）になっています。このことは海峡の播磨灘側と太平洋側で満潮・干潮の前後で大きな水位差が生じていることを意味します。海峡の播磨灘側で潮位が高い時に南向きの流れが、逆の時は北向きの流れが最大となります。

孫崎と福良では距離はわずか五キロメートルしか離れていません。それにもかかわらず、このような大きな潮位差が生じているのです。もし、潮位の変動が単純に現場での起潮力で生じるのであれば、このようなことは起こらないことは明らかです。すなわち、この潮位差は、潮汐波の伝播によるものと言えます。

M_2分潮の潮汐波が進行している様子を示したのが図7-16です。この図より、M_2分潮の潮汐波は豊後《ぶんご》水道（四国と九州の間）および紀伊水道（四国と紀伊半島の間）から瀬戸内海に入っていることがわかります。なお、鳴門海峡は非常に狭いため、潮汐波はここを通過できません。

豊後水道から瀬戸内海に入った潮汐波は、来島海峡まで順調に東に進みますが、それから先は急に進行速度が落ちて、燧《ひうち》灘のあたりで止まっているように見えます。一方、紀伊水道から入った潮汐波は、明石海峡で九〇度もの大きな位相差があり、潮汐波が明石海峡を通過するのに三時間もの時間を要しています。

つまり、鳴門海峡の播磨灘側と太平洋側での大きな潮位差は、豊後水道と明石海峡を通過してくる潮汐波が、鳴門海峡の播磨灘側まで到達するまでにM_2分潮の周期の半分近い時間（四〜五時間）がかかるため生じているのです。なお、西から来る潮汐波は燧灘から備讃瀬戸（香川県と岡山県の間の海峡）を通過するさいに大きく減衰するため、播磨灘側での潮位変動は明石海峡を通過してくる成分の方が効いています。

海峡を挟んでのこの大きな潮位差は最大一・五メートルにもなります。流体力学のトリチェリ[注3]

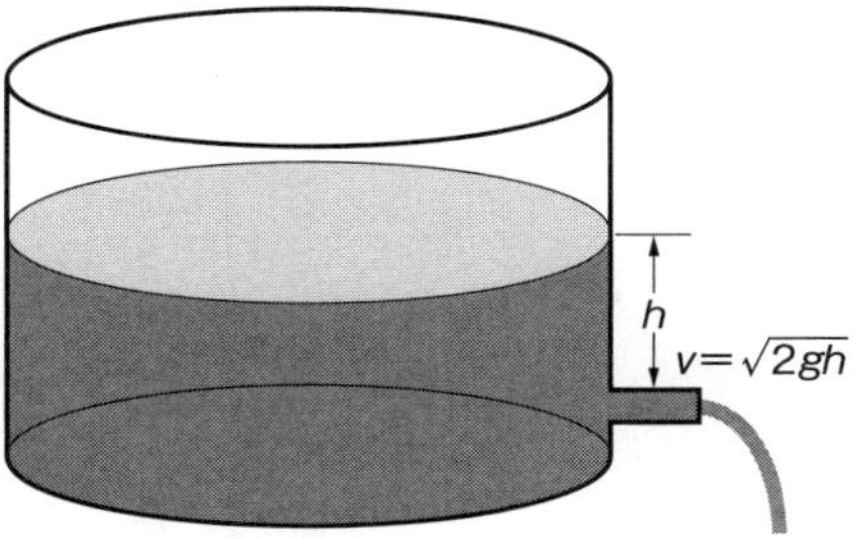

図7－17. トリチェリの定理。

の定理から、潮流の流速は（2×重力加速度×潮位差）の平方根で見積もることができ、一・五メートルの潮位差の場合、毎秒五・四メートルという観測値によく合った結果が得られます。

また、鳴門海峡では海底地形が複雑で、海峡の最も狭いところでは水深約八〇メートルと浅くなっている一方、その両側では水深一五〇〜二〇〇メートルと深くなっています。この海底地形も潮流を強め、また渦の形成に影響を与えていると考えられています。

注1：潮汐波の波長

海洋の長波の位相速度は、（重力加速度×水深）の平方根ですので、水深四〇〇〇メートルの外洋では毎秒約二〇〇メートルです。波の波長は位相速度×周期であることから、M_2分潮の場合、二〇〇（メートル毎秒）×一二・四二（時間）×三六〇〇（秒）＝約八九〇〇キロメートルとなります。

注2：日本海の潮汐

日本海のように他の海とつながっている海峡が狭く浅い割には、大きく深い海の潮汐では、外からの潮汐波だけでなく、直接その場の起潮力によって生じる部分もあります。

注3：トリチェリの定理

トリチェリの定理とは、図7-17のような細い管を付けた容器に、管から高さhまで水を入れた場合、出てくる水の流速は（2×重力加速度×高さh）の平方根になるという定理で、流体力学におけるエネルギー保存則の特殊形です。鳴門海峡を管と見なせば、この定理で潮流の流速を見積もることができます。

第八章

エルニーニョ現象とその仲間たち

熱帯の洋上で発達した積乱雲。スコールを伴っている（筆者撮影）

最近、異常気象が起こるとエルニーニョと関係しているのではとテレビ等でも話題になるほど、「エルニーニョ」という言葉も市民権を得ました。でも、エルニーニョとは実際どんな現象なのか？　気象庁は「エルニーニョ現象」という言葉も使っているけれど、「エルニーニョ」と「エルニーニョ現象」は同じなのか、違うのか？　疑問は尽きません。この章ではそんな疑問に答え、また最近見つかったエルニーニョ現象の仲間とも言える現象を見ていきましょう。

熱帯太平洋の海洋・大気

エルニーニョ現象は熱帯の太平洋を中心に起こる現象です。そこでまず、熱帯太平洋の大気と海洋が通常どうなっているかを見ていきましょう。

図8-1は通常時の熱帯太平洋の海と空の模式図です。通常太平洋の熱帯域では貿易風という東風（東から吹く風）が吹いています。この風は熱帯赤道海域に西向きの南赤道海流という海流を引き起こします。この南赤道海流により海面近くの温かい海水は西部熱帯太平洋（本章では西側と

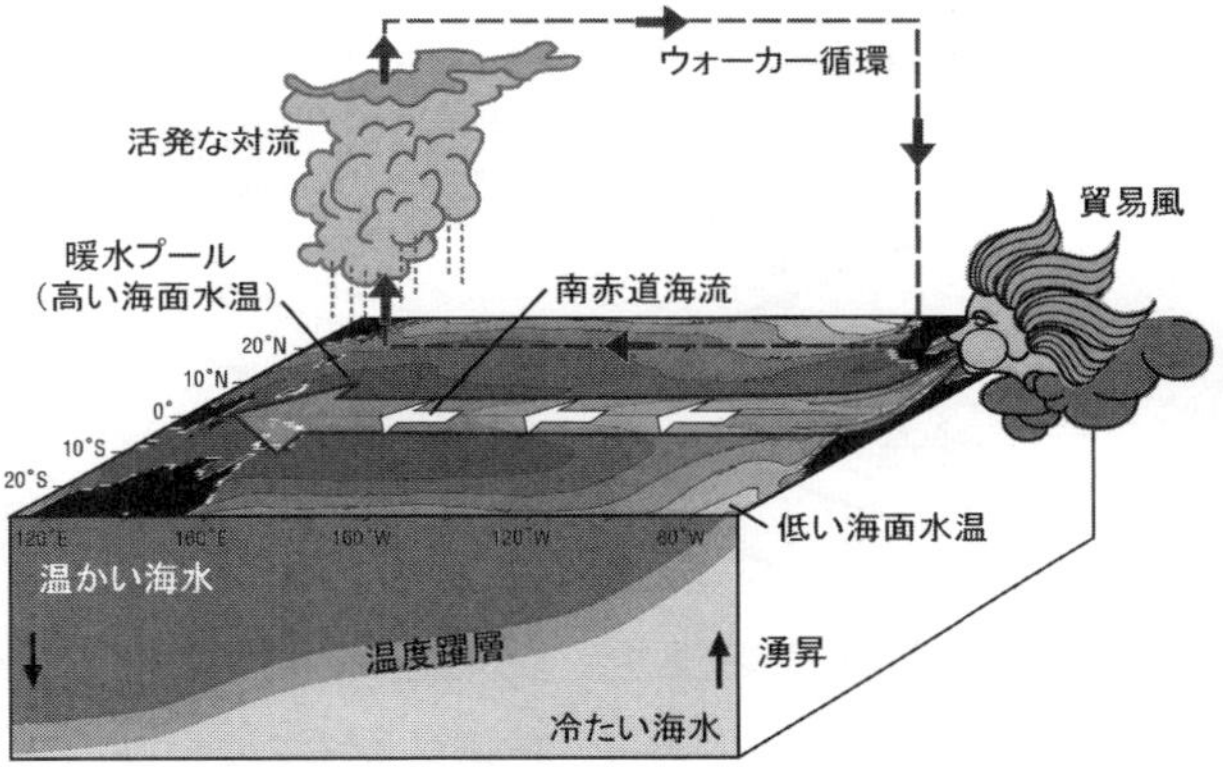

図8－1．通常時の熱帯太平洋の大気・海洋の模式図。（提供：JAMSTEC）

略します）に吹き寄せられます。このため、西側では海面水温が二九℃前後の世界で最も熱い海となっています。この西側の温かい海水だまりを暖水プールと言います。

西側は海面水温が高いため、上の大気を温めます。すると、そこでは大気の対流が活発になり雲がたくさんでき、気圧が低くなります。降る雨も多く、年間雨量は三〇〇〇ミリメートル以上と日本の平均値の倍にもなります。

一方、東部熱帯太平洋（東側と略します）では表面の温かい海水が西に運ばれるため、それを補うように下層から冷たい海水が湧昇（第五章参照）します。このため、東側では海面水温が低くなります。海面水温が低いと上空の大気は冷やされ、下降気流が起き、気圧が高くなります。このため、赤道の周辺では南から見て時計回りの東西循環が大気に生じます。この大気の東

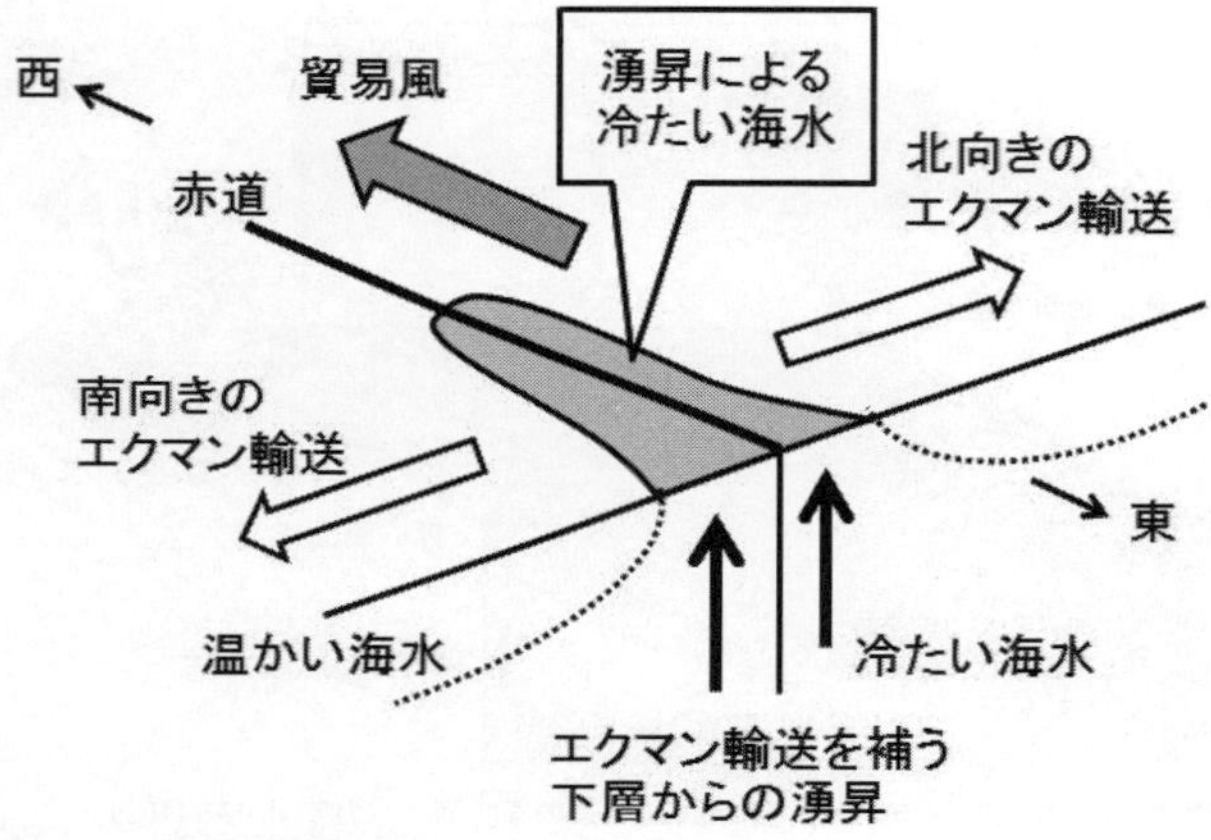

図8－2．赤道湧昇の概念図。

西循環をウォーカー循環と言います。

温かい海水が集められた西側では海面高度が高くなり、東側では逆に低くなります。このとき温度躍層（第四章参照）が西に傾き（西に行くほど深くなり）ます。また、南赤道海流により西側に集められた海水を東側に返すために、東向きの赤道潜流（第二章参照）が温度躍層直下に生じます。

赤道付近では東風のためエクマン輸送（第五章参照）により、表面の海水は北半球側では北向きに、南半球側では南向きに運ばれます。このため、赤道直下では両半球に運ばれる海水を補うために、下層から冷たい海水が湧き上がり、赤道付近は南北に比べ海面水温が低くなります。赤道付近での冷たい海水の湧き上がりを、赤道湧昇と言います（図8－2）。この赤道湧昇のために、東側から中部熱帯太平洋（中部と略します）の赤道に沿って水温の低い海

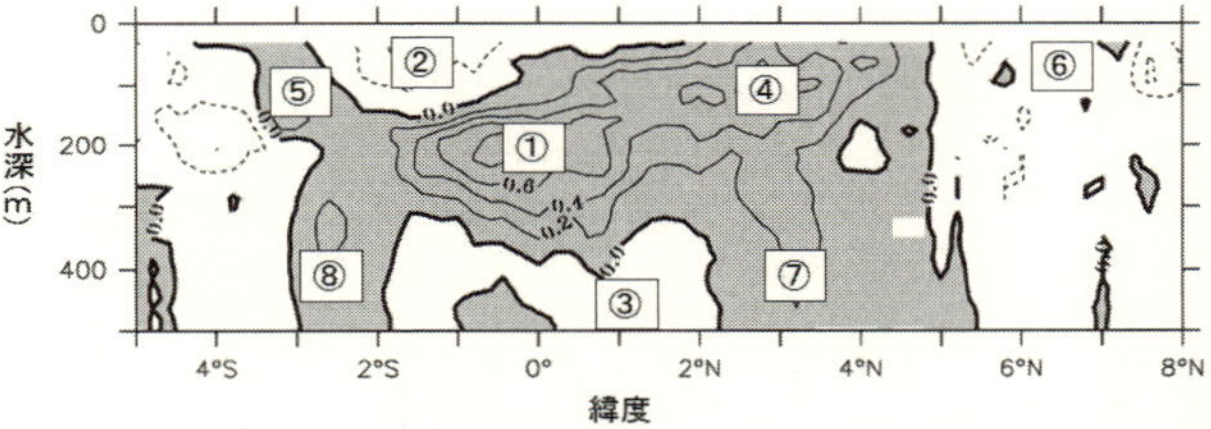

図8－3. 東経 156 度における東西流速の南北断面図。網掛けは東向きの流れを意味する。①赤道潜流、②南赤道海流、③赤道中層海流、④北赤道反流、⑤南赤道反流、⑥北赤道海流、⑦北亜表層反流、⑧南亜表層反流。海洋地球研究船「みらい」MR08-03 航海の観測結果。（提供：JAMSTEC）

面が舌のようにのびています。

図8-3は西側の東経一五六度において南北に切った東西流速の鉛直断面図です。表面は西向きに南赤道海流が赤道付近を流れていますが、詳しく見ると赤道の海流はそんな単純な構造をしていません。南赤道海流の直下の深さ二〇〇〜四〇〇メートルでは赤道潜流が東向きに流れ、その下には西向きの赤道中層海流が存在しています。赤道より南北方向に着目すると、北緯（南緯）三度付近には東向きに強い北（南）赤道反流という海流が表層に流れています。また、北（南）赤道反流の下には、北（南）亜表層反流という東向きの海流があります。ちなみに、この亜表層反流は日本人研究者の土屋瑞樹が一九七二年に発見した海流で、その名前を取って土屋ジェットとも呼ばれています。

かくして、太平洋の赤道近くでは西向き・東向きの海流が水平・鉛直方向に交互に存在する複雑な構造となっています。

エルニーニョとエルニーニョ現象

「エルニーニョ」は、スペイン語で"El Niño"と表します。意味は「幼子イエス・キリスト」で、男の子の意味です。もともとは南米のペルーの海岸で毎年冬に海面水温が上昇する現象を指していました。南米の西海岸、特にペルー沖は南風が吹くことにより表面の海水がエクマン輸送で西に運ばれるため、下から冷たい海水が湧昇します（これを沿岸湧昇と言います。図8-4）。深いところの海水は栄養塩に富んでいることから、ペルー沖はアンチョビ（カタクチイワシ）の世界的な漁場です。それがクリスマスのシーズンになると、湧昇が弱くなって海面水温が他の季節より高くなるのです。この現象を現地の漁師が「エルニーニョ」と呼んだものです。すなわち、エルニーニョという言葉は、毎年起こる南米付近の狭い範囲の現象を指します。

ところが何年かに一度、東側の海面水温が例年の冬より高く、冬が終わってもずっと高いまま続くという現象が起こることがあります。この何年かに一度起こる異常な東側の海面水温の上昇現象のことを今ではエルニーニョと呼ぶようになりました。ただし、もともとのエルニーニョと区別するため、気象庁ではこの異常な現象を「エルニーニョ現象」と呼んでおり、本書でもそれにならいます。

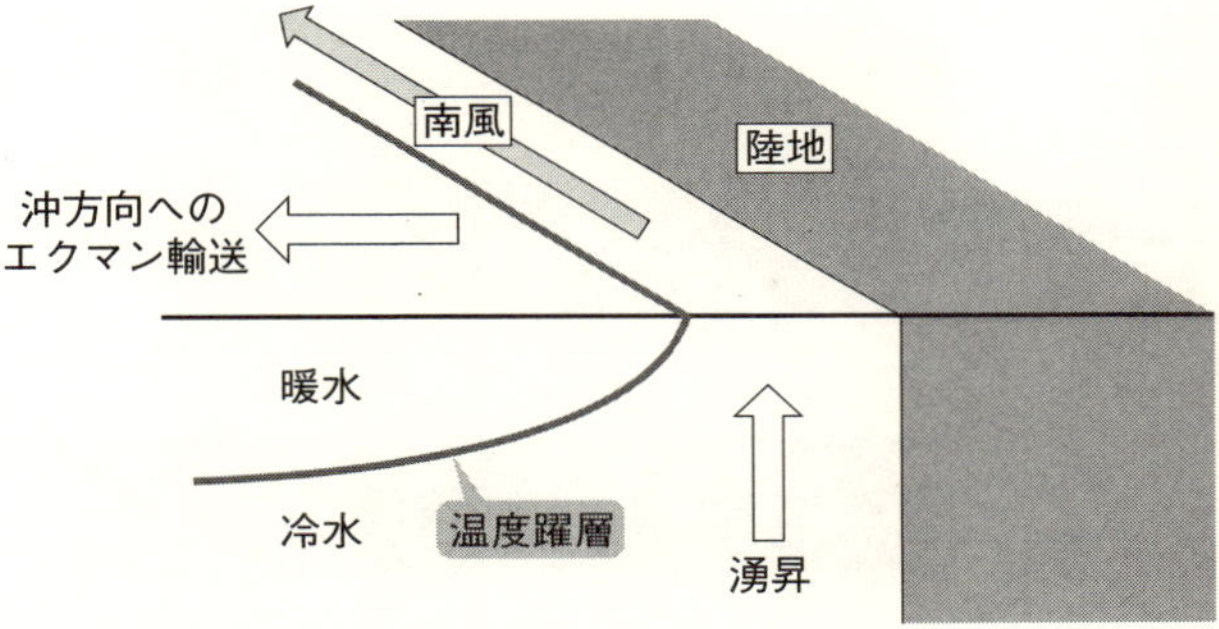

図8－4. 沿岸湧昇の概念図。（南半球の場合）

実際どのような現象か見ていきましょう。図8-5は熱帯太平洋に展開したブイにより得られた、一九九三年、一九九七年、一九九八年の各年の一二月における海面水温と風の分布図です。一九九三年はほぼ平年の状態で、西側では海面温度が三〇℃、一方東側では二一℃と九℃も差があります。東経一七〇度以東では貿易風が強くなっています。図8-5中の一九九七〜一九九八年の冬は二〇世紀最大のエルニーニョ現象が起こった年ですが、東側では二六℃に昇温しており、低温域がほぼ消滅しています。西側では引き続き海面水温は高いのですが、二九℃を超える暖水プールが西経一四〇度の中部にまで達しています。風の分布も大きく変わっており、中部の高温域に東西両方から風が吹き込んでいます。すなわち、中部より西側ではいつもの東風ではなく、西風が強くなっています。

図8-6にエルニーニョ現象時の熱帯の大気と海洋の模式図を示します。通常時（図8-1）と比較すると、エルニーニ

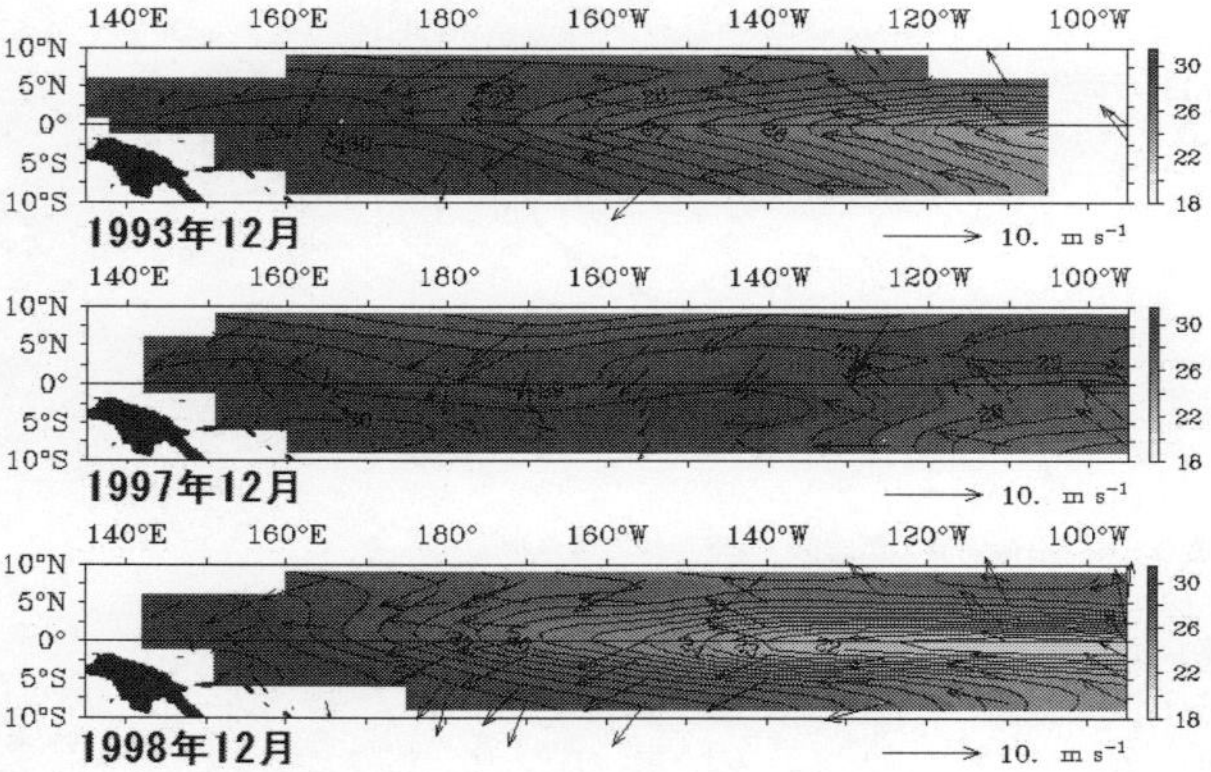

図8－5. 通常（上）・エルニーニョ現象（中）・ラニーニャ現象（下）時の太平洋赤道域の海面温度と風の分布。（TAO/TRITON のウェブサイト、http://www.pmel.noaa.gov/tao/jsdisplay/ より）

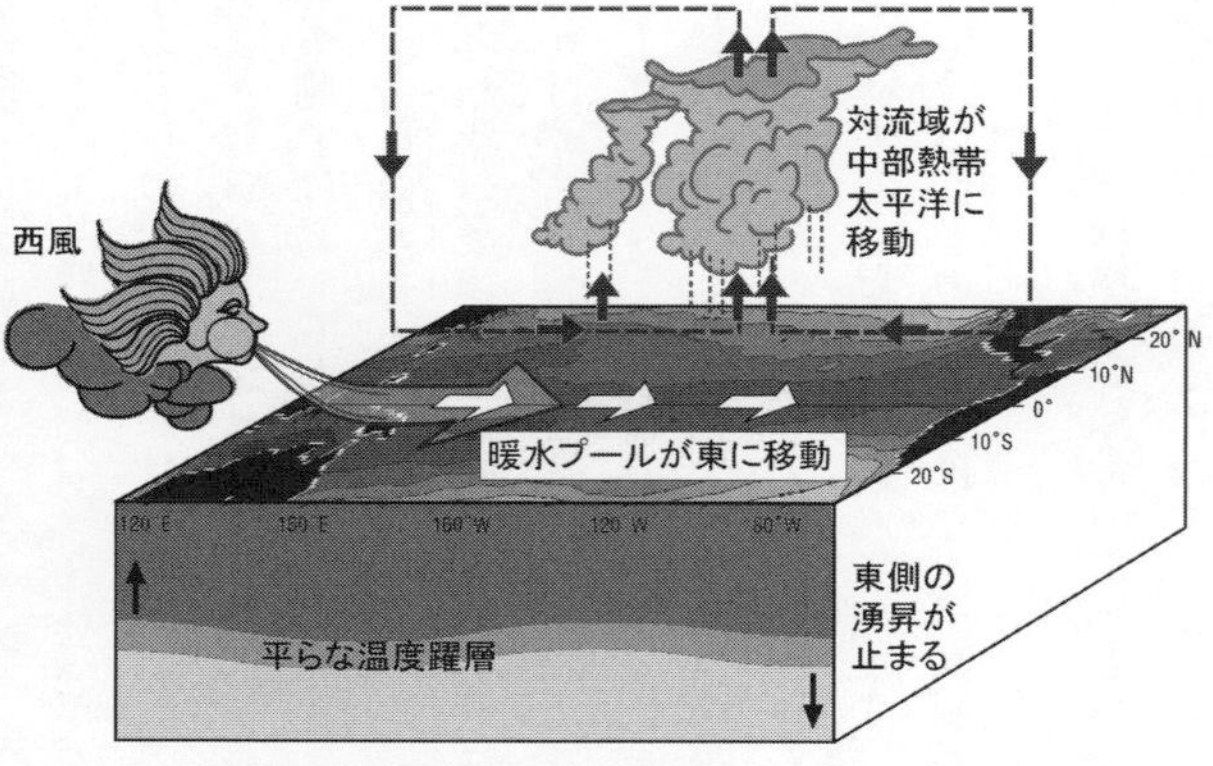

図8－6. エルニーニョ現象時の熱帯太平洋域の大気・海洋。（提供：JAMSTEC）

ョ現象が発生すると西側にある暖水プールが中部太平洋まで広がり、東側では湧昇が止まって海面水温が上がっているのがわかります。温度躍層はほぼ平らになります。中部では移動した暖水プールのために海面水温が高くなり、そこでは大気が海に温められて上昇流が起こり、低圧部となります。このため風は西側で西風となり、東部からの東風とともに中部に吹き込みます。すなわち、大気の低圧部も暖水プールとともに東に移動します。

つまりエルニーニョ現象は、毎年南米沿岸で起こる本来エルニーニョと呼ばれている現象とは異なり、熱帯太平洋全体（東西一万キロメートル以上）に及ぶような広い範囲で、数年に一度起こる大規模な大気・海洋の現象なのです。

ところで、エルニーニョ現象の逆の現象、すなわち通常より東側で海面水温が低い現象が見つかり、エルニーニョ現象と反対の意味でスペイン語の女の子の意味でラニーニャ（La Niña）現象と名付けられました。図8-5の下の図はラニーニャ現象が発生したときのものです。ラニーニャ現象が発生すると貿易風が通常より強くなります。たとえば、一九九三年では東経一六〇度以西では弱い西風が見られますが、一九九八年では西太平洋でも東風が強くなっています。また、東側の海面水温の低い範囲が通常より広く、水温が二六℃の範囲は通常では西経一四〇度以東ですが、ラニーニャ現象時では東経一七〇度にまで達しています。このとき、温度躍層が西経一四〇度以東で通常より浅くなっていて、冷たい海水の湧昇が通常より強くなっていました。

ラニーニャ現象もエルニーニョ現象同様、熱帯太平洋全体の現象で半年以上続きます。

エルニーニョ現象の定義

エルニーニョ現象については、国際的に統一された定義はありません。例えば日本の気象庁と米国の大気海洋庁では定義が異なっています。ここでは気象庁の定義を紹介しましょう。

気象庁では、エルニーニョ現象に伴う海面温度の変動がはっきりしている、北緯五度〜南緯五度、西経一五〇度〜九〇度の東太平洋赤道海域をエルニーニョ監視海域としています（図8-7上）。その海域の海面水温の月平均値とその月の基準値（その年の前年までの三〇年間の各月の平均値）からの差の五ヵ月移動平均[注1]を計算し、その値が〇・五℃以上高い月が六ヵ月続いた場合をエルニーニョ現象と定義しています。逆に〇・五℃以上低い月が六ヵ月以上続いた場合をラニーニャ現象と定義しています。

一九九六〜二〇一五年における、エルニーニョ監視海域の月平均海面水温の基準値からの差の五ヵ月移動平均を図8-7下に示します。太線が気象庁の定義に当たるエルニーニョ現象（正）およびラニーニャ現象（負）の期間です。この期間では両者がそれぞれ四回ずつ起こっていて、その起こる間隔は二〜五年とまちまちで、その規模も一定ではありません。特に一九九七〜一九九八年のエルニーニョ現象は強く（基準値からの温度差が大きく）、「二〇世紀最大のエルニーニョ現象」と呼ばれたほどでした。また、それに引き続いて一九九八年に発生したラニーニャ現象も強く、継続期間が二年にも及ぶものでした。

南方振動

エルニーニョ現象を海の面からお話ししましたが、風の分布もエルニーニョ現象やラニーニャ現象の発生に伴い変わります（図8-5）。すなわち熱帯の大気の循環パターンも変わります。

図8-1の大気循環の名前にもなっているインド気象局長官のウォーカーが、一九二〇年代にインドネシア・オーストラリア周辺の気圧の平年からの差の変動が、東太平洋のそれと逆の変動パターンを示していることに気がつきました。図8-8上にオーストラリアのダーウィンの気圧変化に対する、世界各地の気圧変化の相関[注2]を示しますが、タヒチを中心とした東太平洋で負の高い相関が見られます。このことは、たとえばダーウィンで高気圧（低気圧）であれば、タヒチでは低気圧（高気圧）になることを意味します（図8-8下）。

この現象はオーストラリアと東太平洋の間の気圧変動が、あたかもシーソーのごとく振動するもので、熱帯太平洋全体にわたって、大気が数年の時間スケールで東西方向に大きく変動してい

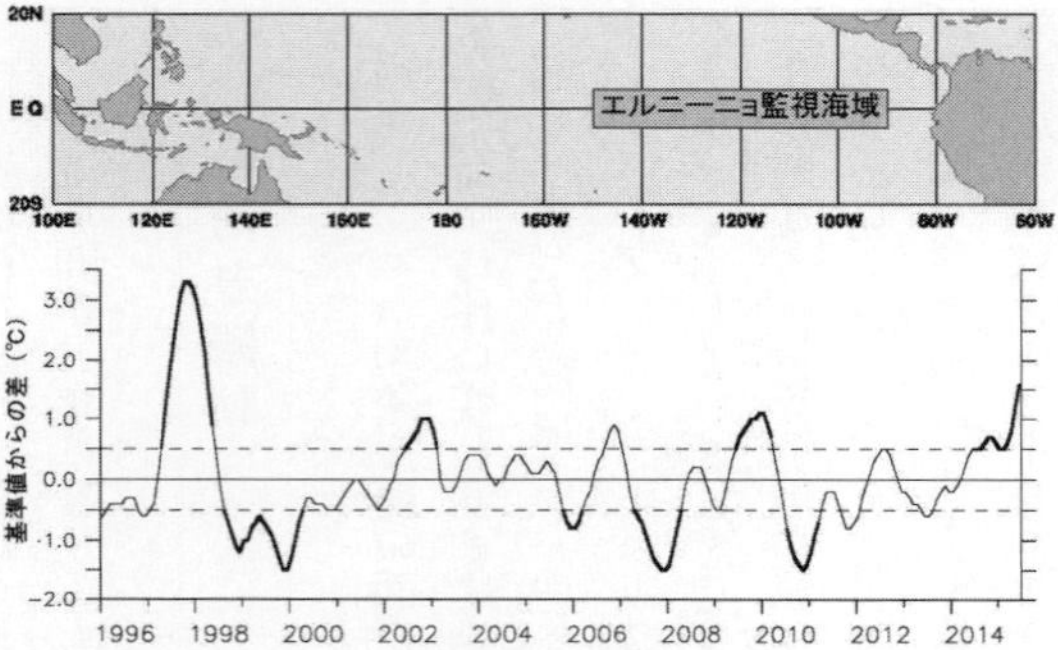

図8－7. エルニーニョ監視海域（上）とエルニーニョ監視海域の月平均温度の基準値からの差の５ヵ月移動平均（下）。太線はエルニーニョ現象（正）・ラニーニャ現象（負）の発生時期を意味する。（気象庁のウェブサイト、http://www.data.jma.go.jp/gmd/cpd/data/elnino/index/dattab.html より）

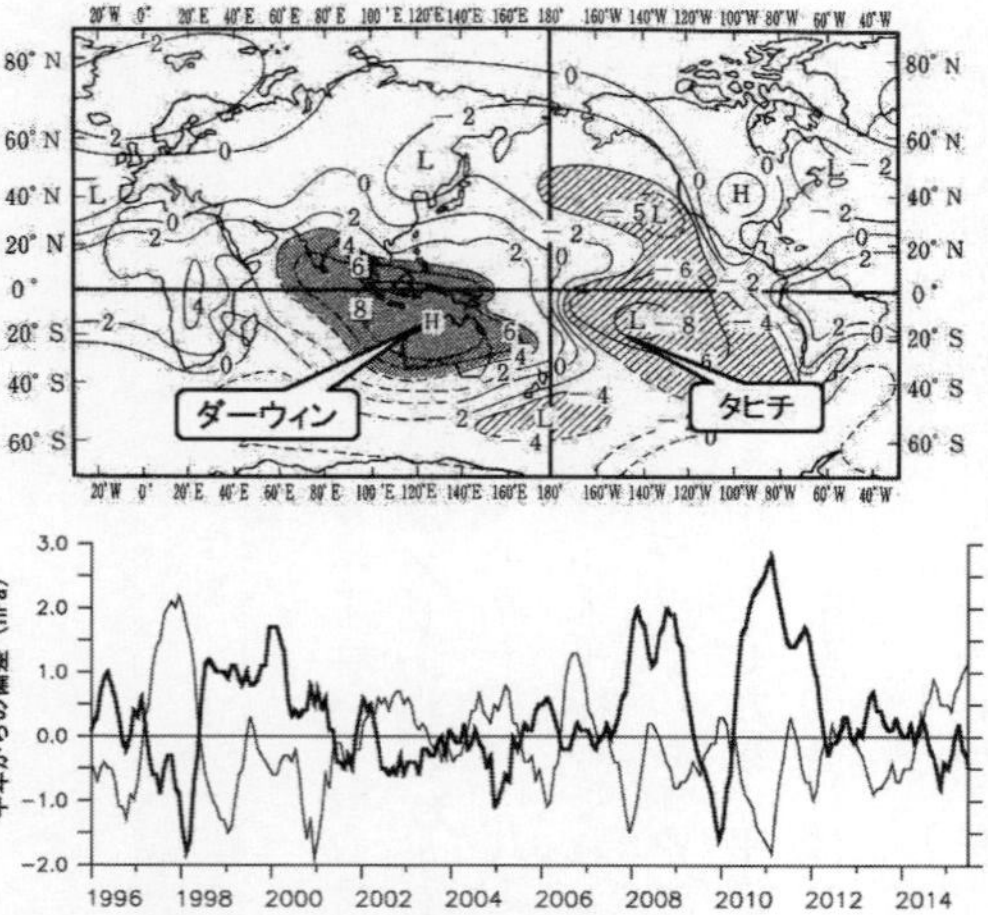

図8－8.（上）オーストラリアのダーウィンの気圧変化に対する世界各地の気圧の相関。（下）ダーウィン（細線）とタヒチ（太線）の気圧の平年からの差に対し５ヵ月移動平均を取ったもの。（上：Trenberth and Shea（1987）[67] より）

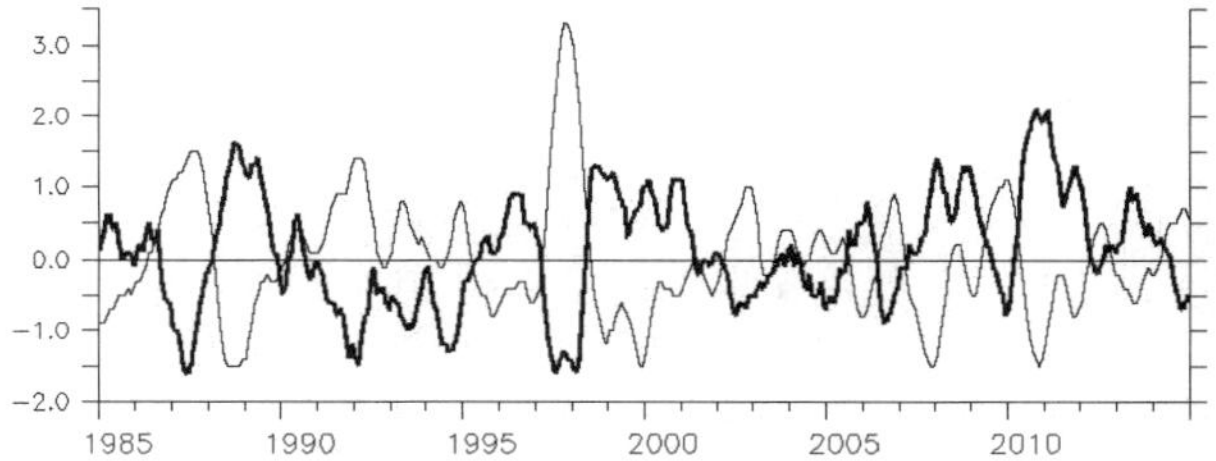

図8－9． 南方振動指数の５ヵ月移動平均（太線）とエルニーニョ監視海域の月平均水温の基準値からの差の５ヵ月移動平均（細線）。（気象庁のウェブサイト、http://www.data.jma.go.jp/gmd/cpd/data/elnino/index/dattab.html のデータより筆者が作成）

るのです。つまり、図8-1に示されるウォーカー循環が変動しているのです。この現象が発見された一九二〇年当時、北半球で似たような変動現象が見つかっていることから、それと区別するために南方振動（Southern Oscillation）と名付けられ現在に至っています。

南方振動はダーウィンとタヒチの気圧差に現れる現象であることから、その現象の指標として、南方振動指数というものが導入されています。具体的には（ダーウィンの気圧－タヒチの気圧）の平年からの偏差で定義されます。

この南方振動指数と、エルニーニョ現象の指標であるエルニーニョ監視海域の海面温度の基準値からの差の時間変化を比較したものが図8-9です。南方振動指数とエルニーニョ監視海域の温度が逆方向に変動している（負の相関が高い）ことがわかります。つまり、大気の南方振動と海のエルニーニョ現象は関係が深いのです。南方振動は図8-1に示されるウォーカー循環の変動であり、その変動はエルニーニョ現象と密接に結びついて起こっているのです。このため、エルニーニョ現象（El Niño）と南方振動（Southern Oscillation）を一緒にしてその頭文字を取って、エンソ（ENSO）と呼んでいます。エルニーニョ現象と南方振動は、熱帯の大規模な大気・海洋の一つの現象をそれぞれ海洋側、大気側の面から見たものなのです。

大気海洋相互作用

熱帯では大気や海洋はそれぞれ独立に変動しているのではなく、お互いに影響し合っています。その大気と海洋のお互いのやりとりを大気海洋相互作用と呼びます。その作用には、風による大気から海への運動量の入力、大気と海との熱のやりとり、そして降水や蒸発による大気-海洋間の淡水のやりとりなどがあります。

一番目の風については、第五章、第六章で述べましたが、小さいスケールでは風波を、大きなスケールでは海流を起こします。また、風が海面近くの海水をかき混ぜることにより、表層混合層（第四章参照）が形成されます。

二番目の海と大気の間の熱の輸送は、放射熱・潜熱輸送・顕熱輸送の三つの形で行われます。放射熱は太陽光による短波放射、および赤外線による長波放射の二種類あります。潜熱は第三章で説明しましたが、海水が蒸発する際に液体の水が気体の水蒸気に変化する際に使われる熱です。顕熱は冷たい手で温かいものを触ると手が温かくなるように、冷たい大気（海）が温かい海（大気）に接することで海（大気）から大気（海）に直接伝わる熱です。熱帯太平洋では海面上の気温と海面水温の差が小さいため顕熱輸送は小さく、一般に潜熱輸送による熱のやりとりが最も大きくなっています。

三番目の淡水のやりとりですが、雨が降ることで海洋表面の塩分が下がり、結果として表面海水の密度を小さくします。逆に蒸発が大きいと海面の塩分が高くなります。この塩分の変化は後述しますが、海洋表面の熱の蓄積に大きく影響します。

実際の大気・海洋では、これらのプロセスがばらばらに起こっているのではなく、並行して起こるのです。たとえば、熱帯太平洋の場合、①風が海流を駆動し、②その結果海面の温度分布が変わって、③それにより大気の温度そして気圧分布が変化して、④風が変化する、というプロセスです。海は大気に対して熱を供給することで大気に影響を与え、一方大気は風が吹くことにより（大気が海に運動量を与えることにより）海に流れを生じさせ、海に影響を与えているのです。エルニーニョ現象・南方振動はこの大気海洋相互作用により起こっているものと言えます。

前述の①〜④の過程ですが、通常時は東風が西向きの南赤道海流を引き起こし、それにより赤道の東西方向の海面温度差が大きくなって、大気においては西側では上昇気流、東側では下降気流が強くなり、ウォーカー循環が強められ、それがさらに西向きの海流を強くするというプロセスが働いています。この一連のプロセスは発見者の名前を取って、ビヤークネスフィードバックと呼ばれています。フィードバックという語は、気候学的にはある系の変化が別の系を変化させると、それが元の系にはね返って影響を与えるという意味で使われます。ビヤークネスフィードバックの場合、大気の変化が海洋を変化させると、その海洋の変化がさらに大気を大きく変化させるという、正のフィードバックとなっています。

エルニーニョ現象が起こった場合は、ビヤークネスフィードバックによって、東風が弱まって南赤道海流が弱まることで西側の暖水プールが中部に移動し、それが東風をさらに弱めるというプロセスとなります。

さて、熱帯太平洋における大気海洋相互作用では、大気から海への運動量、および海から大気への熱輸送が重要と考えられてきました。最近では、それに加え西側での大きな降水量に伴う海洋の塩分の変化も注目されています。

西側では、活発な上昇気流に伴って発生する積乱雲（本章扉写真）から年間三〇〇〇ミリメートル前後の大きな降水量があります。海に降る雨水は海表面近くの塩分を下げます。海洋の密度は塩分が下がると小さくなるので、降水があると海面近くの海水の密度が小さくなります。通常、海面近くでは風により鉛直方向に海水がかき混ぜられて、ある深さまで密度や温度が一様な表層

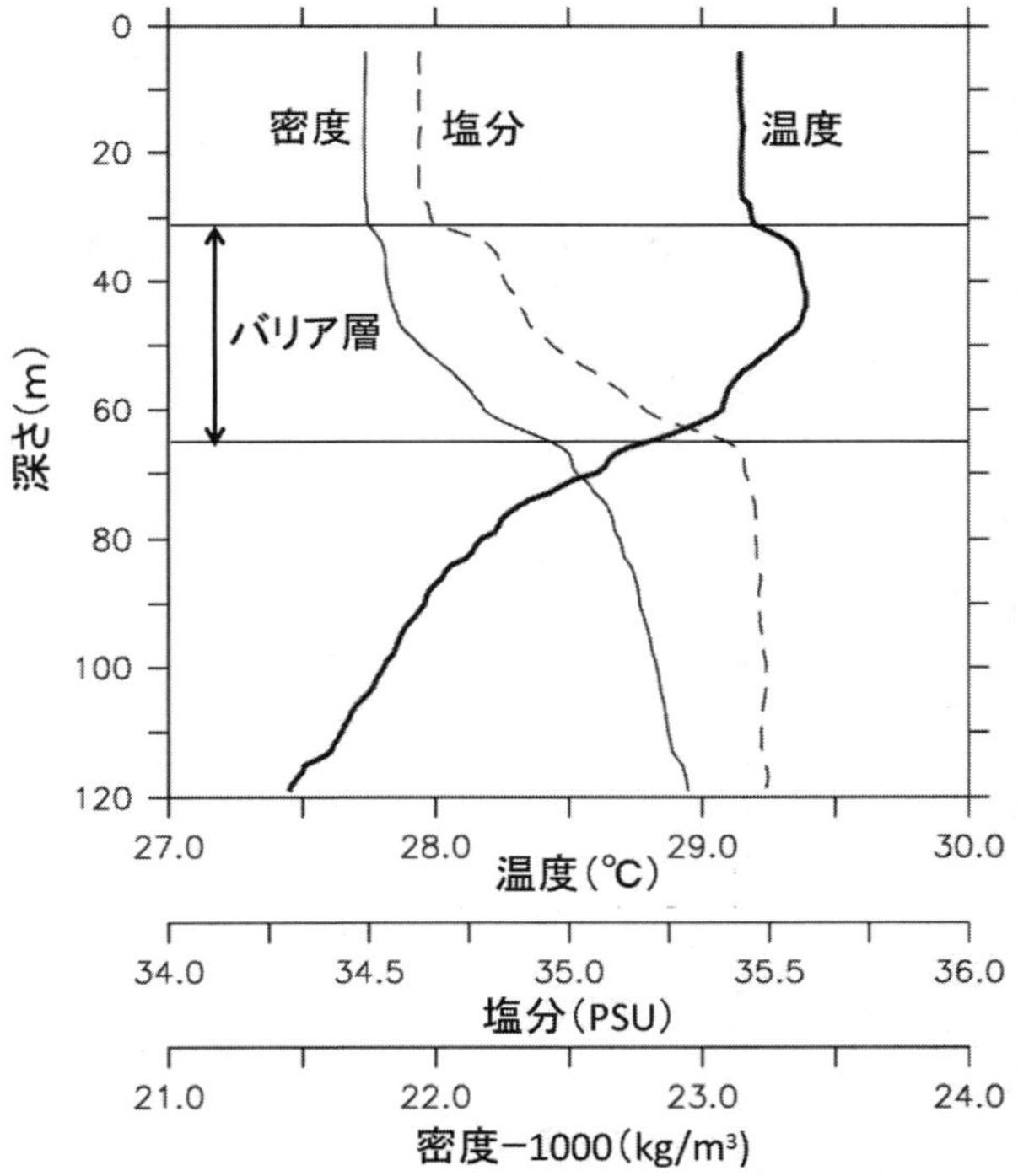

図8－10. 南緯２度東経 156 度における温度・塩分・密度の鉛直分布で、バリア層が観測されたもの。海洋地球研究船「みらい」MR12-03 航海の観測結果。（提供：JAMSTEC）

混合層ができます。ところが、雨が大量に降ると表層混合層の上に塩分と密度が小さい層ができ、その密度の小さい層とその下の密度が大きな層の間では海水の混合が起こりにくくなります。たとえば、図8-10においては深さ三〇〜六五メートルにかけて塩分が急に変わる層があり、その層の上と下で密度に差ができています。このような鉛直構造の場合、太陽放射により海表面に加えられた熱は混合によりかき混ぜられず下層に輸送されにくいことから、海表面は雨が降らないとき以上に熱が蓄えられ温められることになります。つまり、西側の大きな降水は西側をより温める方向に働くのです。この海表面近くで塩分が急に変わる層を、熱が下層に伝わりにくくする意味で、バリア層と言います。海と大気の直接的な熱のやりとりだけでなく、海面塩分の低下によるバリア層の効果も西側の海面温度を高くすることから、その効果はエルニーニョ・ラニーニャ現象において無視できないと考えられています。

西風バーストとマッデン・ジュリアン振動

エルニーニョ現象は暖水プールが西側から中部に移動することが特徴の一つです。次にその暖水プールを西側から中部に移動させるトリガーとして考えられている西風バーストについて見ていきます。

通常は熱帯太平洋では東風が吹いていて、海面近くの温かい海水はその東風により西側に吹き寄せられています。つまり、西側にたまった温かい水が東に行かないよう、つっかえ棒のような役割を東風が果たしていると言えます。ということは、西側で東風が弱くなるか西風が吹けば、西側に吹き寄せられていた暖水が中部に移動することは容易に想像できるでしょう。

図8-11は、一九九七～九八年のエルニーニョ現象前後の太平洋赤道における海面温度と東西風の気候値[注1]からの偏差の時間変化を示したものです。一九九七年三月以降で日付変更線（東経一八〇度）より東側で、急に温度が平年より高くなり、そのタイミングでエルニーニョ現象が発生しています。そして七月以降に海面温度の偏差（気候値との差）が三℃以上となり、エルニーニョ現象が大きくなっています。

また図8-11の右図より、エルニーニョ現象発生前の一九九六年一二月に西側で西風が強くなり、一ヵ月間ほど吹いた後いったん弱まり、三月に再び西風が強くなり約一ヵ月間吹き続けていることがわかります。この約一ヵ月間吹き続ける西風を西風バーストと言います。エルニーニョ現象は最初の一九九六年一二月の西風バーストでは発生せずに、三ヵ月後の西風バーストで発生しています。すなわち、一九九七年三月の西風バーストがこのときのエルニーニョ現象の引き金になっていますが、西風が吹いたからといっても必ずしもエルニーニョ現象は発生していないのです。

また、図8-11右図は、エルニーニョ現象が発生した後も西風バーストが約二ヵ月の周期で起きていることを示しています。春夏秋冬のような一年周期の変動を季節変動と言いますが、このような周期が季節変動より短い変動を季節内変動と言います。

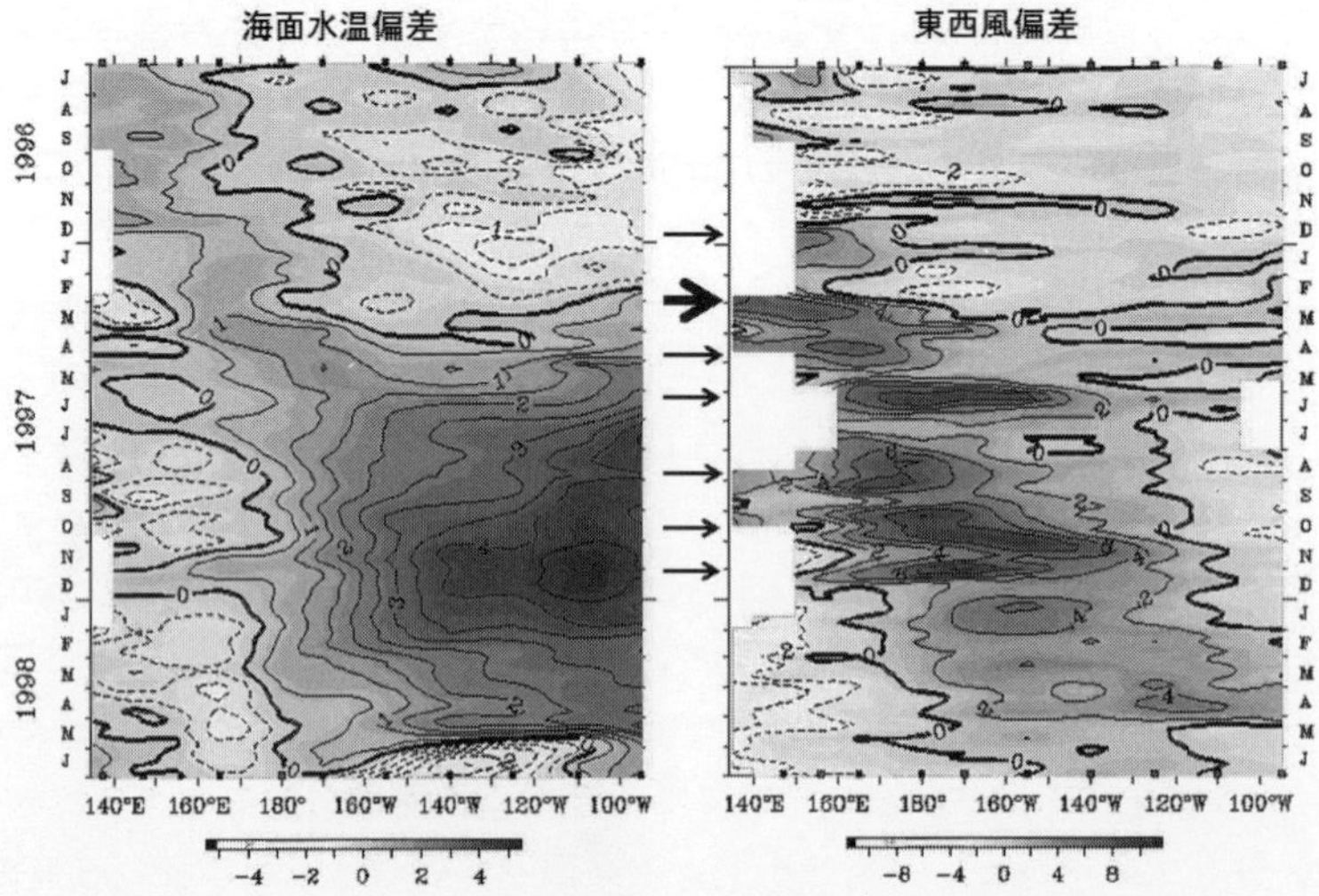

図8－11．1997～1998年エルニーニョ現象時の太平洋赤道における海面温度（左）と東西風（右）の気候値から偏差の時間変化。縦軸に時間を、横軸に経度を取ることで、赤道全体で海面温度と東西風が、時間の経過（下方向に時間が進む）とともにどのように変わるかを示す図である。矢印は西風バーストで、特に太い矢印で示した1997年3月の西風バーストがエルニーニョ現象の引き金となった。（TAO/TRITONのウェブサイト、http://www.pmel.noaa.gov/tao/jsdisplay/ より）

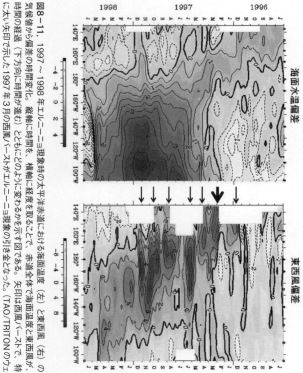

図8－12．1997年3月17日の西風バースト時の衛星画像（赤外）。矢印は西風を意味する。（気象庁提供の画像に筆者が矢印を加えた）

次に西風バーストが起こっている時の大気の様子を示しましょう。図8－12は西風バーストが吹いていた一九九七年三月一七日の静止衛星による赤外画像です。赤道上の矢印の北東と南西をはさんで二つの渦が見えています。北半球側は反時計回り、南半球側は時計回りの渦でこれらは双子低気圧と呼ばれるものです（南半球ではコリオリ力が北半球と逆向きのため、南半球の低気圧に伴う渦は北半球のそれと逆向きになります）。低気圧の下層では、南半球側の低気圧でも北半球側の低気圧でも、赤道付近では矢印の通り西風が吹いているので、この双子低気圧は西風バーストを伴っています。

この双子低気圧を伴う大気の変動はマッデン・ジュリアン振動という大気の振動現象に伴って発生することが示されています。このマッデン・ジュリアン振動は、マッデンとジュリアンが一九七一年に発見したもので、熱帯域を三〇〜六〇日の周期で東に向かって進む大気の大規模な対流を伴う季節内変動です。

マッデン・ジュリアン振動の模式図を図8-13に示します。インド洋のアフリカ近くで発生した対流が発達しながら東に進み（F→H）、インドネシアを通過すると弱まっていき（A→C）、南米近くに来ると消えてしまいます。図では一つの雲が東に進んでいるように記されていますが、実際はクラウドクラスターと呼ばれる雲の塊が東進しながら成長と消滅を繰り返し、複数のクラウドクラスターが集まったスーパークラスターと呼ばれるさらに大きな雲の群れの集まりが東進するという、階層化した構造となっています。

なお、マッデン・ジュリアン振動はいつも西風バーストを伴っているわけではなく、また西風バーストが発生しても必ずしもエルニーニョ現象は起こりません。マッデン・ジュリアン振動や西風バースト、そしてエルニーニョ現象の間には深い関係があると考えられていますが、その関係は完全には解明されていません。特にマッデン・ジュリアン振動は発生メカニズムなどわかっていないことが多く、今後の研究が期待されています。

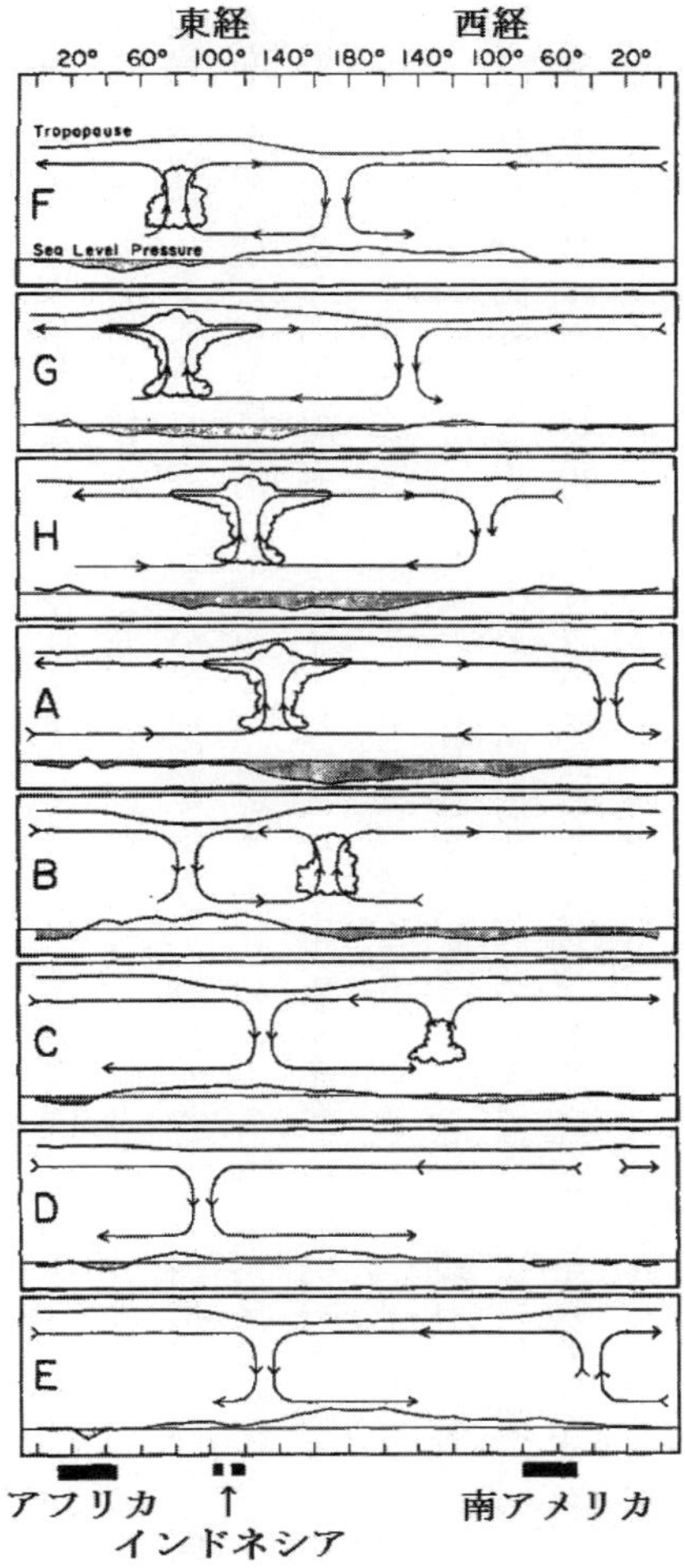

図 8 −13. マッデン・ジュリアン振動の模式図。
F→G→H→A→B→C→D→Eの順に時間が進む。
(Madden and Julian (1972)[60] より)

エルニーニョ現象の影響

エルニーニョ現象は熱帯太平洋全体にまたがる大きな現象です。このような空間スケールの現象になると、その影響は広い範囲に及びます。たとえば、一九九七〜一九九八年のエルニーニョ現象の時は、インドネシアおよびその周辺国で山火事が多発しました。通常はこれらの国々では海面水温が高いため対流が活発で雨が多いのですが、エルニーニョ現象が発生したことにより対流域が東に移動し空気が乾燥してしまったことが、山火事が多発した原因です。逆に東側に位置するペルーやエクアドルでは通常の一〇倍もの降水があり、洪水による被害が出ています。

これらの国々はエルニーニョ現象に直接影響を受けますが、熱帯から離れた中緯度でもその影響は現れます。図8-14にエルニーニョ現象が発生した年の冬および夏における天候の傾向を示しますが、熱帯に天候の変化が現れるのは当然としても、北アメリカやヨーロッパ、そして日本でも変化があります。たとえば、エルニーニョ現象が起こると、日本では冬は暖冬、夏は冷夏となる傾向があります。また、太平洋から離れたインドのモンスーン時の降水量もエルニーニョ現象と相関があることが知られています。

ところで、ダーウィンとタヒチのように離れた場所の気候が関連しているという現象は、ダー

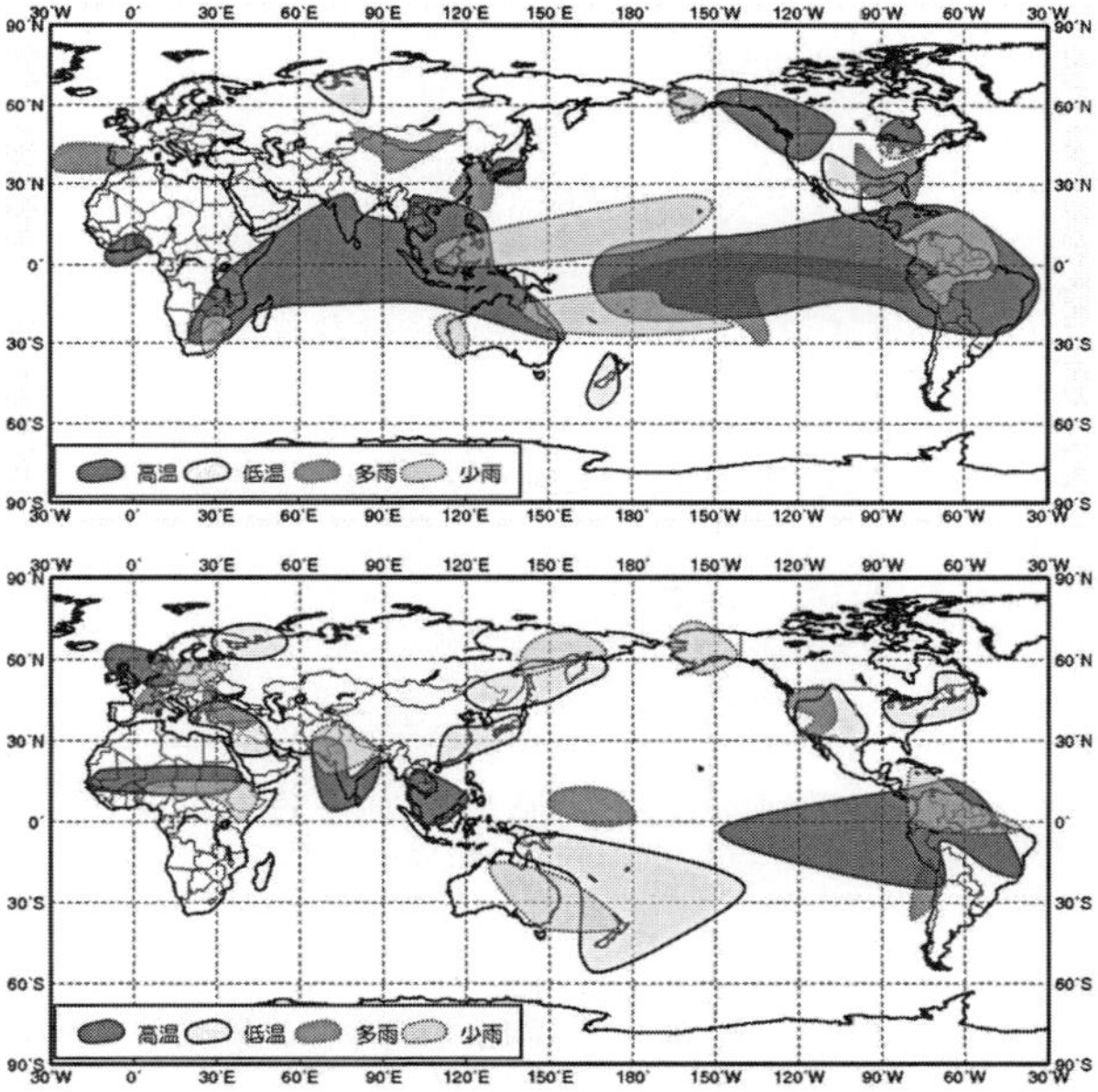

図8－14. エルニーニョ発生時の冬（上、12月～2月）および夏（下、6月～8月）の天候の変化。（気象庁のウェブサイト、http://www.data.jma.go.jp/gmd/cpd/data/elnino/learning/tenkou/sekai1.html より）

ウィンとタヒチ以外にもいろいろ見つかっています。このような遠く離れた場所の気候が同期して変動する現象をテレコネクションと言います。その中でエルニーニョ現象に関係していると考えられているのが、図8-15に示すPNA（Pacific North American）パターンと呼ばれるもので、その名前の通り、熱帯太平洋と北アメリカの気候の間に相関があるという現象です。エルニーニョ現象が発生すると、暖水プールが東に移動するため、暖水プール

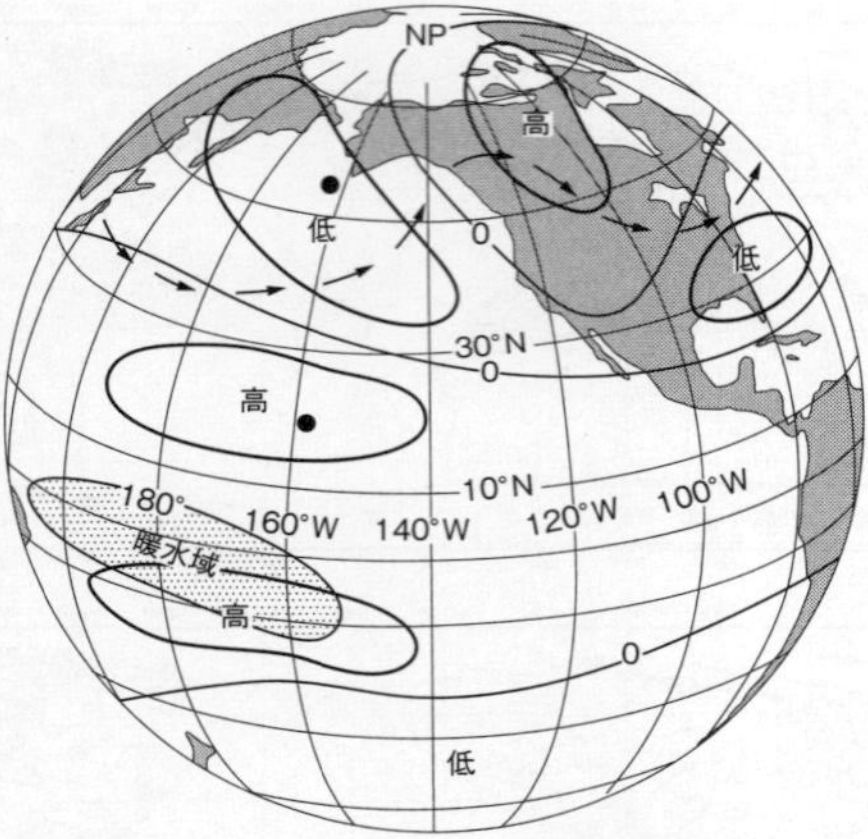

図8－15. PNAパターンの模式図。（佐伯理郎『エルニーニョ現象を学ぶ』[12]より。原図はHorel and Wallace（1981）[58]）

の上に位置する大気の低圧部も東に移動し、西側から中部にかけての大気では通常より気圧が高くなります。それと同期して、ハワイ周辺の亜熱帯太平洋では気圧が高く、アリューシャン列島付近の北太平洋では気圧が低く、カナダでは気圧が高く、そしてアメリカ東海岸では気圧が低くなるというものです。このパターンが現れると、アメリカ西海岸からアラスカにかけては南風が強くなるため暖冬に、アメリカ東海岸は逆に北風が強くなって厳冬になることが多くなります。

日本に直接関係するテレコネクションとしては、ＰＪ（Pacific Japan）パターンと呼ばれるものがあります。図8-16はＰＪパターンの模式図です。西側で通常より海面水温が高い場合、フィリピン海の対流域（低圧部）が北に五〜一〇度移動します。それに同期して、日本付近では気圧が通

図8－16. PJパターンの模式図。（佐伯理郎『エルニーニョ現象を学ぶ』[12] より。原図はNitta（1987）[62]）

常より高く、オホーツク海では低くなるというパターンが現れます。ラニーニャ現象時は西側で海面水温が通常より高くなるので、このパターンはラニーニャ現象時に現れやすくなります。日本の夏は日本南東で発達する太平洋高気圧により影響されますが、このパターンが現れると、太平洋高気圧がより日本の西側まで張り出すので、いつもより暑い夏になる傾向があります。

エルニーニョ現象・ラニーニャ現象はこれだけ広い範囲の気候変動に影響を与えることから、それによる経済的な影響も大きいものです。たとえば、一九九七〜一九九八年のエルニーニョ現象の際は、米国大気海洋庁の報告によると、洪水等により世界全体で二万四〇〇〇名もの人命が失われ、経済的損失は三四〇億ドル（一九九七年当時は一ドル＝一二〇円前後なので、約四兆円）となっています。

ただ、エルニーニョ現象が起こったからと言って、必ずしも経済に悪影響が出るわけではありません。たとえば、一九九七〜一九九八年のエルニーニョ現象の時は、米国東海岸を襲うハリケーンや冬の悪天候がなかったことなどのため、米国国内ではエルニーニョ現象による損失を上回る約二〇〇億ドルの経済的利益が上がったという報告もあります。

日本の経済にも少なからず影響が出ています。たとえば一九七三年にエルニーニョ現象が発生した際は、豆腐の値段が二〜三倍に上がり、新聞を賑わせました。エルニーニョ現象によって最も海面水温の変化が大きいのは南アメリカのペルー、エクアドル沿岸ですが、そこではアンチョビ漁が盛んです。アンチョビは当時米国で家畜のえさに使われていたのですが、エルニーニョ現象が発生したためアンチョビが獲れなくなり、米国では代わりに大豆を家畜のえさにしました。その結果として、米国から日本に入ってくる大豆の量が減ったため豆腐の値段が上がったのです。また、エルニーニョ現象・ラニーニャ現象によって日本の気候に影響が出ると、ビールなどの季節商品の売り上げが変わるため、関連会社の株価にも影響が出ると言われています。

かくして、エルニーニョ現象、ラニーニャ現象は熱帯太平洋の大気・海洋の現象ですが、その影響は世界中の気候のみならず経済にもおよんでいるのです。

エルニーニョ現象の予測

エルニーニョ現象が世界の経済に影響を及ぼすことを述べましたが、もしその発生を予測できれば経済的損失を抑えるだけでなく、利益を得ることも不可能ではなくなります。このようにエルニーニョ現象の予測については社会的ニーズが高く、その課題に国内外の気象・気候に関する組織が取り組んでいます。

日本では気象庁がエルニーニョ監視速報を毎月出しています（http://www.data.jma.go.jp/gmd/cpd/elnino/）。その元となっている気象庁のエルニーニョ予測手法について紹介しましょう。気象庁が行っている天気予報は、大気の模型（モデル）をコンピュータ上で作り、その運動方程式を予報する期日まで解くことにより行われます。その際、大気と境界を接する海洋については変化しないものとして扱っています。ところが、エルニーニョ現象では大気海洋相互作用が物理過程として重要であり時間スケールも長いので、その予測を行うには海洋の変化を無視できません。したがって、海洋の方も大気と同様にモデル化してコンピュータで解きます。さらに、大気と海洋を別個にコンピュータで解くのではなく、大気のモデルと海洋のモデルでお互いに情報をやりとりしながら計算を行います。このようなモデルを大気海洋結合モデルと言います。

しかし、ただ大気と海洋を結合したモデルをコンピュータで計算するだけでは予測の精度は上がりません。これは大気や海洋をモデル化する際にさまざまな仮定をしていること、大気や海洋は連続した流体にもかかわらず、コンピュータで解きやすくするため大気・海洋を格子化して計算していること、そして計算を始める時点の大気・海洋の情報（これを初期値と言います）に誤差が含まれるためです。

そこで気象庁ではいろいろな技術を取り入れて、エルニーニョ現象の予測を行っています。まず、初期値の精度を上げるために、大気・海洋の情報にそれぞれ観測データを取り混ぜて計算を行い、格子化したデータを作って初期値とします。この手法をデータ同化と言います。

さらには、一つの計算結果だけを予測結果として採用するのではなく、データ同化で得られた初期条件をちょっと変えた初期値を複数作成して計算を行っています。この手法をアンサンブル予測と言います。この手法を用いることで、平均的な予測結果、および予測結果がどれくらいばらつくかを示すことができます。

気象庁の予測システムでは、初期条件を一回の計算で一三パターン作成し、それを元に大気海洋結合モデルを予測期間である七ヵ月先まで動かします。この計算を五日ごとに行います。一ヵ月ごとに発行されるエルニーニョ監視速報には、予測期日、その五日前、一〇日前、一五日前の計算結果を合わせてアンサンブル予測を行った結果が示されます。

たとえば、図8-17は二〇一五年一〇月に気象庁により出されたエルニーニョ監視速報の予測結果で、エルニーニョ監視海域における温度の基準値からの差です。二〇一五年九月までが観測結果で、それ以降が計算により得られた予測結果です。時間が進むにつれその予測結果が示す値の範囲が広がり、二〇一六年四月の時点で予測値が〇・五～一・八℃の範囲で基準値より高くなることを予測しています。このことは予測の不確実性が計算を進めると広がっていることを意味しています。ちなみに、気象庁は二〇一五年一〇月時点でエルニーニョ現象がしばらく継続することを予測しています。

エルニーニョもどき

これまでエルニーニョ現象、ラニーニャ現象を見てきましたが、これからはエルニーニョ現象の仲間について見ていきます。

エルニーニョ現象は東側で通常より大きく水温が上昇することが特徴ですが、ときどきエルニーニョ現象に似ていながら東側で水温が上昇しない現象が起こることがあります。図8-18にその現象が発生した二〇〇四年と、対比のためにエルニーニョ現象が発生した一九九七年の八月の海面温度と風の偏差の図を示します。一九九七年八月はその年に発生したエルニーニョ現象が発

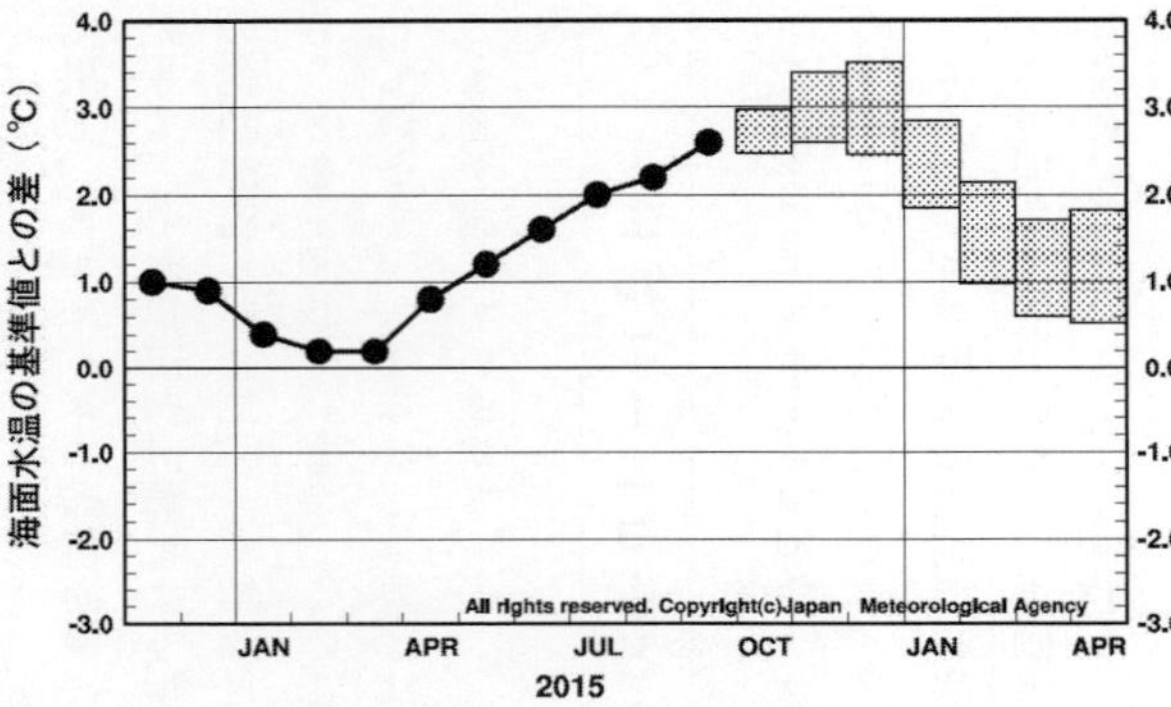

図8－17. 2015年10月におけるエルニーニョ現象の予測結果。（気象庁のエルニーニョ監視速報（No.277）より）

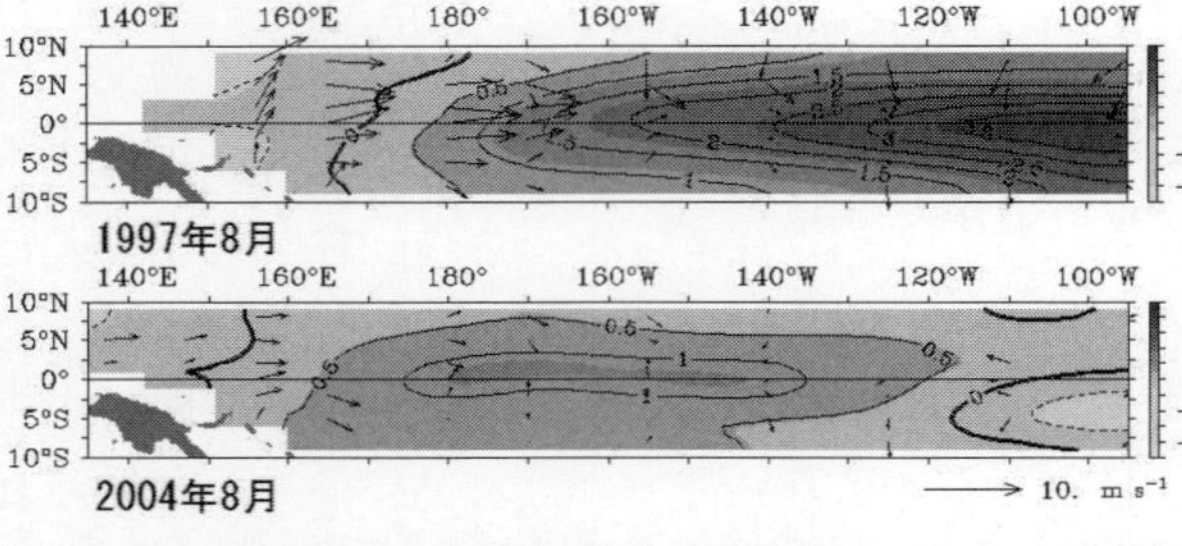

図8－18. 1997年のエルニーニョ現象時（上）と、2004年のエルニーニョもどき時（下）の海面水温・風の偏差。ともに8月の結果である。（TAO/TRITONのウェブサイト、http://www.pmel.noaa.gov/tao/jsdisplay/ より）

達した時期で、海面温度の偏差は東側で正に、西側で負になっています。風も東側の岸近くを除けば西風偏差が大きくなっています。ところが、二〇〇四年の現象は西側の暖水プールは中部に移動しているのですが、東側では海面水温が一九九七年のように上がらず、中部だけが海面水温偏差が高くなっています。それに

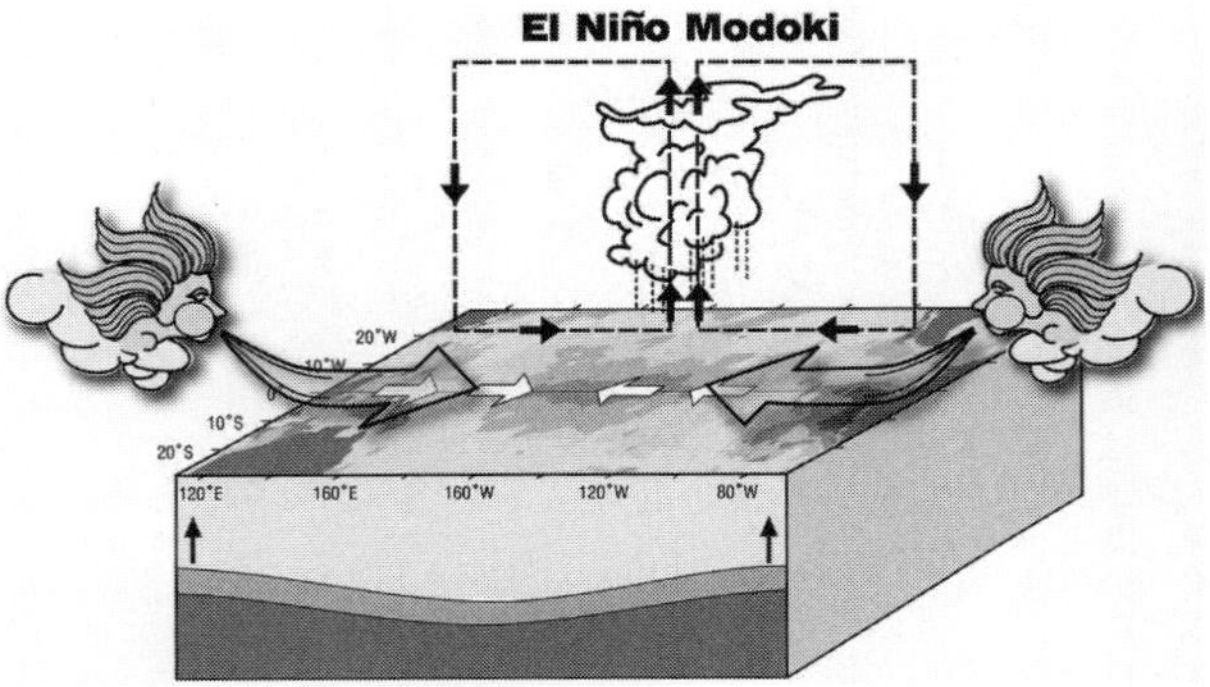

図8－19. エルニーニョもどきの模式図。（提供：JAMSTEC）

対応して、西側では西風偏差が、東側では東風偏差が見られ、中部では風が収束しています。この現象はエルニーニョに似て非なるものということで、エルニーニョもどきと名付けられました。西側から中部にかけてはエルニーニョ現象に似ているのですが、東側でそうなっていないので、「もどき」と名付けられたものです。また中部がエルニーニョ現象時の東側のようになるので、「中央太平洋エルニーニョ」とも呼ばれています。

図8-19はその模式図ですが、中部に位置する暖水プールに東西から風が吹き込み、そこで対流が活発となります。大気では南から見て西側では反時計回り、東側では時計回りのウォーカー循環ができます。温度躍層は中央がやや深くなっていますが、東側ではエルニーニョ現象時と異なって湧昇も発生しています。

この現象もエルニーニョ現象に次いで、太平洋赤道域においてよく発生する大規模な大気-海洋の現象であることがその後わかってきました。たとえば同様な現象は一九九四年にも発生しています。エルニーニョもどきもエルニーニョ現象同様、テレコネクションにより世界の広い範囲の気候に影響を与えます。たとえば、二〇〇四年の日本の夏は猛暑でした。エルニーニョ現象が起こっていたのであれば日本の夏は冷夏の傾向があるので暑くなりにくいはずですが、この年はエルニーニョもどきの影響を受けたため日本の夏は暑くなったと考えられています。日本以外にも東アジアやニュージーランド、米国西海岸などの気温や降水量に影響していることがわかっています。

ちなみに、エルニーニョもどきの反対の現象、すなわち中部の海面水温が下がり、東部と西部の海面水温が上がる現象も見つかっており、これはラニーニャもどきと呼ばれています。

インド洋ダイポールモード現象

本章の最後に、インド洋でのエルニーニョ現象とも言える、インド洋ダイポールモード現象(Indian Ocean Dipole Mode、以下IODと略します)について見ていきましょう。

エルニーニョ現象は、海の温度変化で見ると熱帯太平洋の東側と西側でシーソーのように変動する現象です。また、大気の気圧変化で見ると、南方振動で説明したとおりダーウィンとタヒチ

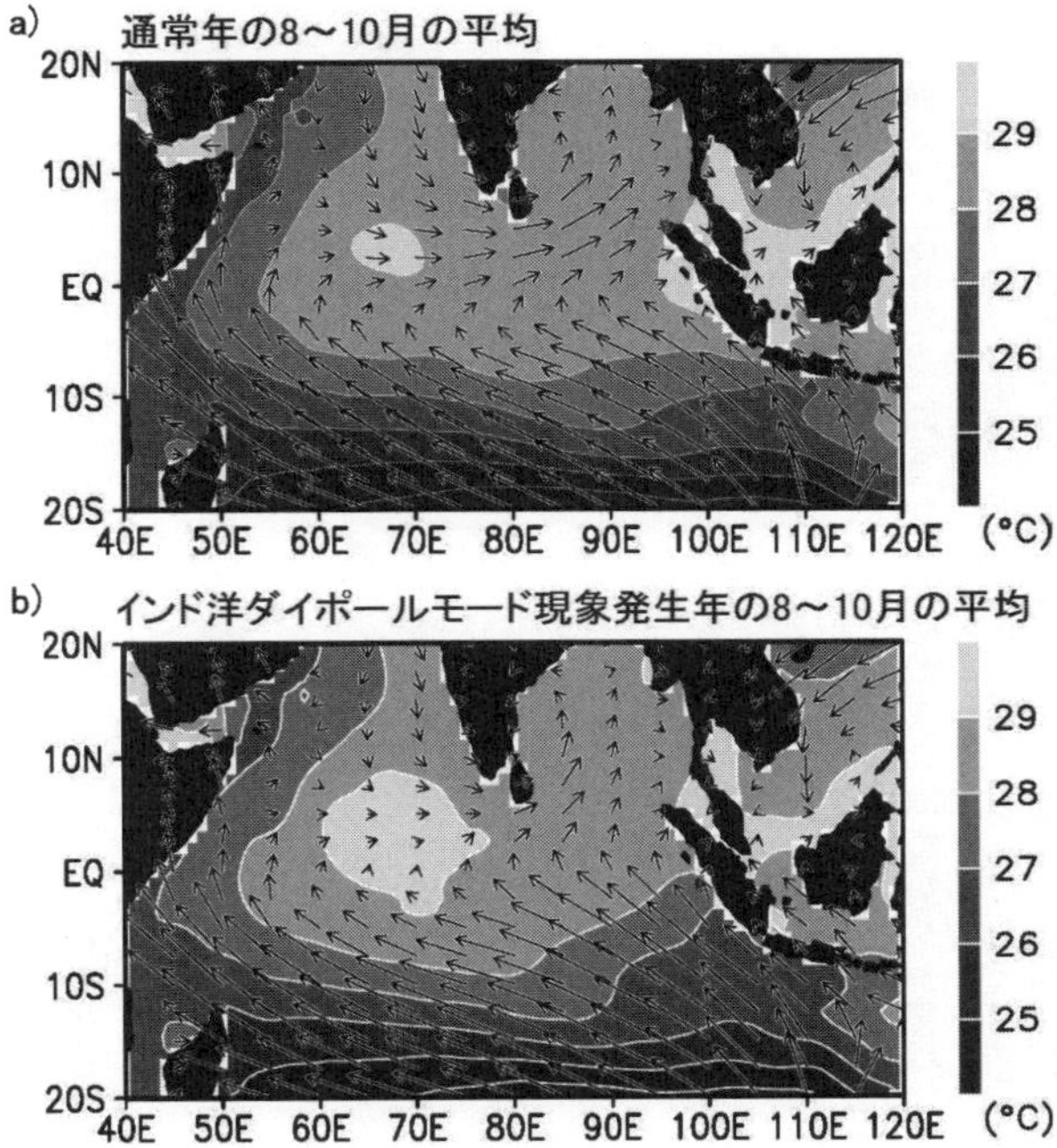

図8－20. 通常年（a)、インド洋ダイポールモード現象が発生した年（b）の８〜10月におけるインド洋の海面水温と風の分布。（提供：JAMSTEC）

でシーソーのように変化しています。つまり太平洋の東と西を極（ポール）として変動する現象と言えるでしょう。

ＩＯＤは一九九九年に日本の研究チームにより発見されましたが、エルニーニョ現象同様にインド洋の西側と東側の二つを極とした現象なので、その名が付けられました（ダイポールのダイ"di"というのは接頭語で、「二つ」という意味です）。

図8-20は通常年とＩＯＤが発生した年の、八〜一

〇月の海面水温と風の分布図です。この時期は北半球では夏から秋に当たりますが、IODが最も発達する時期です。通常ではこの時期においては北半球側のインドでは陸が海より温められることから、海から陸に向かってインドモンスーンが吹きます。南半球側では南東風が吹き、北半球に吹き込むと南西風に風向きを変えます。赤道付近では通常ではその南西風が強くなっています。

IODが発生すると北半球側の南西風が弱まり、南半球から南東風が赤道を越えて北半球側まで張り出しています。赤道上では通常より東風が強くなります。海面水温分布を見ると、通常ではインドネシアのスマトラ島からジャワ島にかけての沿岸で二七℃以上の高温になっていますが、IOD時はその海域で海面水温が下がっています。また、通常時は東経六〇〜七〇度の赤道から北緯五度に二九℃を超える高温の部分がありますが、IODが起こると通常よりそれが拡大しています。つまり、IODはインドネシア沿岸と西インド洋の二ヵ所を極とした変動となっています。

通常時とIOD時のインド洋の大気と海洋の模式図が図8-21です。通常時、エルニーニョ現象の模式図（図8-1、図8-6）と比較すればわかりますが、太平洋のパターンと東西でひっくり返っています。すなわち、通常時はインドネシア側で海面水温が高く、その上で活発な対流が起きています。赤道上の海面では西風が吹いています。IODが発生すると、インドネシア側の暖

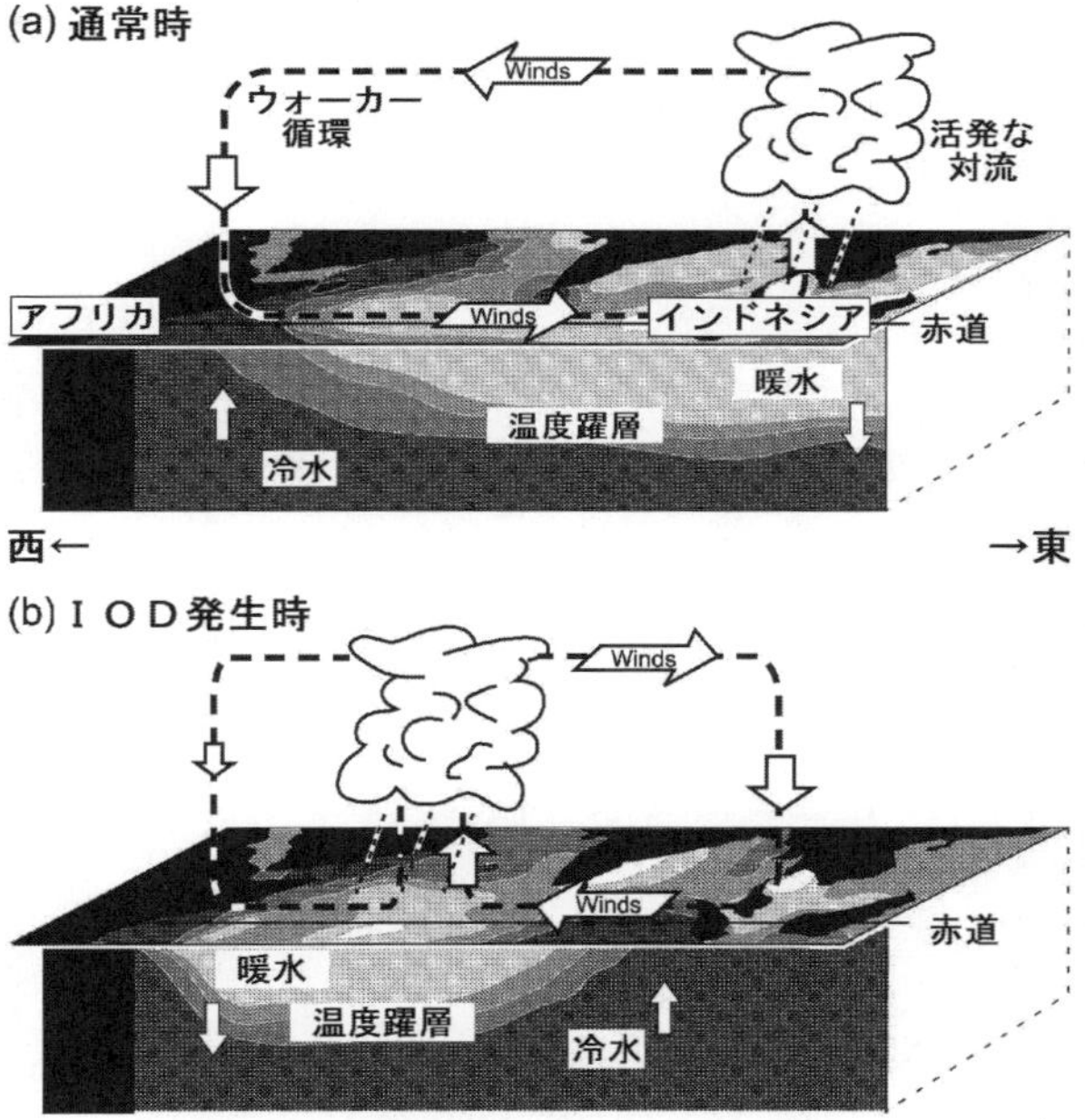

図8－21．通常年とIOD時におけるインド洋の海洋・大気の模式図。（升本・堀井(2007)[61] より）

水が西インド洋に移動し、同時に大気の対流も西側に移動するというウォーカー循環の変化が起こります。海面下では、通常時はインドネシア側では暖水が厚く溜まっていますが、ＩＯＤが発生すると沿岸湧昇が起こって冷たい海水が湧き上がってきます。つまり、ＩＯＤはインドネシア周辺を対称軸として、エルニーニョ現象と対称になるような変化をします。

エルニーニョ現象は（すべてのエルニーニョ現象がそうではないですが）、春から夏にかけて発生し、冬に発達期を迎え、翌年の春から夏にかけて終わるという季節に依存した性質を持っていますが、IODも同様に季節に依存する性質を持っています。五～六月にかけて、インドネシアのスマトラ・ジャワ島沿岸にかけて南東風がいつもより強くなります。すると、その風に対応したエクマン輸送（南半球では風に対して直角左方向）により表層の海水が沖に運ばれるため、沿岸湧昇が発生し海面水温が低くなります。七～八月になるとその傾向が顕著となり、赤道上では東風成分が大きくなります。この風のため表層の暖水は西に運ばれ、西インド洋では海面水温が上がります。九～一〇月に最盛期となり、一一～一二月に終わるのが一般的です。その終息ですが、太平洋におけるエルニーニョ現象と逆で、西風バーストにより終わることが示されています。IODの場合、西風バーストにより西インド洋の暖水偏差がインドネシア側に伝わることにより、インドネシア側の海洋が温められるのです。

エルニーニョ現象の指標としてエルニーニョ監視海域の水温および南方振動指数について述べましたが、IODについてもIOD指数というものが定義されています。その定義ですが、西インド洋（南緯一〇度～北緯一〇度、東経五〇度～東経七〇度）と東インド洋（南緯一〇度～赤道、東経九〇度～東経一一〇度）の海面温度偏差の差です（図8-22上はIOD指数で参照される海域です）。IODが発生した時はこの値が正の値を取ります。図8-22下は、IOD指数と気象庁のエルニーニョ監視海域における海面温度偏差の比較図です。この図の期間では、大きなIODは一九六二年、一九

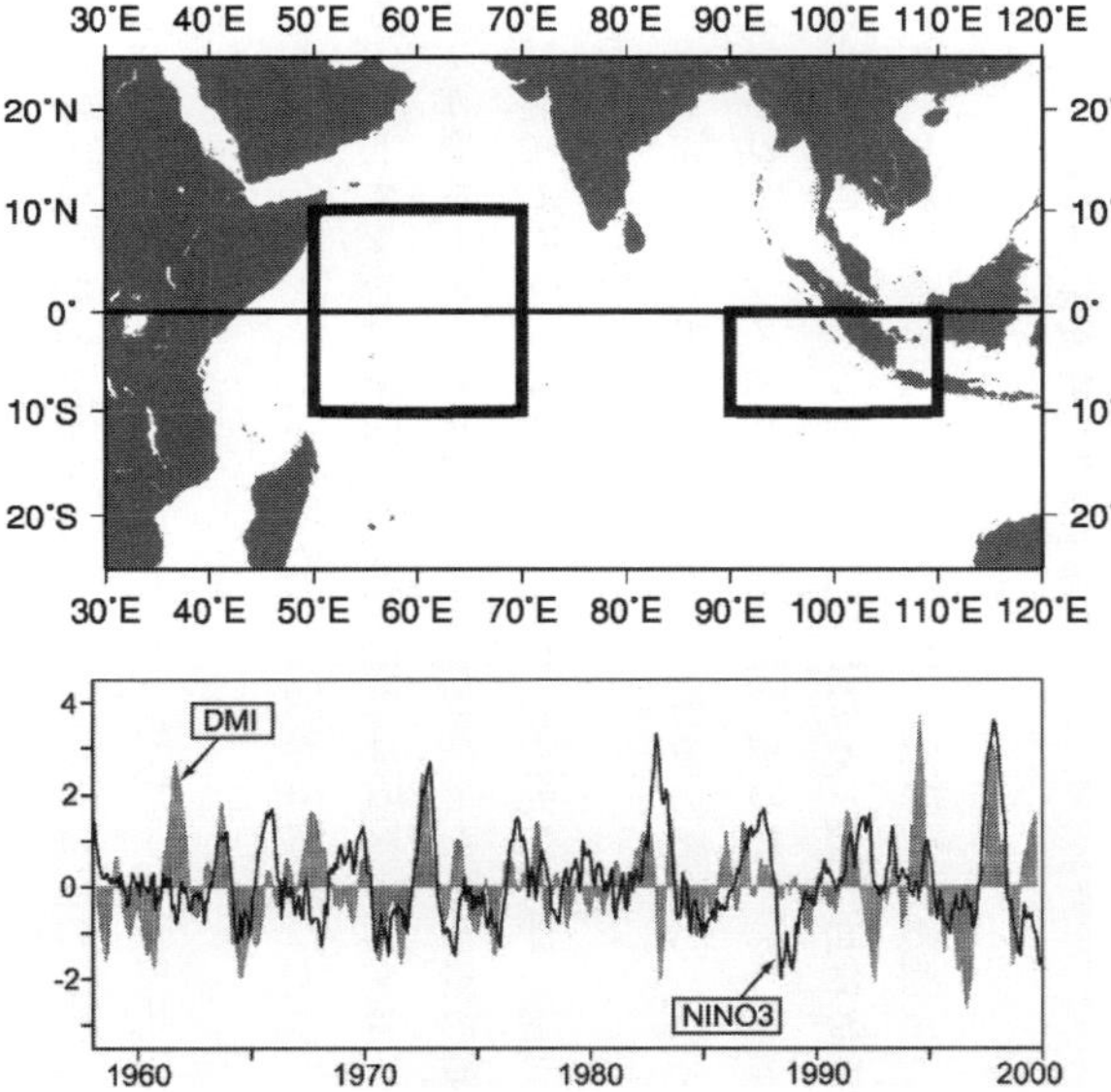

図8－22.（上）IOD 指数で参照される海域と、（下）IOD 指数（網掛け、DMI）とエルニーニョ監視海域の温度偏差（実線、NINO3）。（下図は升本・堀井(2007)[61] より）

七三年、一九九四年、一九九七年に発生しています（それ以降では、二〇〇六年と二〇一二年に比較的大きなIODが発生しています）。IODが発見されたのは一九九九年のことですが、しばらくはエルニーニョ現象の一部、すなわちIODはエルニーニョ現象と独立して起こるものではないと考えられたこともありました。しかし、図8-22下よりエルニーニョ現象と同じ年に起こらないこともあることから、今では両者は独自の大気海洋結合システムのもとに変動しながら、互いに影響を及ぼし合っていると考えられています。

ちなみに、エルニーニョ現象の逆の現象としてラニーニャ現象があるように、IODについても逆のIODがあります。通常のIODは正のIOD、逆のIODは負のIODと言いますが、図8-22下を見てもわかるとおり、負のIODは正のIODに比べると大きな現象が起こる頻度は小さいです。

IODもエルニーニョ現象同様世界の気候に大きく影響を及ぼしています。海面温度が変化するインドネシア側や西インド洋側では直接影響を受け、降水量が大きく増減します。遠くは南アフリカやオーストラリア、ヨーロッパでも降水量の減少が見られます。日本でも、一九九四年夏は猛暑でしたが、このときはIODの発生に伴い東アジアの大気の循環が変化したため猛暑になったと考えられています。

太平洋においてはエルニーニョ現象の観測のためブイ網を展開していますが（第二章参照）、インド洋の場合、ソマリア沖の海賊問題のため（第一章参照）西インド洋におけるブイの設置などの観測が困難になっています。このため、観測面においてIODはエルニーニョ現象に比べ遅れており、今後海賊の問題が解決してこの海域の観測がスムーズに行われることが望まれています。

注1：平年値と移動平均

観測されるデータにはいろいろな変動が含まれており、エルニーニョ現象のような数年単位で起こるものもあれば、一年周期の季節変化、一日・半日周期の潮汐などいろいろです。そのデータに対して調査・研究目的の変動を抽出するため、さまざまな統計手法を用いて解析します。たとえば、いつもの年に比べ暑いか寒いかを見たい場合、観測値から平年値を差し引く（平年からの差を見る）ということを行います。ある場所の月平均気温、および平年値が表8-1のように変動したものとします。ある年の五月の平均気温が二一・五℃で、平年値が二〇・二℃の場合、その差はプラス一・三℃であり、その年の五月は平年より暖かいと言えるのです。

なお、気象庁と米国大気海洋庁では平年値の取り方が少し異なっており、気象庁では過去三〇年の平均を取って、基準値と呼んでいます。一方米国大気海洋庁では、海面水温の場合、一九八一〜二〇一〇年の三〇年の平均を取って気候値と呼んでいます。図8-11や図8-18に示している偏差は、米国大気海洋庁の定義による気候値からの差です。

また、数ヵ月以下の短い周期の時間変動が大きいと、エルニーニョ現象のような半年〜数年も続く長い現象を調べる場合に、短い周期の変動に埋もれてしまい不都合となります。たとえば、図8-23に表8-1の平年からの温度偏差（実線）の例を示しますが、数ヵ月程度の変動が大きく、長期的に見て平年より暖かいのか寒いのかよくわかりません。そこで、そのような短い時間変動を取り除く手法の一つとして、移動平均を取るという方法があります。例えば五ヵ月移動平均は、前後二ヵ月とその月の値の五つの値の平均を取ります。具体例として表8-1のデータの場合、四月における五ヵ月移動平均は

月	1	2	3	4	5	6	7	8	9	10	11	12
その月の平均気温	3.8	5.4	8.4	15.0	21.5	25.2	29.4	30.2	27.2	20.5	14.0	7.3
平年の月平均気温	4.2	5.3	9.5	13.8	20.2	25.7	28.9	30.5	27.0	21.2	15.4	8.2
その差	−0.4	0.1	−1.1	1.2	1.3	−0.5	0.5	−0.3	0.2	−0.7	−1.4	−0.9
五ヵ月平均			0.2	0.2	0.3	0.4	0.2	−0.2	−0.3	−0.6		

表8－1. 月平均の気温、その月における平年の気温、その差、および差の５ヵ月移動平均の例。

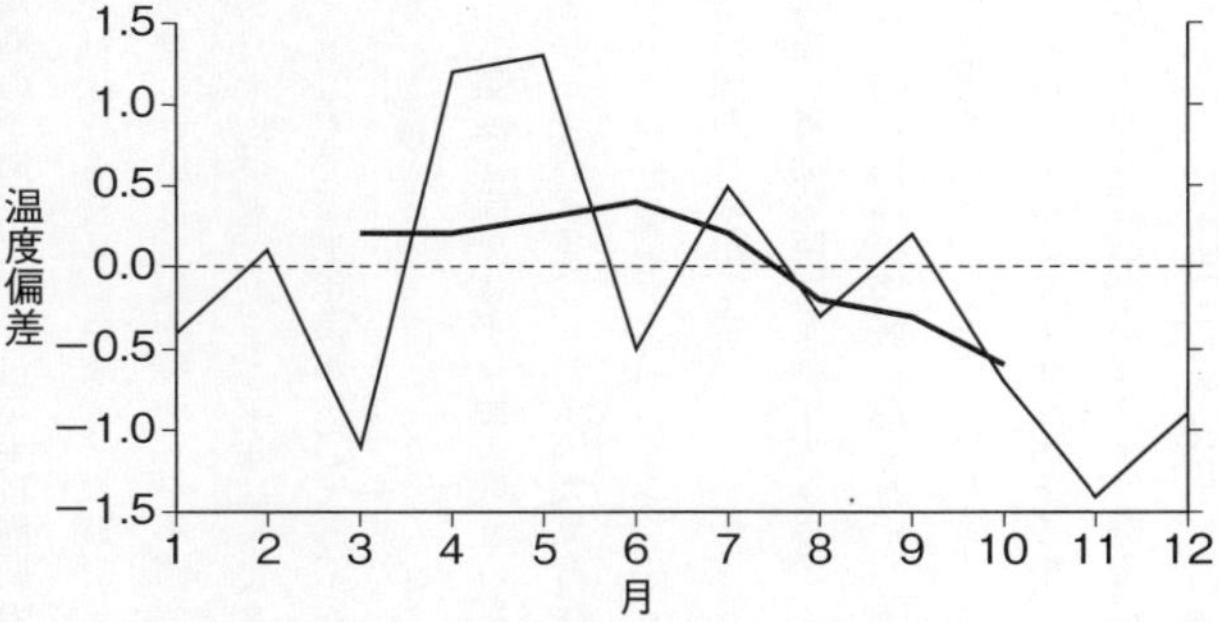

図8－23. 表8－1から作成した各月の平年からの温度偏差（細線）とその５ヵ月移動平均（太線）。

（二月の値＋三月の値＋四月の値＋五月の値＋六月の値）÷五なので、○・二℃となります。次に五月における移動平均は（三月の値＋…＋七月の値）÷五＝○・三℃です。この手法によりでこぼこした生の時間変化がなめらかになり（図8－23の太線）、長い周期の変動が見やすくなります。たとえば、図8－23からこの年の前半は平年より暖かいが、後半は寒いという傾向が見えてくるのです。

注２：相関

二つの現象の間に密な関係がある場合相関があると言い、その指標として相関係数というものが用いられます。たとえば、A点の温度とB点の温度が全く同じ変動パターンであった場合相関係数が一になり、お互い逆の変動パターンであった場合はマイナス一となります。相関係数の絶対値が一に近いほど相関が高く、全く関係が見られない場合は、相関係数がゼロとなります。

第九章

凍る海

北極海の同じ場所（カナダ北方の北緯74度西経142度）における、2007年8月（上）と2012年8月（下）の海面の様子（提供：JAMSTEC）

第八章で熱帯の熱い海と空、そしてそこで発生するエルニーニョ現象等について見てきました。では、逆に寒い地域の冷たい海は、地球環境にどのような影響を及ぼすのでしょうか？また、「地球温暖化で海の氷が溶けている」という説明は本当なのでしょうか？　この章では、海氷ができる冷たい海として、北極海、南極海、そして日本に接しているオホーツク海を見ていきます。

北極海――地球温暖化の影響を受けやすい場所

1　なぜ北極が注目されるか？

最近、海洋学のみならず、気象学、さらには気候学でも注目を浴びているのが北極海です。気候変動に関する政府間パネル（Intergovernmental Panel on Climate Change、以下ＩＰＣＣと略す）という地球温暖化に関する研究成果の収集、評価、とりまとめ等を行う組織があります（二〇〇七年にはアル・ゴア米国副大統領〔当時〕とともに、地球温暖化に関するさまざまな活動によりノーベル平和賞を受賞しました）。地球温暖化の予測研究については世界中で多数の研究者が取り組んでおり、その成果

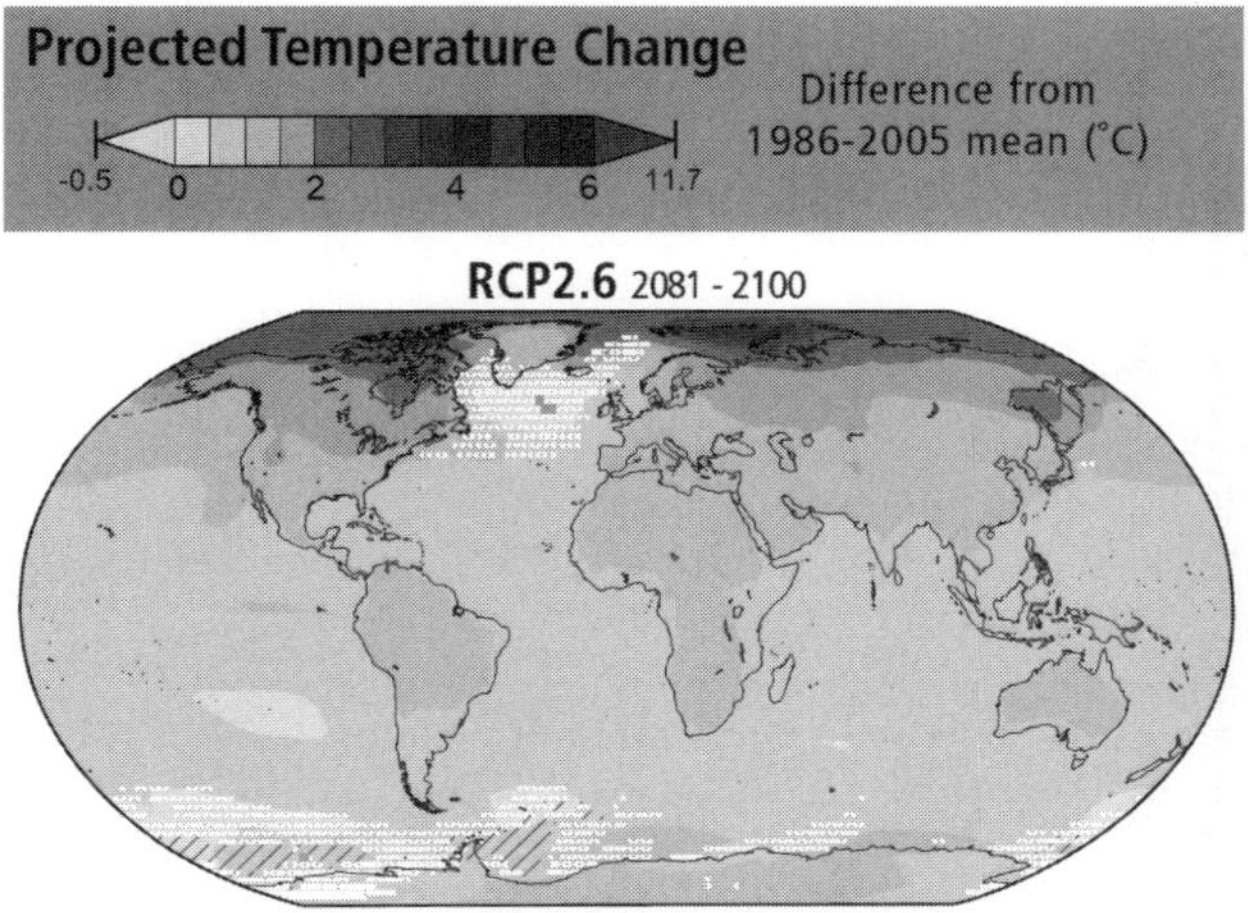

図9－1. IPCC 第５次報告書に掲載された地球温暖化予測結果で、1986～2005年の平均の地上気温に対する、2081～2100年の温度上昇（RCP 2. 6シナリオによる）を表す。（IPCC WGII AR 5, “Summary for Policymakers”[55] より）

はＩＰＣＣの成果報告書に反映されています。図９‐１はＩＰＣＣの第五次報告書に載っている、一九八六〜二〇〇五年に対し、二〇八一〜二一〇〇年で地上気温がどれだけ上昇するかを予測した図です。この結果は最も二酸化炭素排出量が少ないシナリオによるものですが、それにもかかわらず北極域は世界で最も気温上昇が大きく、最大で三℃以上も上昇することが見込まれています。つまり、北極は地球温暖化の影響を最も受けやすい場所と考えられています。

　次に、北極海はその大半が年中氷に覆われている場所です。氷は海より太陽光線をよく反射する性質を持っています。このため、いったん氷が溶けると太陽光線が反射されなくなるため海が太陽からの熱を吸収しやすくなります。その結果、海の温度が上がり、さらに氷が溶けるという正のフィードバックが働きやすい場所です。つまり、北極海はちょっとした大気や海洋の変化が大きく気候変動に反映される可能性がある場所なのです。

また、北極を中心とした大気には北極振動という現象があります。北極の大気には、北極点付近を中心に極渦と呼ばれる低気圧がありますが、北極振動とはその低気圧の気圧が高くなったり低くなったりする現象で、これもテレコネクション（第八章参照）の一つです。北極が低気圧傾向（正のモード）の場合は太平洋と大西洋が高気圧傾向、北極が高気圧傾向（負のモード）の時はその逆のパターンになります。この現象により日本の上空を吹いている偏西風が強くなったり弱くなったりするため、日本の気候に大きく影響が出ると言われています。たとえば、北極が冬に低気圧傾向となった場合、日本近海ではオホーツク海の高気圧が夏に発達するため、冷夏になる傾向があります。

生態系という観点でも北極海は重要です。地球温暖化が進んで氷が溶けるとホッキョクグマが絶滅するという話は時々テレビなどで話題になりますが、ホッキョクグマに限らず、プランクトンのような小さな生き物まで生態系が変わることが懸念されています。

北極海の氷が減っていることが最近話題になっていますが、それにからんで北極航路が注目を浴びています。現在、日本を出てヨーロッパに船で向かうには、日本から南下してインド洋に入り、スエズ運河・地中海を通過して大西洋に出るというルートが一般的です。ところが北極海の海氷面積が減ることにより船舶が北極海を通れるようになると、日本から北上して北極海に入り大西洋に抜けるという北極航路を取ることができます。その結果、燃料消費が四割も減るという報告があり、その航路に関する研究が進んでいるところです。

以上の理由から、日本では国を挙げての「北極域研究推進プロジェクト」というプロジェクトが二〇一五年に立ち上がって、多くの研究者がその研究に取り組んでいます（http://www.arcs-pro.jp/）。

2　北極海の構造や海洋循環

北極海は太平洋や大西洋、インド洋と異なり、大半が陸に囲まれています（図9-2）。北極海は大西洋とはグリーンランドとスカンジナビア半島の間でつながっていて、また太平洋とはアラスカとシベリアの間にある狭く浅いベーリング海峡でつながっています。北極海のまん中はカナダ海盆と呼ばれる水深三〇〇〇メートルを超える深い海がありますが、それ以外はグリーンランド以南を除き水深が一〇〇メートル程度の大陸棚です。さらには一年の大半が海氷に覆われていることもあり、流れの様子は他の大洋とは大きく異なっていて、黒潮のような流速が毎秒二メートルに達する強い海流はありません。

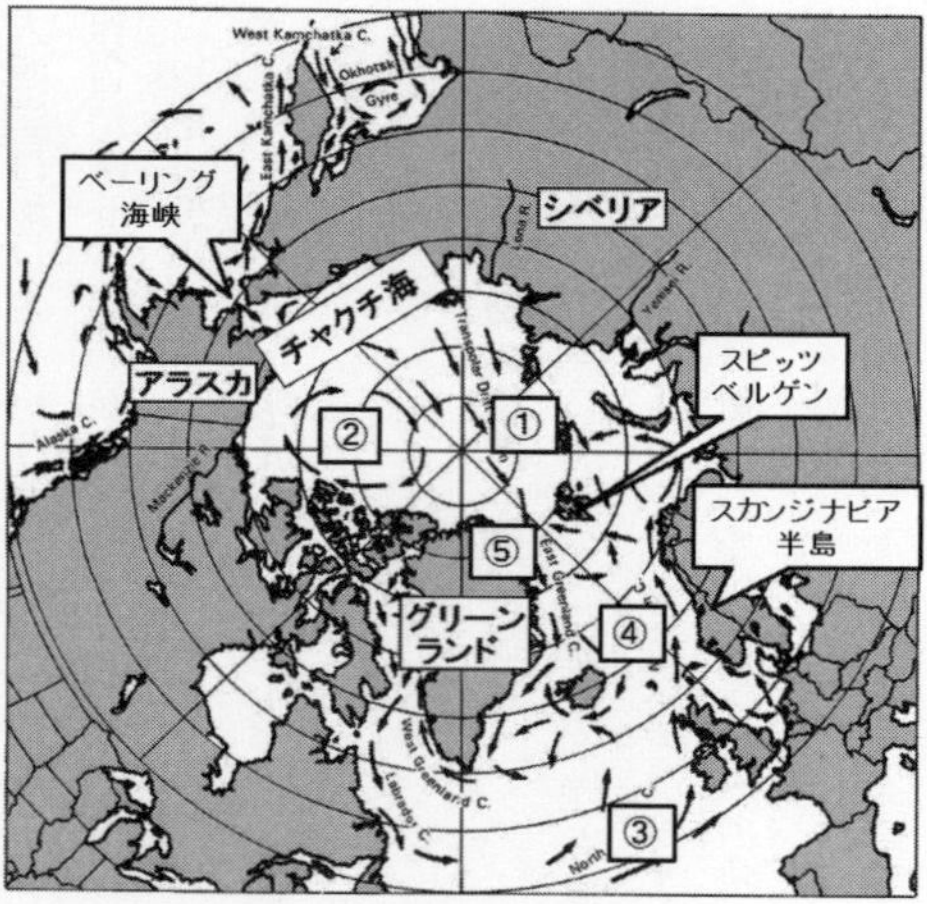

図9－2．北極海の海面付近の流れ。①極横断流、②ボーフォート環流、③北大西洋海流、④ノルウェー海流、⑤東グリーンランド海流。（Parkinson 他（1973）[56] に筆者が加筆）

その北極海の海面付近の流れですが（図9-2）、まず目につくのはシベリアの太平洋に近いところから北極点を横切ってグリーンランド東海岸を流れる東グリーンランド海流につながる、極横断流という流れです。ナンセンが行ったフラム号航海（第二章参照）の航路も、この流れに途中から乗ってシベリアから大西洋に抜けています。

極横断流のカナダ側には時計回りのボーフォート環流という流れがあります。

大西洋側からは、北大西洋海流がノルウェー海流と名前を変えてノルウェー海に流れ込んでいます。その流れはスピッツベルゲン付近で分離し、一部は西に向きを変え極横断流に合流しています。残りはシベリア沿岸に沿って、沿岸流として流れていま

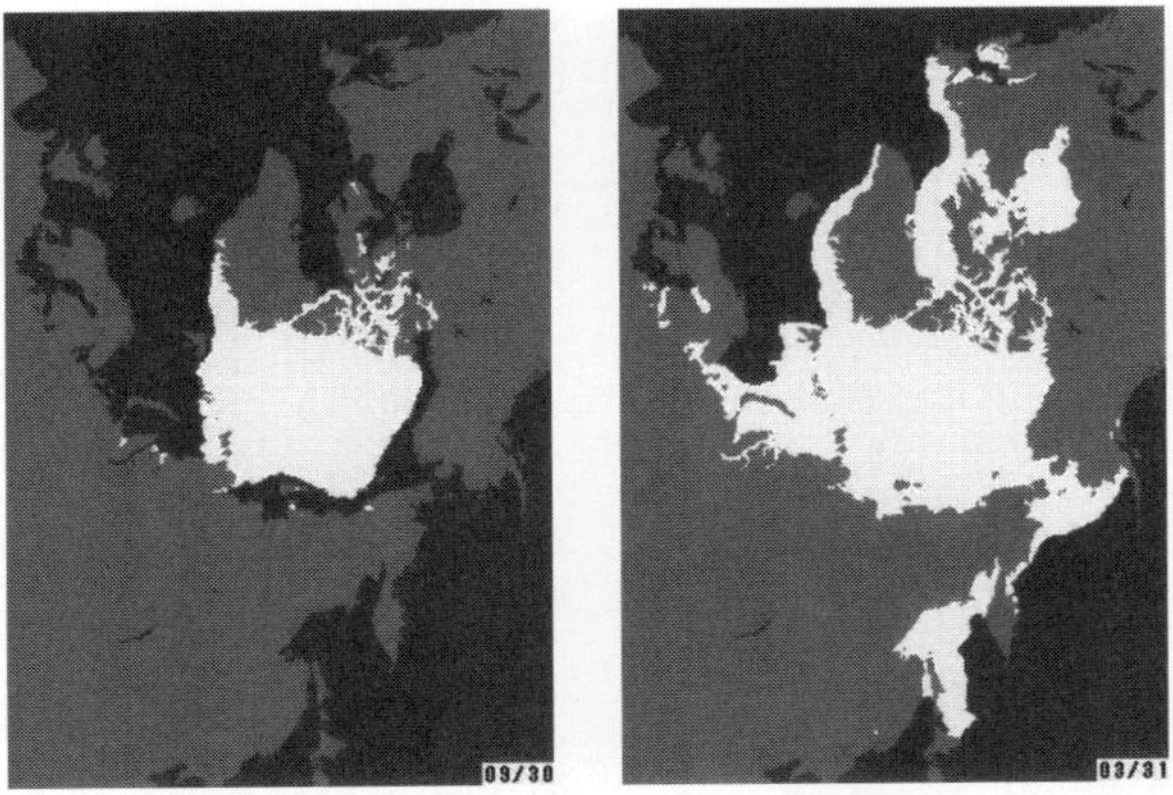

図9－3. 北極海の夏（左）と冬（右）の氷の分布。1981～2010年の平均。（気象庁のウェブサイト、http://www.data.jma.go.jp/gmd/kaiyou/db/seaice/global/global_normal.html より）

す。

太平洋からはベーリング海峡を抜けて北極海に流入する弱い流れがあります。その流量は一スベルドラップ弱ですが、そのわずかな流れにより北極海に運ばれてくる海水が北極海の氷の分布に影響を与えることがわかっています。

表層の流れは以上のとおり複雑な流れの分布となっていますが、中層（深さ二〇〇メートル以深）では大西洋から海水が北極海に入り込み、北極点のまわりを反時計回りにまわっています。

3　北極海の氷とその変化

よく知られているとおり北極海は氷に覆われていますが、いつも同じように覆われているわけではありません（図9-3）。冬はほぼ北極海の全域が覆われますが、夏はベーリング海峡に近いチャクチ海やノルウェー海を中心にかなりの部分が溶けて海面が顔を出します。それでも北極点近くでは年中海氷に覆われていて夏でも溶けません。このような夏でも溶けずにずっと凍ったままの海氷を多年氷と言い、毎年できては溶ける海氷を一年氷と言います。

第三章でも説明したように、海水は塩分を含むことから、温度が低いほど密度が大きくなります。このため、もし海面から海底まで塩分が一様であるならば、海面を大気が冷やすと、冷やされた海面の海水は重くなって海底まで沈み、海底の暖かい水が海面まで上昇します。このような鉛直対流が繰り返されて海底までの海水が結氷温度にならなければ、海は凍りません。つまり、水面付近の水だけが結氷温度になって凍る淡水湖に比べると、海は凍りにくい性質を持っています。

それでも北極海が凍るのは、北極が単に寒いというだけでなく、北極海の鉛直構造にもその原因があります。代表的な北極海の温度・塩分の鉛直構造を図9-4に示しますが、三層構造をしています。すなわち、海面から深さ二〇〇メートルくらいの表層は塩分・温度が低い表層水が、深さ二〇〇〜八〇〇メートルくらいの中層では、温度・塩分が高い大西洋水が、そこより深いところでは温度が大西洋水よりやや低い深層水が占めています。

海水の密度は温度が低いほど大きいので、もし中層と表層の塩分が同じであれば、表層の方が

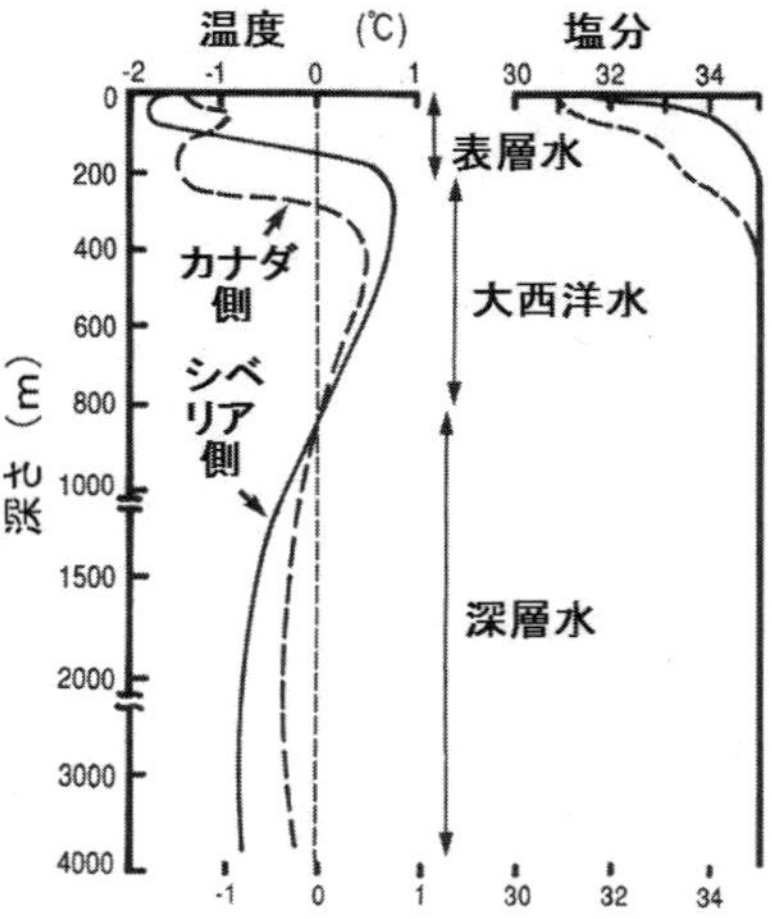

図9－4．北極海の典型的な温度・塩分の鉛直構造。
（提供：JAMSTEC）

低温であるために密度が大きいことから不安定な構造になり、鉛直方向に海水の混合が起こり、その結果表層と中層で一様な構造となります。ところがそうなっていないのは、表層の塩分が低いことにより密度が中層より小さいことから、鉛直方向に安定な構造をしているためです。たとえ表層の海水が結氷温度まで冷えても、その密度が中層の海水より小さければ、中層の海水と混合しないのです。つまり、中層まで冷やさなくとも表層のみ冷やせば海氷ができるのです。なお、海面近くで塩分が低いのは、アラスカやシベリアから北極海に流れ込む川の水（淡水）、および春以降に海氷が溶けることによって生じる融氷水のためです。

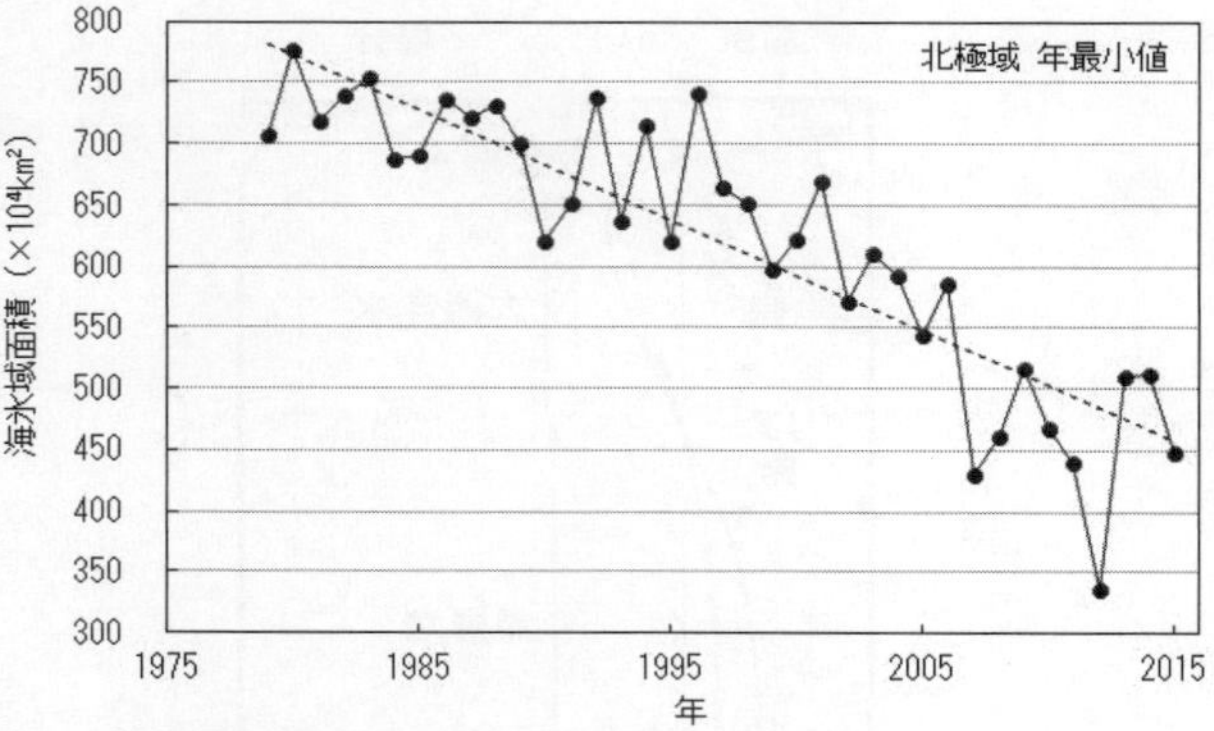

図9－5. 北極海の毎年の氷の面積の最小値。（気象庁のウェブサイト、http://www.data.jma.go.jp/kaiyou/shindan/a_1/series_arctic/series_arctic.html より）

なお、カナダ側の表層水に小さな温度の極大が見られますが、これは太平洋からベーリング海峡を通って北極海に入ってきた海水です。

その北極海の海水ですが、近年明らかな減少傾向を示しています。本章の扉写真は二〇〇七年と二〇一二年の八月におけるカナダ北方の同じ地点（北緯七四度）での海面の写真ですが、二〇〇七年には海氷に覆われていたのが、二〇一二年にはきれいに海氷がなくなっています（筆者も一九九五年九月に北極海の航海に参加したことがありますが、そのときは北緯七三度まで北上すると氷で船がそれ以上北に進めませんでした）。

図9-5は毎年の北極海の海氷面積の最小値の変化を示したものですが、一九九〇年代に入ってから海氷の面積は減少し始め、特に二〇〇五年以降その傾向は大きくなっています。

この海氷減少のメカニズムについては、地球温暖

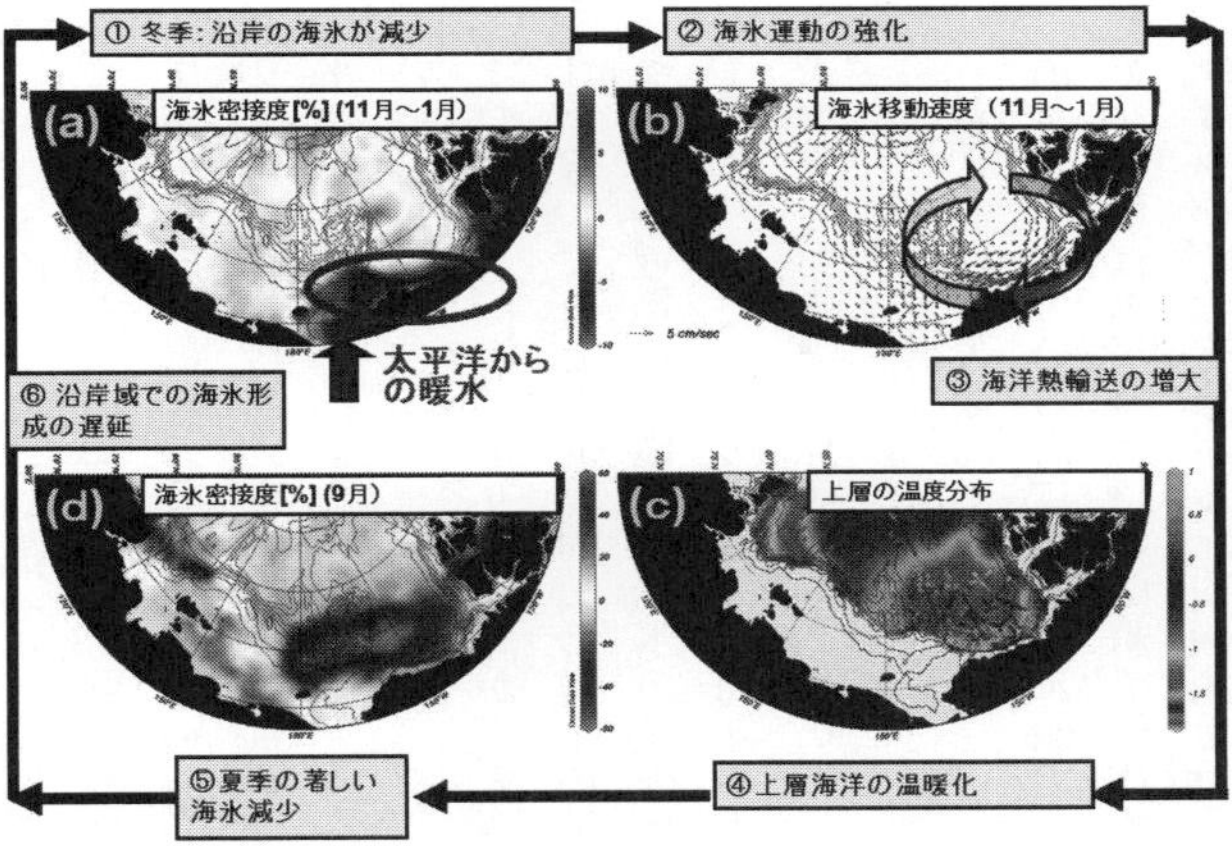

図9－6．北極海の海氷の減少メカニズム。（Shimada 他（2006）[65] より）

化が進んで北極の気温が上がったため氷が溶けたからだ、と読者は思うかもしれませんが、実はそう単純ではありません。たとえば日本の研究者が北極海で精力的に観測を続けた結果、海洋の変化がシベリアからカナダ沿岸の海氷の減少をもたらしているという興味深い仮説を出しました。

図9－6はその仮説を模式化したものです。まず、太平洋からベーリング海峡を通過した海水は、表層の直下の深さが一〇〇メートルよりやや浅いところにおいて、夏に入り込みます。この海水は北極海表層水よりやや温度が高くなっています（図9－4）。この太平洋からの海水の温度が上がると、その海水が達するカナダ沿岸で冬に海氷ができにくくなります。すると、カナダ沿岸までぎっしり海氷が張っている場合に比べると、カナダ沿岸と海氷の摩擦が小さくなることから海氷は

動きやすくなり、風から海への運動量伝達が増えてボーフォート環流が強化されます。その結果、太平洋側からの海水による熱の輸送量が増え、それがさらなる夏の海氷の北への後退を招きます。つまり、海洋の変化が海氷の分布の変化を招き、それがまた海洋の変化にはね返るという正のフィードバックが働いて北極海のチャクチ海側の海氷が減っているというものです。実際、太平洋からの海水による熱輸送がチャクチ海の海氷の面積の増減と深い関係があることがわかっています。

また、海氷が風により北極海から大西洋に流出することや、氷が減ることでさらに海が暖まりやすくなったことも北極海での海氷の減少につながっていると考えられています。

つまり、近年の北極海の海氷の減少は、地球温暖化により北極の大気が直接温まったことによって海氷が溶けたのではなく、海洋や大気の流れの変化のために海氷が出来にくくなったり、流されたりしたことが原因になっていると考えられています。

4　北極海の観測

海氷が張っている海には、砕氷船でない限り船では行けません。が、多年氷で覆われている場所でなければ氷が無い時期に船で行けるので、第二章で述べたＣＴＤや係留系での海洋観測や、ラジオゾンデなどによる気象観測を行うことも可能です。実際、海洋地球研究船「みらい」は一九九八年の就航以来、何度も北極海に観測に行き、「3　北極海の氷とその変化」で述べた成果を挙げています。

氷がある場所では砕氷船を使うか船以外の手段で観測を行うことになります。特に有効なのは人工衛星によるもので、図9-3に示したような海氷の分布を調べるには最適です。しかし、人工衛星による観測では基本は表面しかわからないので、海氷の厚さや、海氷の下の海中の様子を調べるには別な手段により観測を行う必要があります。たとえば厚さについては、かつて北極海は米ソの対立の場であったことから、米ソの潜水艦によるソナーにより測定がなされていました。

海氷上での観測については、氷の上に設営する基地（キャンプ）で観測がよく行われています。しかし、北極は南極と異なり陸地ではないため基地は海氷に乗って漂流します。最終的には極横断流に乗って大西洋に流出する可能性もあることから、南極の昭和基地のように常設の建築物を作ることができません。したがって簡易なキャンプしか設置できず、人が現地で長期間観測を行うことは困難を極めます。このため、海氷の上にブイを設置して無人で観測が行われるようになりました。最も簡単なものは、カーナビゲーションに使われているＧＰＳを搭載したブイを海氷の上に置いてくるもので、その位置を追跡することにより海氷の動きを調べることができます。

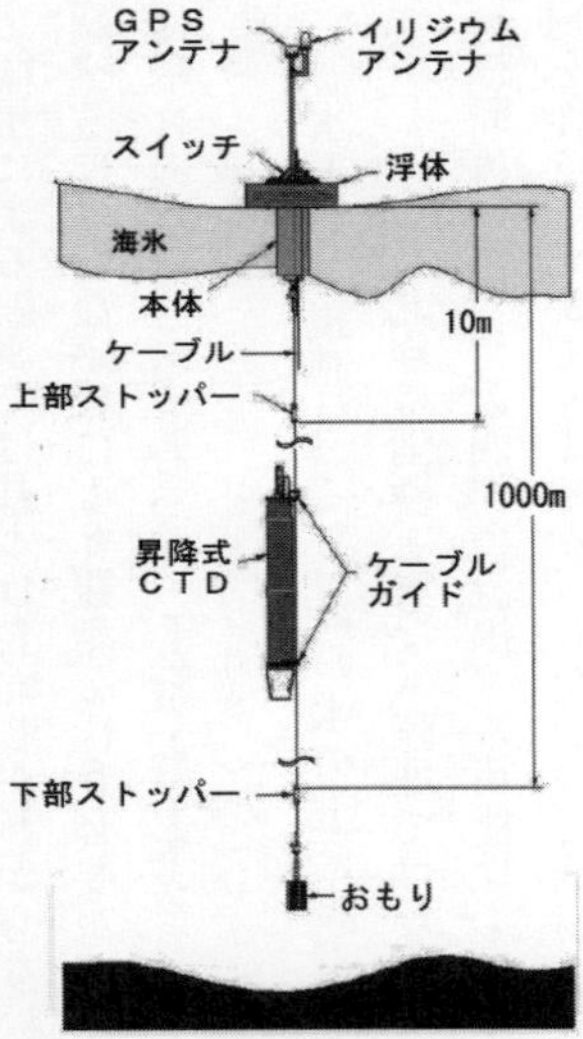

図9－7．氷海用観測システムの概略図。
（提供：JAMSTEC）

また、海氷の上の大気やその下の海を観測するためのシステムとして、氷海用観測システム（Polar Ocean Profiling System、略してPOPS）が最近海洋研究開発機構により開発されました。これは、多年氷に穴を開けて設置するブイで、ブイの下にCTDが付いたケーブルを降ろして、氷の下の海洋の観測を行えるようにしたシステムです（図9-7）。アルゴフロート（第二章参照）のようにCTDが自動的に深さ一〇メートルと一〇〇〇メートルの間のケーブルを伝って昇降しながら、その間の温度や塩分を観測しブイから衛星経由でデータを送ることができるものです。同時に海氷上の気圧や気温の観測もできます。通常のアルゴフロートでは海面に氷があれば、浮上時にフロートが海氷に遮られ浮上できないためデータを送ることができないのですが、このＰＯＰＳは多年氷が存在する極域海洋においても、海の中を観測できる画期的な観測システムです。

南極海——海洋大循環の起点

1　南極海の構造と海洋循環

図９‐８に南極の地図を示します。南極は北極と異なり南極点を中心とした大陸が占めています。南極大陸は南極半島を鼻としたゾウの頭のような形をしており、内陸に向かって凹んだロス海とウェッデル海が縁辺海として存在しています。

南極海は太平洋・大西洋・インド洋の三大洋とつながっています。最も南極大陸に近い大陸は南アメリカ大陸で、南極半島の間にはドレーク海峡という幅六五〇キロメートル、水深二五〇〇メートルの海峡があります。

このような構造をしているため、南極海には他の海にないさまざまな特徴があります。最も重要なことは、南極海は世界で唯一陸に遮られずに地球を一周する海であり、他の大洋に開かれた海となっていることです。

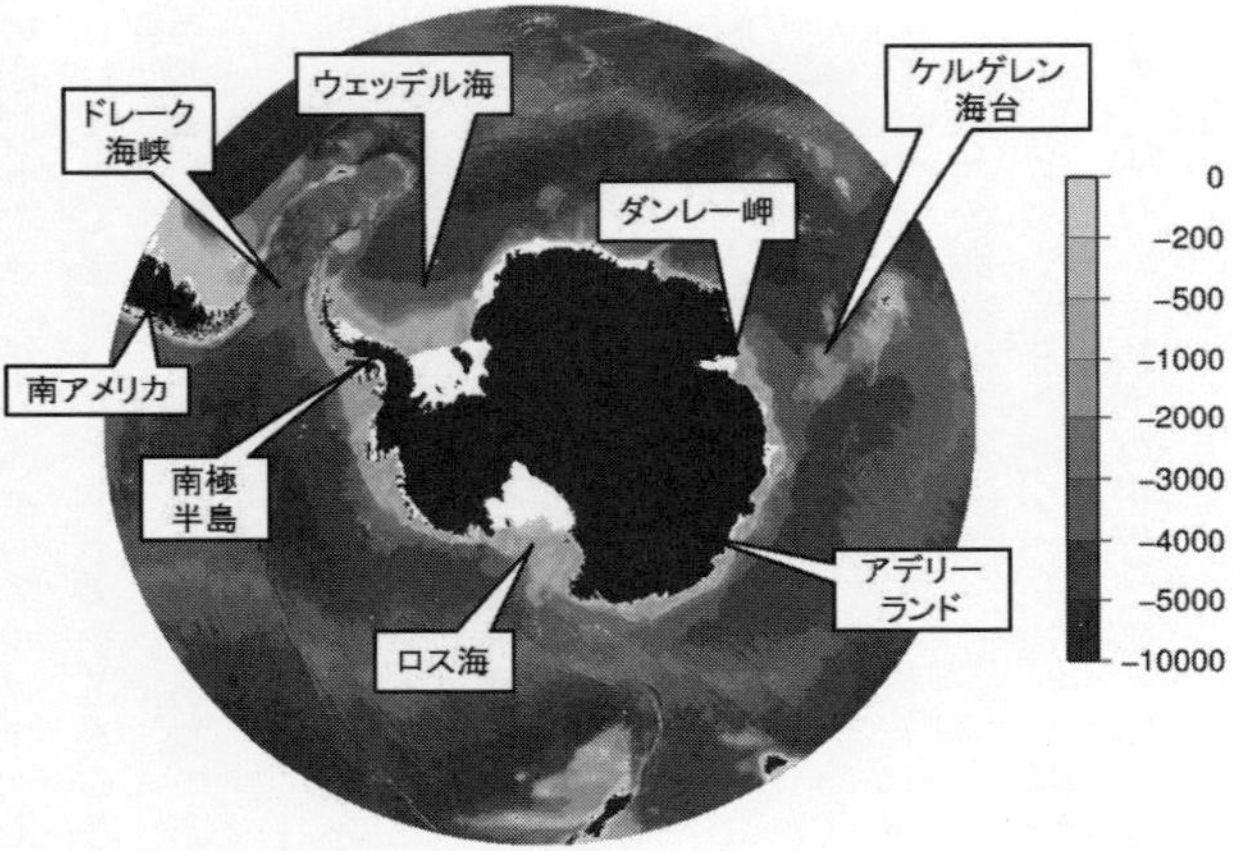

図9−8．南極大陸とその周辺の海底地形。

次に重要なことは、南極には極点を中心とした大陸が存在していることです。北極海では陸は北極点周辺にはなく、大半が海となっています。このため海水温は氷点下一・八℃以下には下がらず、海氷の厚さも南極の氷床（雪が積もって固まった氷）のようには厚くなりません、このことから北極では気温が氷点下四〇℃以下になるようなことはほとんどありません。一方、南極大陸では何千メートルもの厚さの氷床に覆われていることや標高が高いことから、北極に比べ大変寒く、場所によっては気温が氷点下五〇℃以下にもなります（世界記録はボストーク基地の氷点下八九・二℃）。この寒さにより生じる南極大陸から海に吹き下ろす風が、後に述べる南極底層水の形成に寄与しています。また、氷床が海に押し出されてできた氷を棚氷と言いますが、この棚氷も後に述べる南極底層

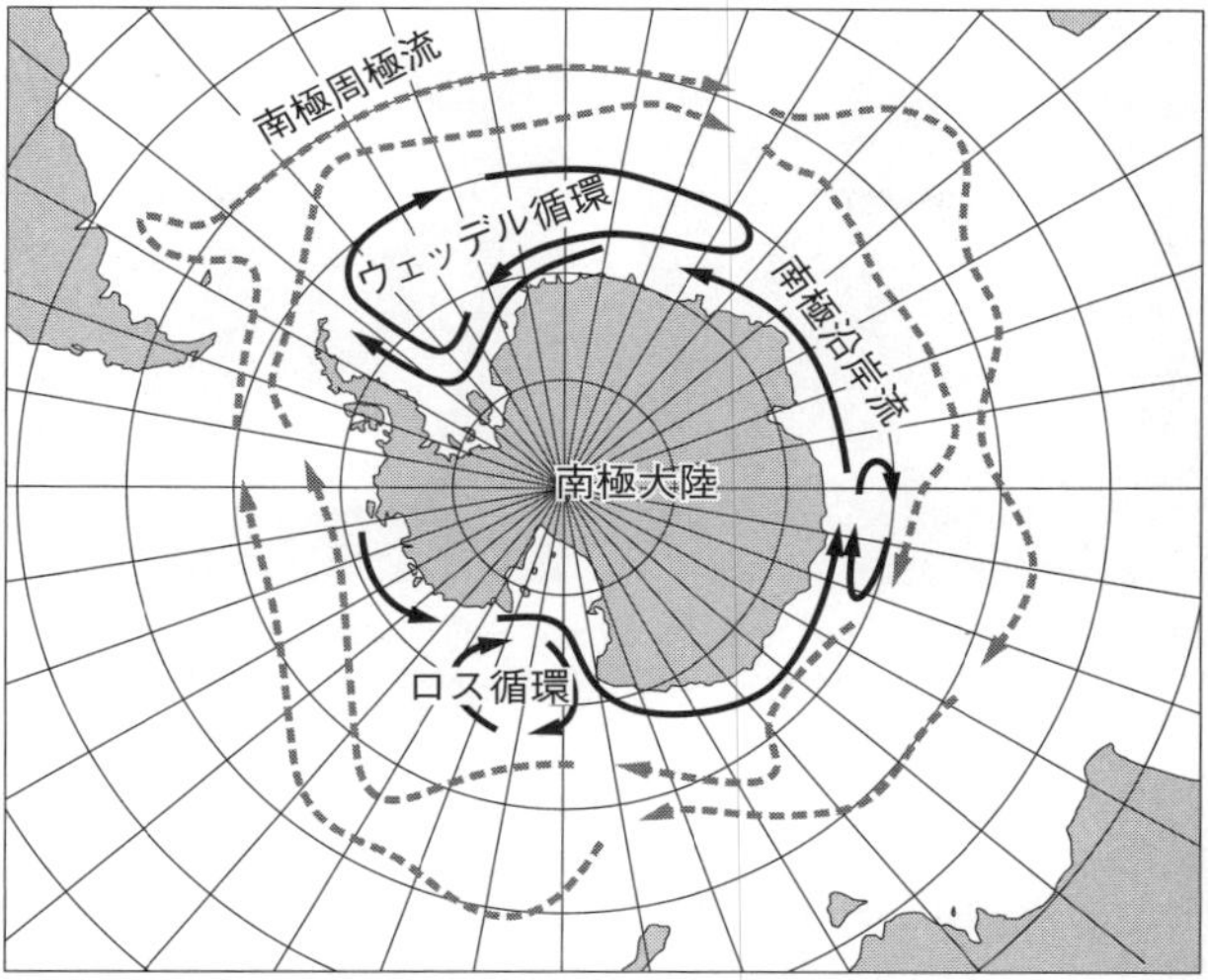

図9－9． 南極周辺の海洋循環。（青木茂『南極海ダイナミクスをめぐる地球の不思議』[1]より）

水の形成に大きな影響を与えています。

南極には南極大陸の周りを一周する東向きの海流、南極周極流が存在します（図9-9）。他の大洋は東西に岸があるため、西岸境界流（第四章参照）が大洋の西側に存在するのですが、南極海では西岸がないため西岸境界流は存在しません。

南極周極流は世界最強の海流で、その流量はドレーク海峡のところで黒潮の三倍近い一三五スベルドラップにも達します。流速自体はそれほど大きくはなく、速いところでも毎秒五〇センチメートル前後です。しかし鉛直方向に深さ二〇〇〇メートル以上の深い構造を持っていること、図9-9に示されるとおり何本もの流れからなりたっていることから、こ

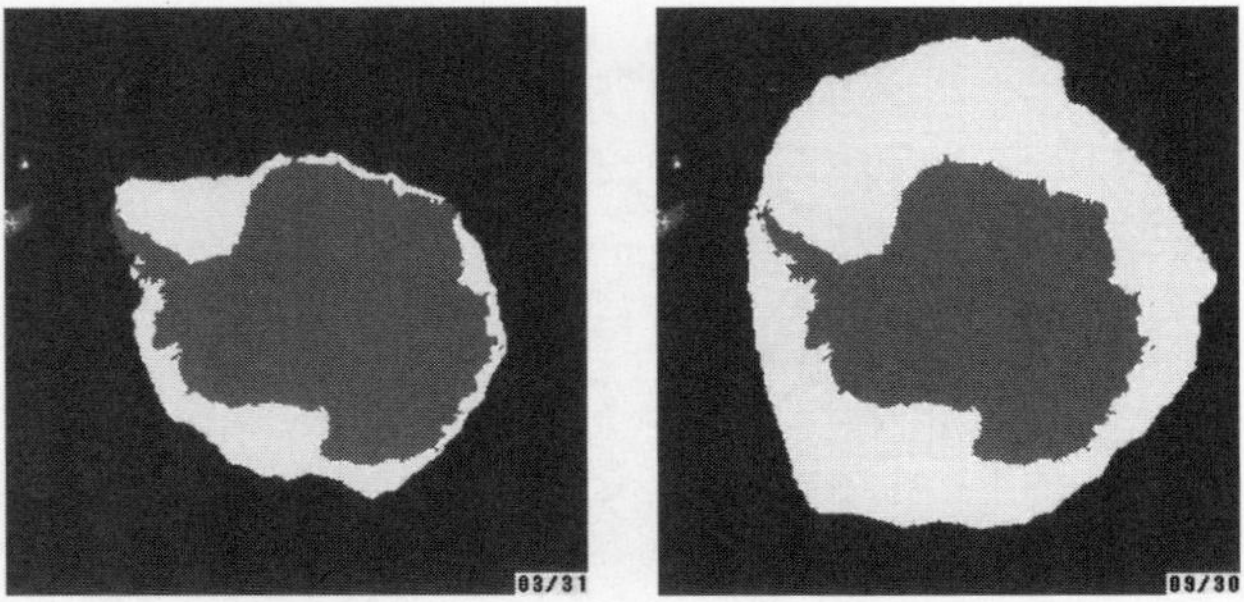

図9－10. 南極海の夏（左）と冬（右）の氷の分布。1981～2010年の平均。（気象庁のウェブサイト、http://www.data.jma.go.jp/gmd/kaiyou/db/seaice/global/global_normal.html より）

のような巨大な流量となっています。黒潮と同様、南極周極流の流れの強いところには温度（密度）前線が存在しています。南極周極流は複雑な構造をしているため前線も一本ではなく、亜南極前線、極前線、亜周極流前線などがあります。

また、南極周極流の周りは中規模渦が強く、南極周極流に伴う流れを複雑にしています。この渦は南極周極流を横切って南北に熱や塩分を運ぶ役割を果たしています。

南極周極流の大陸側のロス海、ウェッデル海にはそれぞれ時計回りの環流があり、さらに大陸側には反時計回りの沿岸流が存在しています。

南極海の大きな特徴として、北極海のように周囲を陸で囲まれていないため、南極海では海氷は溶けない範囲で北に広がることができます（図9-10）。北に広がった海氷は（南半球の）夏になれば溶けてしまうので、南極で作られる海氷の大半は多年氷ではなく一年氷であり、海氷に覆われる面積が夏と冬で大きく違います。多年氷は陸の近くにしかありません（ちなみに、陸に接岸して動かない氷は定着氷と呼ばれ、流氷とは区別されます）。

なお、よく間違われるのですが、南極で見られる氷山は海が凍ってできたのではありません。氷山は大陸の氷床が海にはみ出して棚氷となり、それがちぎれて海に流れ出たものです。すなわち氷山は陸が起源であり、海氷とは区別すべきものです。

2　南極底層水の形成

第五章で述べたように、南極周辺ではグリーンランド沖で作られる北大西洋深層水より重く冷たい南極底層水という海水が作られ、北大西洋深層水と一緒に世界を巡っています（図5-14）。つまり、南極はグリーンランド沖と並んで、海洋大循環の起点となっています。

南極底層水の形成においては、大気からの強い冷却だけでなく、さまざまなプロセスが働いています（図9-11）。まず、南極周辺では海氷が作られますが、海氷ができる際に塩分の全てを氷の中に取り込むことができません。海水は凍る際、二〜三割程度の塩分を氷に取り込みますが、残りの塩分は海に排出されるのです。この海氷から排出された塩分により濃縮された高塩分の海水をブラインと呼びます。このブラインは塩分が非常に高くなっていることから、密度が大きい

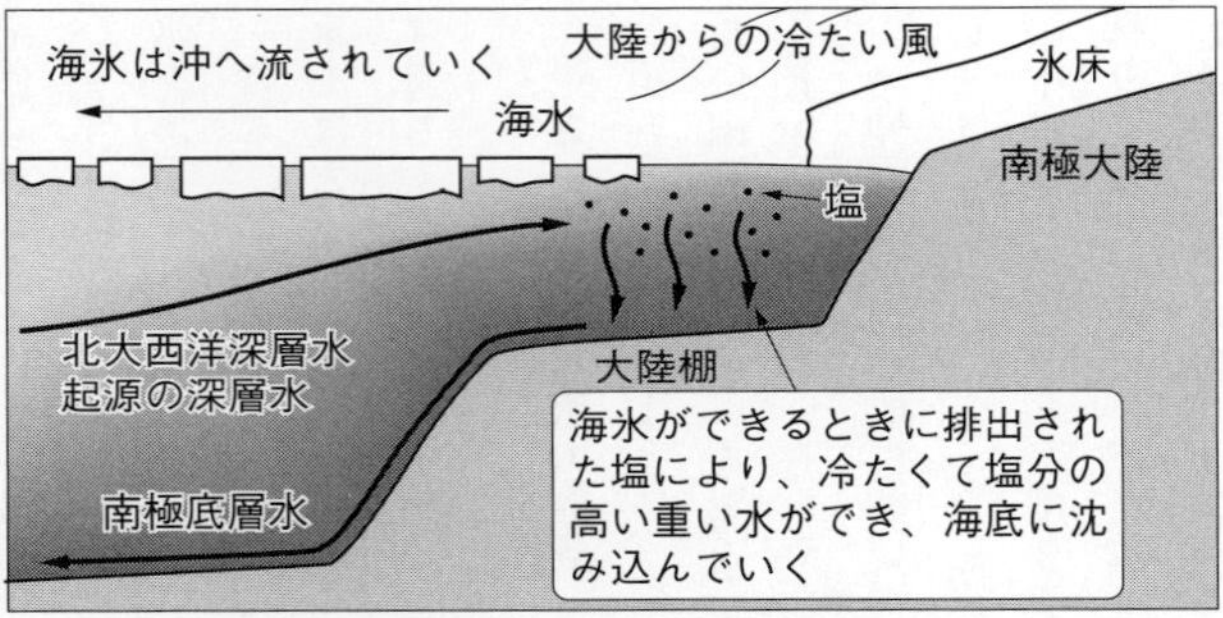

図9−11． 南極底層水の形成メカニズム。（青木茂『南極海ダイナミクスをめぐる地球の不思議』[1)]より）

（重い）海水です。

次に、南極大陸周辺は冬期であってもいつも海氷に覆われているわけではなく、ときどきポリニヤと呼ばれる海氷がない場所が生じることがあります。特にウェッデル海に一九七三〜一九七六年に発生したウェッデルポリニヤは巨大で日本の面積ほどの大きさがあり、宇宙から見てもあたかも大きな穴が空いたようでした。ウェッデルポリニヤほど大きくはないですが、小さなポリニヤは南極の沿岸のところどころに発生します。南極底層水の形成にはこの沿岸にできるポリニヤが重要な役割を果たします。ちなみに、ウェッデルポリニヤのような岸から離れたところにできるポリニヤを外洋ポリニヤ、沿岸にできるポリニヤを沿岸ポリニヤと言います。

海氷は大気と海洋の間の熱のやりとりを遮断する役割を持っていますが、ポリニヤができるとそのやりとりが遮断されなくなり、海面は海氷に覆われている時より南極大陸から吹いてくる強い寒気に冷やされます。もし、その冷却により作られた海氷がその場から動かなければポリニヤは消滅するはずですが、南極大陸からの冷たい風の吹き下ろしにより海氷は北に運ばれることからポリニヤはそのまま残ります。その結果として、ポリニヤでは海氷がどんどん作られながら、海は冷却され続けるのです。同時に海氷が作られることにより、塩分が高く重いブラインも形成されます。つまり、ポリニヤは海氷と重い海水の生成工場になっているのです。

上のプロセスが南極の沿岸の大陸棚の上で起こった時、強く冷却された上に、海氷の生成に伴い排出されたブラインが加わることで、非常に重い海水が大陸棚の上に溜まります。棚氷（海にはみ出した氷床）があるところでは、大陸棚に溜まった海水がその下に沈み込むことで、さらに冷やされて重くなります。

こうして重くなった海水は陸棚から大陸斜面を滑り降りて深海に流れてゆきます。その際に、塩分が高い北大西洋起源の深層水と混合します。その混合の際に、キャベリング（第三章参照）が発生して、さらに重くなって深海に南極底層水として流出するのです。

以上に述べた南極底層水の形成は南極海のどこででも起こっているのではなく、大陸棚があり棚氷が発達したところで主に形成されます。具体的には、ウェッデル海やロス海がその形成に適した場所で、古くからこの二つの縁辺海での南極底層水の形成は知られていました。また、アデ

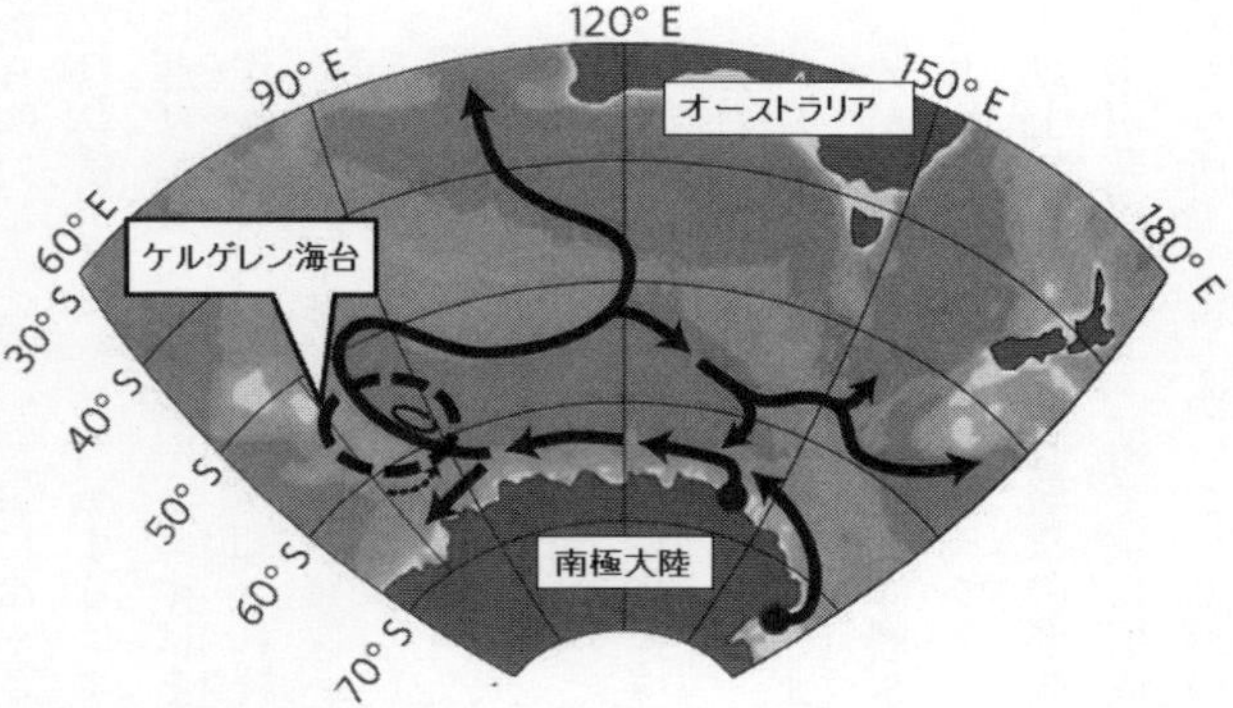

図9－12. オーストラリア南における南極底層水の流れの模式図。黒丸が南極底層水の形成場所で、破線で囲んだ領域が北海道大学のチームにより観測が行われたところである。（Fukamachi 他（2010）[57] より）

リーランド沖でも一九七〇年代に入って南極底層水が作られていることがわかりました。

さらに、最近北海道大学を中心とした国際共同研究チームが、ダンレー岬沖で観測を行い、そこが第四の南極底層水形成場所であることを発見しました。このダンレー岬沖でもケープダンレーポリニヤと呼ばれるポリニヤがひんぱんに出現し、それに伴い全南極底層水の約一〇パーセントがここで作られること、ウェッデル海やロス海のように大陸棚や棚氷の範囲が大きくなくとも南極底層水は形成されるということがわかりました。

また、このチームはインド洋の南にあるケルゲレン海台において係留観測を行い、南極底層水がケルゲレン海台のそば（東側）を深層での西岸境界流として流れていることを発見しています（図9-12）。海台とは広い範囲で海底が平らに盛り上がったところを言いますが、南極底層水は重く海底近くを流れることから、ケルゲレン海台を西岸とした西岸境界流として流れているのです。その流速は平均毎秒二〇センチメートル、流量は一二スベルドラップと大きく、ウェッデル海から流れ出るものに匹敵することが示されました。

北極海でもそうですが、この南極海でも日本の研究者がはるばる赴いて国際的な観測を行い、世界に誇れる研究成果を挙げていることは、特筆すべきことです。

3　南極海の変化

北極海では近年海氷が減っていることを述べましたが、南極海ではどうなっているでしょうか？　長期的な観測の結果によれば、南極海全体では海氷の面積はわずかながら増加傾向となっています。しかし、場所によって変動パターンが異なっています。特に顕著な変化を示しているのが南極半島で、一九九五年と二〇〇二年に南極半島の東側に張り出していた棚氷の一部が崩壊したのです。棚氷は大陸の氷床が海に向かってはみ出した氷の厚い板ですが、氷床が海に向かって動くのを（すなわち氷河の動きを）抑える役割を持っています。これが崩壊すると大陸からの氷河の動きが加速されるため、陸から海に入る氷の量が増える可能性があります（すなわち海面上昇につながります）。内陸部は厚い氷に覆われていて厳寒の地であるため、地球温暖化の影響が出ても氷床がすぐ溶けませんが、南極半島のような周辺部には地球温暖化の影響が出やすいと考えられます。
また、第五章で述べましたが、南極周辺で形成される南極底層水にも変化が生じています。この南極底層水の変化は海洋大循環を変化させる可能性を意味しているため、長期的な気候変動の理解にとっては重要なものです。今後のさらなる研究により、そのメカニズムの解明や予測が可能になることが期待されています。

オホーツク海——海氷が作られる北半球で最も南の海

1 オホーツク海とはどんな海？

オホーツク海は北海道、樺太、ロシア、そして千島列島に囲まれた縁辺海で、面積は一三九万平方キロメートルと日本の四倍弱の広さを持っています。水深は千島列島近くで三三〇〇メートルと深くなっていますが、ロシア側は浅く、平均水深は九七三メートルです。外の海とは千島列島の各海峡で太平洋と、宗谷海峡と間宮海峡で日本海とつながっています（図9-13）。

このオホーツク海は海洋学的に興味深い場所です。まず、タイトルに記したとおり、海氷ができる北半球の南限になっています。言い方を換えると北半球の同じ緯度帯の他の海では海氷はできないのです。その意味ではオホーツク海は他の海と違った海と言えるでしょう。

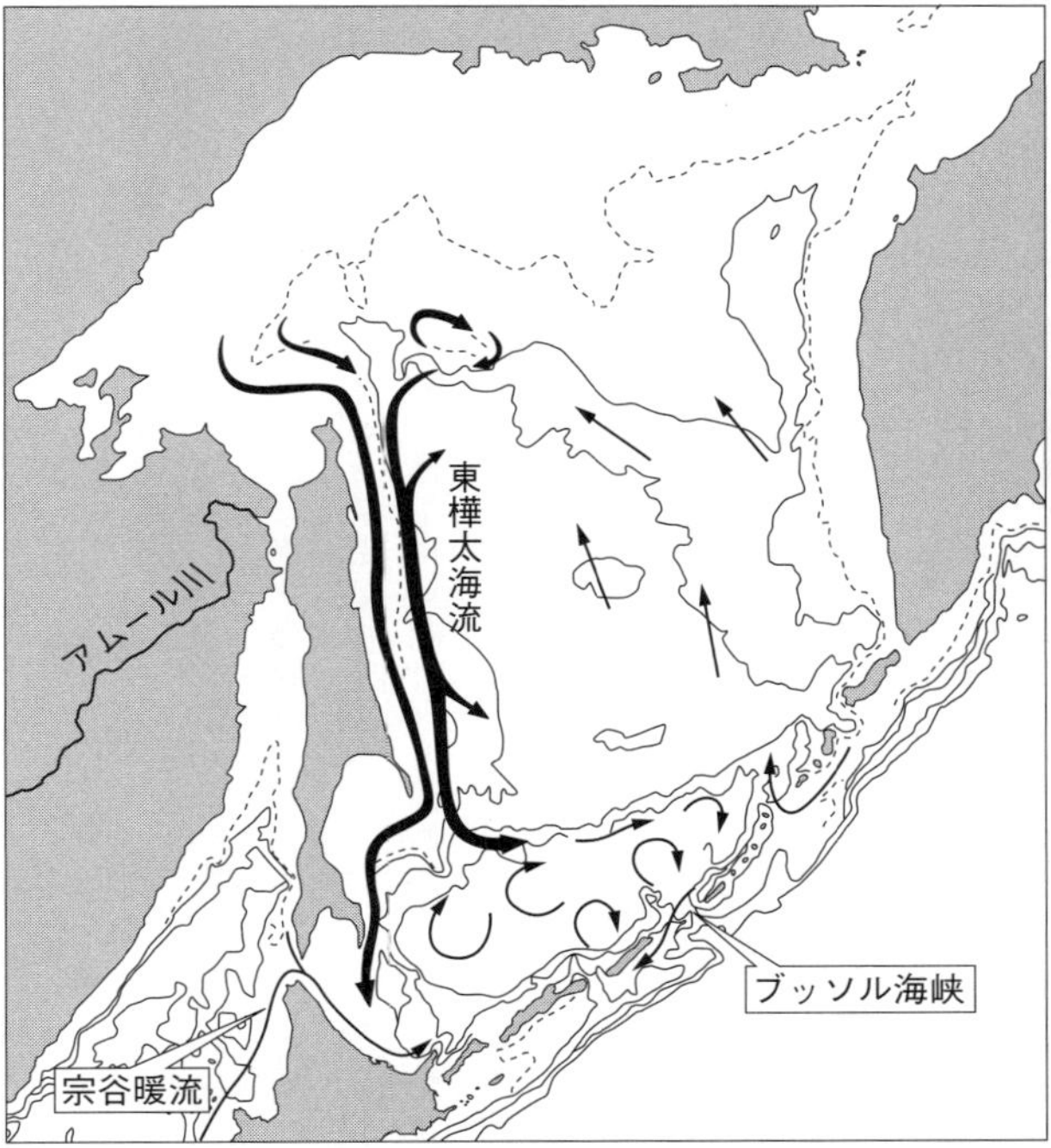

図9－13．オホーツク海の構造と表層海洋循環の模式図。（大島（2012）[52] より）

次に、北太平洋の深さ五〇〇～一〇〇〇メートルには後述する北太平洋中層水という水塊が存在していて、北太平洋の海洋循環において重要な位置づけを持っていますが、オホーツク海はその北太平洋中層水の起源水を供給しています。つまり、オホーツク海は、縁辺海にもかかわらず太平洋の海洋循環に影響を与える海なのです。

また、オホーツク海は潮汐が大きい海です。この大きな潮汐に伴って発生する強い潮流はこの海域の海水を混合することから、北太平洋中層水の形成の役割の一部を果たしています。

2　オホーツク海の循環

オホーツク海は北海道沿岸を除けば、その大半がロシアの領海・経済水域の中にあるため観測データが近年までほとんどなく、実態はよくわかっていませんでした。しかし、最近の漂流ブイや係留系などによる観測結果により、図9-13に示される循環があることがわかりました。

まず、オホーツク海全体では反時計回りの循環になっています。その循環の中で、樺太東岸を流れる東樺太海流が顕著な海流として挙げられます。この海流は、かつてはまぼろしの海流と呼ばれ、流氷を北海道沿岸に運んでくる流れとして考えられていました。流速は毎秒二〇〜四〇センチメートル程度ですが、一〇〇〇メートルの深さまで及んでいることから、縁辺海の海流としては流量が大きく年平均の流量は六スベルドラップもあります。南下する途中で北海道に達する流れと、東に向かう流れに分岐します。また季節変化が大きく、冬に強くなる特徴を持っています。

もう一つ重要な流れとして、日本海から宗谷海峡を抜けて北海道沿岸を南東に流れる宗谷暖流があります。この海流は日本海を北東方向に流れる対馬暖流の延長として北海道の沿岸にへばりついてオホーツク海に流れ込むもので、オホーツク海の海水に比べ高温・高塩分の日本海の海水

図9−14. 宗谷暖流が作る直径約20 kmの渦。1987年1月12日に北海道枝幸雄武沖にて3000 m上空を飛行中の航空機より撮影。（Wakatsuchi and Ohshima (1990)[68]より）

をオホーツク海に運び込んでいます。流れは毎秒五〇センチメートル以上になりますが、浅く狭い構造のため年平均流量は一スベルドラップ程度しかありません。

弱い海流ですが宗谷暖流は流体力学的に興味深い海流です。この海流が宗谷海峡を抜けて北海道沿岸を流れ下る際に、北海道の沖約二〇キロメートルのところに渦の列を作ることが知られています。特に流氷の時期は渦が氷によって可視化されて、鳴門の渦潮よりはるかに大きい（直径二〇キロメートル程度）きれいな渦が見られることがあります（図9-14）。この渦の列は、宗谷暖流が宗谷海峡を抜ける際に、海流が乱れて発生することが示されています。

オホーツク海は北半球において海氷ができる海の南限になっていて、同じ緯度帯の海と異なることを述べました。次にオホーツク海において海氷ができるメカニズムについて見ていきましょう。

3 海氷の南限

最も重要な要因は、冬のユーラシア大陸からの寒気です。冬の大陸から吹いてくる季節風は、日本海側に大量の雪を降らせることでよく知られていますが、大陸上では氷点下二〇℃以下になっています。その寒気が直接オホーツク海上を吹くことで、ロシア沿岸から海が凍っていくのです。一一月に大陸沿岸で海氷ができはじめ、翌年三月に海氷に覆われる範囲が最大となって北海道の知床や国後・択捉島にまで達し、それ以降海氷は溶け始め、六月には消滅します（図9-15）。

さらには、ロシア沿岸では氷が生成されても風により沖に流されるため、沿岸ポリニヤが生じます。「南極海」の項で述べましたが、この沿岸ポリニヤが海氷の生成工場となるため、海氷が大量に生成され、東樺太海流により南に運ばれていくのです。

また、海面近くを塩分と温度が低い海水が占めていることも、オホーツク海が凍りやすい原因の一つとなっています。北極海のところで述べましたが、海面付近が下層に比べ低温低塩の海水で占められていることで、海面付近のみを冷却するだけで海氷ができるためです。一方、同じ緯度帯の太平洋では海面付近の温度も塩分も高いので、オホーツク海に比べるとより深くまで結氷

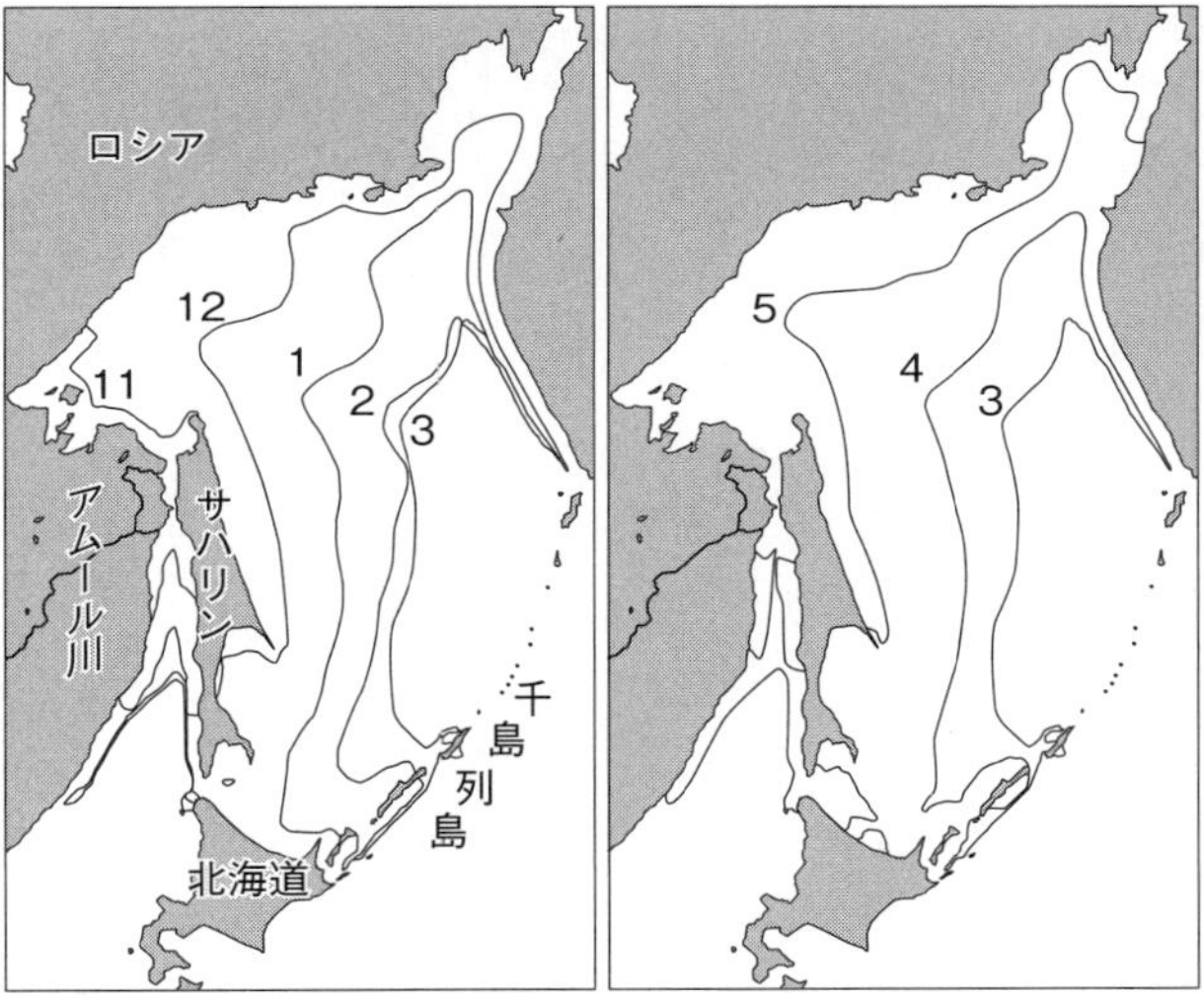

図9－15. オホーツク海の海氷の範囲の季節変動で、数字が月を意味する。左が発達期で右は衰退期。（大島（2012）[52] より）

温度まで冷やす必要があり、冬の間に結氷温度まで海を冷やすことができないことから、海氷ができる前に春が来てしまうのです。ちなみに、オホーツク海の海面付近の塩分が低いのは、間宮海峡の近くに河口があるアムール川からの大量の河川水によるものです。

なお、北海道オホーツク海沿岸で見られる流氷ですが、ロシア沿岸で凍ったものが流れてきているのではありません。一部は東樺太海流に乗って樺太沿岸から来ているのもありますが、北海道のオホーツク海沿岸で結氷温度まで水温が下がって出来る、すなわち現地産の海氷もあるのです。

4　北太平洋で作られる最も重い海水——北太平洋中層水

北太平洋の深層水は、南極から来る底層水と、北大西洋から来る北大西洋深層水が混合してできた北太平洋深層水が占めています。すなわち、北太平洋の深層水はよそで冷却されて沈み込んだ海水がはるばる北太平洋まで到達したものであり、現地でできたものではありません。

一方、第四章で述べたように、北太平洋の中層の深さ五〇〇〜一〇〇〇メートルには、塩分が極小値を取る北太平洋中層水という水塊が北太平洋深層水の上に存在しています（図4-8）。この水塊は、ポテンシャル密度（第三章参照）が一〇二六・八キログラム／立方メートルのところを中心として塩分極小を取ることが特徴で、北太平洋に広く分布し、北太平洋高緯度から熱帯方向に伸びていて、インドネシア多島海や赤道付近にまで達しています。この北太平洋中層水は北太平洋で作られる最も重い海水なのですが、どこを起源としてどのように作られているのか一九八〇年代までわかっていませんでした。

一九九〇年代に入り、密な観測が日本東方やオホーツク海で行われたところ、この水塊の起源がオホーツク海にあることがわかりました。その形成メカニズムは次の通りです。

まず、オホーツク海では海水が冬期に生成されますが、その際の強力な冷却のために重い海水が作られます（塩分があまり大きくないため北太平洋深層水の密度よりは軽い）。この海水は東樺太海流に乗り千島列島近くまで流れていきます。

ところで、オホーツク海は潮汐が外の太平洋に比べても大きな場所ですが、特に千島列島付近では大きくなります。千島列島の海峡を潮流が通過する際に、海峡部が浅くなっているため、そこで乱流が生じます。この乱流による混合の効果によりオホーツク海で作られた重い海水がかき混ぜられ、その結果ポテンシャル密度が一〇二六・八キログラム／立方メートル前後の海水が大量に作られます。それがブッソル海峡を通過して太平洋に流れ込みます。そして、太平洋に流出した後は親潮に乗って南下し、黒潮続流域で渦に巻き込まれて親潮・黒潮前線を越えて亜熱帯循環に入っていくのです。

かくして、オホーツク海は太平洋に比べてはるかに小さな海でありながら、北海道に到達する流氷だけでなく、日本近海の海洋の循環にも影響を与える海なのです。

(http://www.nasa.gov/)
85) National Centers for Environmental Information / National Oceanic and Atmospheric Administration
(https://www.nodc.noaa.gov/)
86) TAO/TRITON Data display
(http://www.pmel.noaa.gov/tao/jsdisplay/)
87) Wikipedia (https://en.wikipedia.org/wiki/Main_Page)
88) 海洋学研究者の日常 (http://hiroichiblg.seesaa.net/)

Oceanogr., 58, 93-107.

67）Trenberth, K. E., and D. J. Shea, 1987, “On the Evolution of the Southern Oscillation”, *Mon. Wea. Rev.*, 115, 3078-3096.

68）Wakatsuchi, M., and K. Ohshima, 1990, “Observations of Ice-Ocean Eddy Streets in the Sea of Okhotsk off the Hokkaido Coast Using Radar Images”, *J. Phys. Oceanogr.*, 20, 585-594.

その他に多数の論文を参考にしていますが、紙数の都合上割愛します。

ウェブサイト

69）文部科学省　(http://www.mext.go.jp/)

70）農林水産省　(http://www.maff.go.jp/)

71）海上保安庁　海洋情報部　(http://www1.kaiho.mlit.go.jp/)

72）気象庁　(http://www.jma.go.jp/jma/)

73）水産庁　(http://www.jfa.maff.go.jp/)

74）国立研究開発法人海洋研究開発機構
(http://www.jamstec.go.jp/j/)

75）SPring-8 (http://www.spring8.or.jp/ja/)

76）茨城県　水産試験場　漁業無線局
(http://gyomusen.sakura.ne.jp/)

77）八丈町　(http://www.town.hachijo.tokyo.jp/)

78）一般社団法人日本船主協会　(http://www.jsanet.or.jp/)

79）東京大学　大学院理学系研究科　地球惑星科学専攻
(http://www.eps.s.u-tokyo.ac.jp/)

80）気候系の hot spot
(http://www.atmos.rcast.u-tokyo.ac.jp/hotspot/)

81）北海道大学　低温科学研究所
(http://www.lowtem.hokudai.ac.jp/)

82）鹿児島大学　(https://www.kagoshima-u.ac.jp/)

83）北極環境研究コンソーシアム　(http://www.jcar.org/)

84）National Aeronautics and Space Administration

図を引用した論文

57) Fukamachi, Y., S. R. Rintoul, J. A. Church, S. Aoki, S. Sokolov, M. A. Rosenberg, and M. Wakatsuchi, 2010, "Strong export of Antarctic Bottom Water east of the Kerguelen plateau", *Nature Geoscience*, 3, 327-331.

58) Horel, J. D., and J. M. Wallace, 1981, "Planetary-Scale Atmospheric Phenomena Associated with the Southern Oscillation", *Mon. Wea. Rev.*, 109, 813-829.

59) Kawabe, M., 1995, "Variations of Current Path, Velocity, and Volume Transport of the Kuroshio in Relation with the Large Meander", *J. Phys. Oceanogr.*, 25, 3103-3117.

60) Madden, R. A., and P. R. Julian, 1972, "Description of Global-Scale Circulation Cells in the Tropics with a 40-50 day period", *J. Atmos. Sci.*, 29, 1109-1123.

61) 升本順夫・堀井隆憲　2007　「熱帯域の大気海洋相互作用と気候変動——インド洋域の変動に注目して」『天気』54　3～6

62) Nitta, T., 1987, "Convective Activities in the Tropical Western Pacific and Their Impact on the Northern Hemisphere Summer Circulation", *J. Meteor. Soc. Japan*, 65, 373-390.

63) Schmitz, W. J., 1996, "On the World Ocean Circulation: Volume II: The Pacific and Indian Oceans / A Global Update", *Woods Hole Oceanographic Institution Technical Report*, WHOI-96-08.

64) Stommel, H., 1948, "The westward intensification of wind-driven ocean currents", *Trans. Am. Geophys. Union*, 29, 202-206.

65) Shimada, K., T. Kamoshida, M. Itoh, S. Nishino, E. Carmack, F. McLaughlin, S. Zimmermann, and A. Proshutinsky, 2006, "Pacific Ocean inflow: Influence on catastrophic reduction of sea ice cover in the Arctic Ocean", *Geophys. Res. Lett.*, 33, L08605.

66) Takeoka, H., 2002, "Progress in Seto Inland Sea Research", *J.*

その他資料

40)『資源・エネルギー統計年報』 経済産業省 2013年
41)『通商白書2014』 経済産業省 2014年
42)『海事レポート2015』 国土交通省 2015年
43)『2013年 海賊対処レポート』 内閣官房 2014年
44)『JODCニュース 第34号』 日本海洋データセンター 1987年3月
45)『北極海航路ハンドブック』 公益社団法人日本海難防止協会 2015年
46)『瀬戸内海の気象と海象』 海洋気象学会 2013年
47)「船を襲う巨大波を追え！」『Newton』 2008年6月号 ニュートンプレス
48)『プロジェクトX 挑戦者たち——嵐の海のSOS 運命の舵を切れ』 NHKエンタープライズ 2011年（DVD）
49) 伊藤進一 「親潮」『水産大百科事典』 朝倉書店 9～11 2006年
50) M. J. ハート・C. サフィナ 「海の生き物を脅かす酸性化」『別冊日経サイエンス——激変する気候』 住明正編 日経サイエンス社 80～88 2014年
51) 三寺史夫 「北太平洋中層水——オホーツクで生まれる北太平洋で一番重い水」『細氷』（日本気象学会北海道支部機関誌） 51 40～48 2005年
52) 大島慶一郎 「第1章 オホーツク海の海洋循環・海氷生成と温暖化の影響」『環オホーツク海地域の環境と経済』 田畑伸一郎・江淵直人編 北海道大学出版会 2012年
53) 滝沢隆俊 「凍る海（1）～（10）」『JAMSTEC』 1993～1996年
54) El Niño/Southern Oscillation, World Meteorological Organization, WMO-1145, 2014.
55) IPCC WGII AR5, Summary for Policymakers, 2014.
56) Parkinson, C., J. Comiso, H. Zwally, D. Cavalieri, P. Gloersen, and W. Campbell, 1987, Arctic Sea Ice, 1973-1976: Satellite Passive-Microwave observations, NASA SP-489.

20)『海洋物理Ⅲ』 永田豊・彦坂繁雄・宮崎正衛著 東海大学出版会 海洋科学基礎講座３ 1971年
21)『地震と津波――メカニズムと備え』 日本科学者会議編 本の泉社 2012年
22)『伝熱工学資料』改訂第４版 日本機械学会編 丸善 1986年
23)『謎解き 海洋と大気の物理』 保坂直紀著 講談社 ブルーバックス 2003年
24)『謎解き 津波と波浪の物理』 保坂直紀著 講談社 ブルーバックス 2015年
25)『海洋学』原著第４版 ポール・R. ピネ著 東京大学海洋研究所監訳 東海大学出版会 2010年
26)『海のなんでも小事典』 道田豊・小田巻実・八島邦夫・加藤茂著 講談社 ブルーバックス 2008年
27)『海洋波の物理』 光易恒著 岩波書店 1995年
28)『海が日本の将来を決める』 村田良平著 成山堂書店 2006年
29)『潮汐・潮流の話――科学者になりたい少年・少女のために』 柳哲雄著 創風社出版 1987年
30)『海の科学』 柳哲雄著 恒星社厚生閣 1988年
31)『海洋観測入門』 柳哲雄著 恒星社厚生閣 2002年
32)『図説 地球環境の事典』 吉崎正憲他編 朝倉書店 2013年
33)『海洋大事典』 和達清夫監修 東京堂出版 1987年
34) *Encyclopedia of Ocean Sciences*, edited by J. Steele, Academic Press, 2001.
35) Gill, A., *Atmosphere-Ocean Dynamics*, Academic Press, 1982.
36) Pedlosky, J., *Geophysical Fluid Dynamics*, Springer-Verlag, 1979.
37) Phillips, O. M., *The Dynamics of the Upper Ocean*, Second Edition, Cambridge University Press, 1977.
38) The Open University, *Ocean Circulation*, Second Edition, Butterworth-Heinemann, 2001.
39) Talley, L., G. Pickard, W. Emery, and J. Swift, *Descriptive Physical Oceanography: An Introduction*, Sixth Edition, Academic Press, 2011.

参考文献

書籍

1)『南極海ダイナミクスをめぐる地球の不思議』 青木茂著　C&R 研究所　2011 年
2)『流氷の世界』 青田昌秋著　成山堂書店　2013 年
3)『波浪学の ABC』 磯崎一郎著　成山堂書店　2006 年
4)『波浪の解析と予報』 磯崎一郎・鈴木靖著　東海大学出版会　1999 年
5)『水とはなにか』 上平恒著　講談社　ブルーバックス　2009 年
6)『海洋研究発達史』 宇田道隆著　東海大学出版会　海洋科学基礎講座補巻　1978 年
7)『海の自然と災害』 宇野木早苗著　成山堂書店　2012 年
8)『海洋の波と流れの科学』 宇野木早苗・久保田雅久著　東海大学出版会　1996 年
9)『エルニーニョ・ラニーニャ現象』 気候影響・利用研究会編　成山堂書店　2010 年
10)『エルニーニョ・南方振動（ENSO）研究の現在』 渡部雅浩・木本昌秀編　気象研究ノート第 228 号　日本気象学会　2013 年
11)『理科年表』 平成 27 年　第 88 冊　国立天文台編　丸善　2014 年
12)『エルニーニョ現象を学ぶ』 佐伯理郎著　成山堂書店　2001 年
13)『海洋物理学概論』 関根義彦著　成山堂書店　2003 年
14)『海底資源大国ニッポン』 平朝彦・辻喜弘・上田英之監修　アスキー・メディアワークス　アスキー新書　2012 年
15)『黒潮』 茶圓正明・市川洋著　春苑堂出版　2001 年
16)『水理公式集』平成 11 年版　土木学会水理委員会　水理公式集改訂小委員会　1999 年
17)『海洋深層水の利用―― 21 世紀の循環型資源』 中島敏光著　緑書房　2002 年
18)『海流の物理』 永田豊著　講談社　ブルーバックス　1981 年
19)『ハワイの波は南極から』 永田豊著　丸善　1990 年

ま 行

や 行

ら 行

わ 行

な 行

は 行

さ行

た行

か 行

さくいん

N.D.C.452　334p　18cm

ブルーバックス　B-1974

海《うみ》の教《きよう》科《か》書《しよ》

波の不思議から海洋大循環まで

2016年6月20日　第1刷発行

著者　柏野祐二《かしのゆうじ》

発行者　鈴木　哲

発行所　株式会社講談社

〒112-8001 東京都文京区音羽2-12-21

電話　出版　03-5395-3524

販売　03-5395-4415

業務　03-5395-3615

印刷所　(本文印刷) 豊国印刷株式会社

(カバー表紙印刷) 信毎書籍印刷株式会社

製本所　株式会社国宝社

定価はカバーに表示してあります。

ISBN978-4-06-257974-2

発刊のことば

科学をあなたのポケットに

二十世紀最大の特色は、それが科学時代であるということです。科学は日に日に進歩を続け、止まるところを知りません。ひと昔前の夢物語もどんどん現実化しており、今やわれわれの生活のすべてが、科学によってゆり動かされているといっても過言ではないでしょう。

そのような背景を考えれば、学者や学生はもちろん、産業人も、セールスマンも、ジャーナリストも、家庭の主婦も、みんなが科学を知らなければ、時代の流れに逆らうことになるでしょう。

ブルーバックス発刊の意義と必然性はそこにあります。このシリーズは、読む人に科学的に物を考える習慣と、科学的に物を見る目を養っていただくことを最大の目標にしています。そのためには、単に原理や法則の解説に終始するのではなくて、政治や経済など、社会科学や人文科学にも関連させて、広い視野から問題を追究していきます。科学はむずかしいという先入観を改める表現と構成、それも類書にないブルーバックスの特色であると信じます。

一九六三年九月

野間省一